城乡社会水循环
理论与实践

张小燕　杨永春　张立勇　编
刘俊良　审

化学工业出版社

·北京·

内 容 简 介

本书以水的社会循环过程为主线，通过工程案例介绍了城镇与农村社会用水净化、污（废）水处理、污泥及粪污处理处置的工程特点，内容包括：社会健康水循环概述、城乡生活供排水工程实践、农村区域供排水系统工程实践、人畜粪污及市政污泥处理处置工程实践、城乡水循环社会实践。

本书内容充实、条理清晰、可读性强，可供高等学校土木工程、水利工程、市政工程、环境工程等相关专业的师生阅读，亦可作为相关专业工程技术人员的参考书。

图书在版编目（CIP）数据

城乡社会水循环理论与实践/张小燕，杨永春，张立勇编．
—北京：化学工业出版社，2021.4（2022.10重印）
ISBN 978-7-122-38439-3

Ⅰ.①城…　Ⅱ.①张…②杨…③张…　Ⅲ.①城市用水-水循环-研究②农村给水-水循环-研究　Ⅳ.①TU991.31

中国版本图书馆 CIP 数据核字（2021）第 019112 号

责任编辑：卢萌萌　刘兴春　　　　　文字编辑：王文莉　陈小滔
责任校对：王　静　　　　　　　　　装帧设计：史利平

出版发行：化学工业出版社（北京市东城区青年湖南街 13 号　邮政编码 100011）
印　　装：北京建宏印刷有限公司
787mm×1092mm　1/16　印张 16　字数 364 千字　2022 年 10 月北京第 1 版第 2 次印刷

购书咨询：010-64518888　　　　　　售后服务：010-64518899
网　　址：http://www.cip.com.cn
凡购买本书，如有缺损质量问题，本社销售中心负责调换。

定　价：98.00 元

前言

城乡社会水问题既涉及人民群众需求，也与社会经济发展相关，既事关水资源高效、安全、健康利用，又涉及水环境保护和质量提升，不但包括工程建造及设施运行等技术层面内容，还涵盖用水习惯和排水管理等观念转变要求。要实现良好的社会水循环状态，必须从前期工程资料编制着手，进行系统的考量和规划，既要注重实用性，也要与经济技术水平相适应，还要兼顾上游与下游、城镇与乡村、液体与固体、利用与排放等诸多因素。因此，为了让相关工程技术人员以及读者更加深刻地理解社会或企业需求、更快掌握相关工程资料编写要点，同时进一步培养读者创新思维、自主学习、领导协作等方面的素质和能力，促使读者从案例中体会专业发展成就，逐步树立新时代的"工匠"精神，本书以工程实践为基础，采编了社会水循环主要环节的典型工程实例资料，将社会水循环主要节点工程资料的主要专业技术内容以案例的形式展现给读者，以期给相关人员编写工程资料提供参考。

本书通过案例展示的方法，系统阐述社会水循环过程的主要措施和方法，特别注重从工程角度论述城乡供排水处理处置技术的基本原理和实施要点，主要内容如下。

第1章，概要表述了我国水环境现状，介绍了水的自然循环和社会循环基本概念和运行方式；着重阐述了社会健康水循环的发展历程，并从时间、物质、技术等不同维度分析了社会健康水循环的现实意义。

第2章，城乡生活供排水工程实践，通过案例展示了城镇供水水处理工艺系统、用水的供给与排放、污水净化与再生。

第3章，农村区域供排水系统工程实践，通过案例展示了农村区域供水水处理工艺系统、用水的供给与排放、污水净化与再生等方面内容，以及特色农业和乡镇产业的供排水系统特点。

第4章，人畜粪污及市政污泥处理处置工程实践，通过案例展示了市政污泥及粪便处理处置等内容。

第5章，城乡水循环社会实践，结合专业特点提出了人居环境调查与保护、水处理厂运行管理、水处理厂应急体系等创新专题内容。

总之，本书强调专业案例展示与剖析相结合，论述浅显易懂，内容丰富翔实，对促进读者掌握并灵活运用专业技能、提升专业素质具有一定的指导意义。本书可供读者进行专业知识理解和工程案例分析使用，亦可作为相关专业工程技术人员的参考书。

本书由张小燕（河北农业大学）、杨永春（河北建设集团股份有限公司）、张立勇（河北农业大学）编。参加编写人员及其分工如下：第 1 章和第 2 章由张小燕编写；第 3 章和第 4 章由杨永春编写；第 5 章由张立勇编写。在本书编写过程中，王卫、杜海龙等同志提供了大量实际案例资料，河北农业大学学生韩世财参与了本书文稿、案例的整理和排版工作。全书由刘俊良审，由张小燕统编定稿。

在本书的编写过程中参考和引用了大量的实践案例、创新成果、新闻报道和工程图片，由于编写体例限制，部分出处没有在书中体现，在此深表歉意。

在本书编写过程中得到了河北省专业学位研究生教学案例建设项目（KCJSZ2018042）和河北农业大学教学研究项目（2021B-2-06）的资助，得到了河北农业大学和河北建设集团股份有限公司等相关部门的大力支持，得到了化学工业出版社的鼓励和帮助，在此表示衷心感谢。

由于作者水平有限，加之案例较多、时间较短，书中难免存在疏漏和不足之处，敬请读者批评指正。

编者

目录

第1章　社会健康水循环概述 ——————————— 1

1.1　我国水环境现状　/1

1.2　社会水循环　/2

1.2.1　社会水循环的提出　/2

1.2.2　社会水循环原理　/2

1.3　水的自然循环和社会循环　/3

1.3.1　水的自然循环　/3

1.3.2　水的社会循环　/3

1.4　社会健康水循环　/4

1.4.1　水资源流健康循环　/5

1.4.2　物质流的健康循环　/6

1.5　水循环工程发展进程　/7

1.5.1　古代的水循环工程设施　/7

1.5.2　现代的水循环技术　/8

第2章　城乡生活供排水工程实践 ——————————— 10

2.1　地表水处理工程案例　/10

2.1.1　地表水常规处理工艺　/10

2.1.2　地表水膜处理工艺　/18

2.2　河湖水系雨水工程案例　/26

2.2.1　开放水体雨水工程案例　/26

2.2.2　封闭水体雨水工程案例　/35

2.3　污水处理及资源化工程案例　/41

2.3.1　"SBR+ 生物陶粒滤池"工艺　/41

2.3.2　"AAO+ V型滤池"工艺　/51

2.4　供排水系统工程案例　/62

2.4.1　城市供水工程规划　/62

2.4.2　县城供水管网设计　/ 72

2.5　单位供排水工程案例　/ 79

2.5.1　医院污水处理方案　/ 79

2.5.2　建筑供排水节能案例　/ 87

第3章　农村区域供排水系统工程实践 ——————— 105

3.1　农村生活供排水工程案例　/ 105

3.1.1　农村生活饮水安全保障工程　/ 105

3.1.2　农村污水处理及资源化工程　/ 113

3.1.3　农村污水处理提标改造工程　/ 121

3.2　现代农业园区供排水工程案例　/ 128

3.2.1　现代农业棚室水系统工程　/ 128

3.2.2　现代农业园区水系统工程　/ 136

3.3　乡镇企业废水治理工程案例　/ 146

3.3.1　毛纺废水处理工程工艺改造　/ 146

3.3.2　制革清洁生产及废水深度治理工程　/ 151

3.3.3　肠衣加工废水处理工程　/ 161

3.3.4　屠宰加工废水处理工程　/ 171

3.4　区域水环境治理工程案例　/ 179

3.4.1　河道水环境治理工程　/ 179

3.4.2　纳污坑塘水环境治理工程　/ 186

第4章　人畜粪污及市政污泥处理处置工程实践 ——————— 195

4.1　人畜粪污处理处置工程案例　/ 195

4.1.1　有机废物堆肥处理项目　/ 195

4.1.2　农村厕所改造　/ 200

4.2　市政污泥处理处置工程案例　/ 207

4.2.1　污泥低温干化焚烧处理工程　/ 207

4.2.2　污泥固化/稳定化处理　/ 212

第5章　城乡水循环社会实践 ——————— 220

5.1　人居环境调查与保护　/ 220

5.1.1　城镇居住环境调查与保护　/ 220

5.1.2　乡村人居环境调查与保护　/ 223

5.2　水处理厂运行管理与创新　/ 225

5.2.1　给水处理厂运行管理与创新　/ 225

5.2.2 污水处理厂运行管理与创新 / 228

5.3 水处理厂节能评估 / 232

5.4 城乡供水突发事件应急预案 / 233

参考文献 —————————————————————————————— **246**

第1章

社会健康水循环概述

1.1 我国水环境现状

18世纪工业革命以来，特别是近半个世纪，人类社会采取的是大量生产、无度消费、大量废弃的生活方式，这是基于人们认为自然界的能源、资源是无限的。由于现代科学技术突飞猛进，经济快速发展，人口剧增并向大都市集中，导致大自然不堪重负，环境遭到破坏，人类的生存发展受到威胁。人类开始慢慢意识到地球资源与环境容量是有限的，而建立循环型的城市是拯救资源、能源和环境的有效措施，是21世纪社会生产与消费的新秩序，是人类社会持续发展的基础。

《2018中国生态环境状况公报》资料显示，2018年，我国地表水监测的1935个水质断面（点位）中，Ⅰ～Ⅱ类比例为71.0%，比2017年上升3.1个百分点；劣Ⅴ类比例为6.7%，比2017年下降1.6个百分点。长江、黄河、珠江、松花江、淮河、海河、辽河七大流域和浙闽片河流、西北诸河、西南诸河监测的1613个水质断面中，Ⅰ类占5.0%，Ⅱ类占43.0%，Ⅲ类占26.3%，Ⅳ类占14.4%，Ⅴ类占4.5%，劣Ⅴ类占6.9%。与2017年相比，Ⅰ类水质断面比例上升2.8个百分点，Ⅱ类上升6.3个百分点，Ⅲ类下降6.6个百分点，Ⅳ类下降0.2个百分点，Ⅴ类下降0.7个百分点，劣Ⅴ类下降1.5个百分点。从整体流域角度来看，西北诸河和西南诸河水质为优，长江、珠江流域和浙闽片河流水质良好，黄河、松花江和淮河流域为轻度污染，海河和辽河流域为中度污染。

根据相关文献数据统计，我国全年排污量高达350亿立方米，其中城市污水处理率只有14%，全国八成以上的城市污水都未加以处理便直接排放到周边水体中，极大地影响了城市美观和水资源环境。尤其是全国2200座县城、19200个建制城镇中，污水排放量在污水排放总量中所占比例超过50%。

水的循环是自然现象，太阳能是水循环的动力。海面、湖面以及地面接收太阳能使水分大量蒸发到上空凝结成云，云随风漂泊遇冷降雨（雪、雾、霜），地面降水形成地表和地下径流，汇集成湖、溪、大河、大江，奔流入海，然后再被蒸发……，往复不断地进行着水文循环。在自然界水文循环中，由于大气中云流动的不均和，加之复杂的气象、地理因素，使各地域的降水量差别极大。我国平均降水量为648mm，比全球平均值低20mm。我国幅员辽阔，受气候与地形影响，降雨量从东南沿海向西北内陆递减。另外，降雨随季节时间变化而发生变化，形成洪水、枯水等自然现象。

参考资料：《2018中国生态环境状况公报》

[1] 张芳娟. 现阶段我国污水处理设施的发展现状及措施分析[J]. 科技经济导刊, 2020, 28 (08): 113

◣ 1.2 社会水循环

1.2.1 社会水循环的提出

英国学者 Stephen Merrett 在 1997 年提出"Hydrosocial Cycle",即社会水循环的概念,并给出了简要的社会水循环模型,该模型基于城市水循环的概念框架,提出了社会水循环之供水-用水-排水过程的基本雏形。

我国学者在 2003 年立足社会水循环与自然水循环的匹配性,提出了取水-供水-用水-水处理-配水的社会水循环概念,从这一视角对水资源管理展开研究。随后,有学者从社会水循环的概念演变入手,从基础理论分析的角度,指出社会水循环是受人类影响的水在社会经济系统及其相关区域的生命和新陈代谢过程;并在此基础上探讨辨析社会水循环的基本特征、影响因素及与自然水循环相互的耦合作用以及驱动社会水循环的经济学动力机制、水环境代谢机制、区域开发与规划机制、公平效率与决策博弈机制,为深入开展社会水循环提供理论分析基础。又有学者在理论分析的基础上指出了社会水循环的科学问题和学科前沿,从理论上探讨了社会水循环研究的基本要素、内容(过程、结构、通量与调控)、分类及其相互之间的科学关系,从而与基础理论分析共同构成社会水循环研究的理论基础和科学框架。国内更多学者基于社会水循环的概念框架,展开了不同领域、不同地区的具体研究。

也有学者认为社会水循环即为水在人类经济系统的运动过程,认为水的社会循环是地球上水文大循环的人为支路,并在进一步对生活用水的基本内涵、特性以及影响因子进行分析的基础上,对农村、城镇与发达城市生活用水单元的水循环结构进行了解析。通过对国内外生活用水系统的调研,从通量、结构、质量等方面归纳了生活水循环的发展规律。

1.2.2 社会水循环原理

水是基础自然资源,是生态环境的控制性因素,是人们生存、生活、生产不可替代的物质资源。地球上的一切地质的、气象的、水文的、地理的自然现象都与水的循环密切相关。恶化的水环境是可以恢复的,这是基于水的自然大循环。水在全球的陆、海、空大循环中会得到净化,能循环并往复不断地满足地球万物(森林、草原、盆地、湖泊、土壤、生命)用水之需要,维护着全球的生态环境。

水环境可以恢复,这基于水的可再生性。水是良好的溶剂,也是物理、化学、生物化学反应良好的介质。被污染了的水可以在运动中得以自净,还可以通过物理、物理化学和生物化学的方法去除污染物质,使水得以净化和再生。所以,社会循环污染的水是可以净化的,污水通过处理和深度净化可以达到河流、湖泊各种水体保持自净能力的程度,从而上游都市的排水会成为下游城市的合格水源。在一个流域内人们可以多次重复地利用流域水资源。自古以来,人类社会就是重复多次地利用一条河上的流水。水环境恢复和维系的基础是建立健康的社会水循环。现今世界各国都不同程度地提出了健康(健全、良性)水环境的概念。这是针对人们滥排污水和丢弃废物、滥施农药与化肥而提出的,是拯救人类生存和永续发展空间的根本性战略。水环境是一个流域性问题，甚或是全球性的。水环境的恢复、维系和保护要在多学科、多社会领域共同努力下方能达到。

1.3　水的自然循环和社会循环

地球上的水循环分为水的自然循环和水的社会循环。水的自然循环是指，水在太阳能的驱动下，在海洋、天空和大陆之间进行着循环不已的运动，其循环总量就是地球降水总量或者是蒸发总量。大陆降水量大于蒸发量，而海洋的降水量小于蒸发量。由于大陆与海洋这种降水与蒸发量上的差异，水由大陆流向大海，形成了川流不息的江河、湖泊、地下潜流，滋润着地球万物的生长，这也是人类社会不可替代的自然基础资源。水的社会循环是自然水文循环的一个子系统，它依附于自然水文循环系统。在人类几百万年的历程中，水的社会循环基本上与自然水循环相协调。

1.3.1　水的自然循环

水的自然循环有多种，对人类最重要的是淡水的自然循环。图 1-1 是淡水的自然循环示意图。水从海洋蒸发，蒸发的水汽被气流输送到大陆，然后以雨、雪等降水形式落到地面，一部分形成地表径流，一部分渗入地下形成地下水。地表水和地下水最终流回海洋，这就是淡水的自然循环。

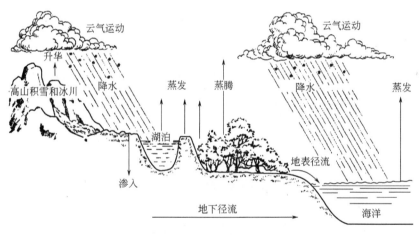

图 1-1　淡水的自然循环

根据水循环的范围，自然循环又可分为大循环和小循环两类。由海洋蒸发的水汽降至陆地后最终流入海洋，称为大循环或海陆循环；海洋蒸发的水汽又直接降落到海洋，或陆地的降水在流入海洋前又直接蒸发升入大气层，称为小循环，如图 1-2 所示。

1.3.2　水的社会循环

水是人类生存、生活和生产不可替代的宝贵资源。人们为了生活和生产的需要，由天然水体取水，经适当处理后，供人们生活和生产使用，用过的水经过处理又排回天然水

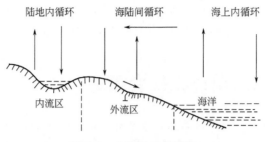

图 1-2 大循环与小循环

体，这就是水的社会循环，如图 1-3 所示。

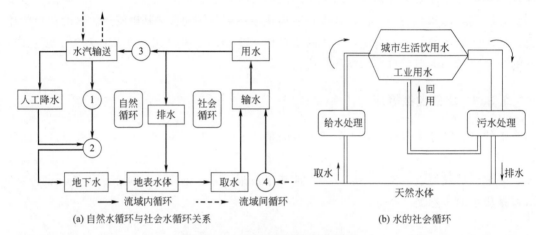

(a) 自然水循环与社会水循环关系   (b) 水的社会循环

图 1-3 水的自然循环与社会循环

在水的社会循环中，生产和生活用过的水含有大量废弃物，如未经处理直接排入水体，将大大超出水体的自净能力，对水体造成污染。对城市污水、工业废水以及农田排水进行处理，使其排入水体后不会造成污染，从而实现水资源的可持续利用，这被称为水的良性社会循环。

面对人们大量排放污水和废弃物，滥施农药和化肥造成的世界水危机，不能单纯依靠控制排水水质来应对，因此出现了"社会用水健康循环"的理念。所谓社会用水健康循环，一是指在社会用水循环中，尊重水的自然运动规律，合理科学地使用水资源，不过量开采水资源，同时将使用过的污水再生净化成为下游水资源的一部分，使得上游地区的用水循环不影响下游地区的水体功能，水的社会循环不破坏自然水文资源的规律，从而维系或恢复城市乃至流域的健康水环境，实现水资源的可持续利用；二是指在社会物质流的循环中，不切断、不损害植物营养素的自然循环，不产生营养物质的流逝，不积累于自然水系而破坏水环境，实现人类活动与自然环境的统一，达到"人水和合"的境界。只有这样，才能实现水资源的永续利用，恢复良好水环境。

1.4 社会健康水循环

我国水资源严重不足，解决水危机、拯救人类生存和持续发展空间的根本性战略是人类社会用水的健康循环。首先，社会健康水循环是水资源流的健康循环，上游地区的用水循环不影响下游水域的水体功能，水的社会循环不损害水自然循环的客观规律；其次，是伴随水资源流的物质流的健康循环，社会水循环中不切断、不损害植物营养素的自然循环规律，保持农业、城市和水资源的可持续发展和利用；最后，社会水循环能够和谐地融入自然水文循环，实现人与自然、人与环境的协调。

1.4.1　水资源流健康循环

1.4.1.1　水资源流健康循环的理论基础

可持续发展是指既满足当代人的需求，又不损害后代人满足其需要的能力的发展。换句话说，就是指经济、社会、资源和环境保护协调发展，它们是一个密不可分的系统，既要达到发展经济的目的，又要保护好人类赖以生存的大气、淡水、海洋、土地和森林等自然资源和环境，使子孙后代能够永续发展和安居乐业。

由古至今，我国社会经济快速发展，由远古的人类文明逐渐步入生态文明，时光轮转，人类文明也在不断发展变化着。从最早的原始文明，到近代社会的工业文明，在科技不断发展的过程中，人类与环境之间的矛盾却日益增加。资源的不合理开发，环境的污染、土地荒漠化、沙漠化等问题日渐凸显。良好的环境是人类生存、健康的基础，生态文明建设至关重要。

我国古老的原始文明，人们为了生存，钻木取火，顺应自然；进而进入到农业文明，人们为满足生活需求，春种秋收，改造自然；进一步发展到工业文明，为了扩大生产，满足经济发展需求，大量获取资源，榨干自然；最终，人们终将步入生态文明，力求资源再生，人与自然和谐共生，建设美好的生态自然环境。生态文明是人类社会进步的重大成果，是实现人与自然和谐共生的必然要求。

水作为一种可再生、循环利用的自然资源，实现水的可持续利用至关重要。如果水的社会循环是良性的、健康发展的，则地球上有限的淡水资源可以不断循环地满足人类社会发展的需要。解决这种水危机，实现水的可持续利用的有效途径在于构建社会健康水循环，实现水资源流的健康循环。

水的健康社会循环是指在水的社会循环中，尊重水的自然运动规律和品格，合理科学地使用水资源，同时将使用过的废水经过再生净化，使得上游地区的用水循环不影响下游水域的水体功能，水的社会循环不损害水自然循环的客观规律，即社会循环从自然界中取用的是水质良好的自然水，还给水体的也应该是为水体自净所能允许的、经过净化了的再生水，进而维系或恢复城市乃至流域的良好水环境，实现水资源的可持续利用。

1.4.1.2　实现水资源流健康循环的措施

（1）节制用水

节制社会用水流量，简称"节制用水"，它与通常提倡的"节约用水"是统一范畴的概念，但其内涵深度却有很大的区别。节制用水是从社会可持续发展、水资源可持续利用和水环境健康的高度出发，在水资源开发利用过程中，不仅仅要节省用水，更要在宏观上节制自然水的开采量，控制社会水循环的流量，减少对自然水文循环的干扰。

（2）推进污水再生与再循环

水是可再生的循环型自然资源，城市污水处理是实现污水再生循环利用的重要环节，可以有效地促进自然水排入下游水体之前，被高效利用，多次排放的也是高质量的再生水，不会影响下游河道的水体环境。

（3）雨水资源安全利用

20世纪90年代以来，我国大中城市内涝事件出现的频率增大，受灾城市由沿海地势低洼地区向内陆城市迅速扩展，这对城市经济发展、公共卫生、交通安全、社会稳定以及生态环境产生了重大的负面影响，已成为现代城市发展的主要瓶颈。

暴雨、径流、雨洪都是地球水循环的自然现象，是不以人类的意志而改变的。在大雨、洪涝灾害造成惨重的教训面前，我们应反思，现代城市是怎样侵占雨水径流的存身之所，是怎样堵塞了雨水循环的途径，从而建立起在暴雨、洪水中安全的城市。在城市建设的过程中，相应建立循环型健康城市，保证城市雨水的健康循环，在暴雨中捍卫城市的安全，保证人民的生命财产安全。

（4）创立循环型水系统

根据社会用水健康循环的理念，人类社会用水必须从"无度开发-低效利用-高污染排放"的直流式用水模式，转变为"制取水-高效利用-污水再生循环利用"的循环性用水模式，使流域内部城市群间能实现水资源的重复与循环利用。

循环型城市水系统不但有安全可靠的供水系统，完善的污水再生利用系统和污泥回归农田的系统，还有通畅的雨洪渗透、调处、排泄和人工鱼道系统。自然水从采取到排入下游水体之前，已被高效利用，多次排放的也是高质量的再生水，并通过高质量再生水，将社会用水循环与自然水文循环和谐地联系起来，在暴雨中不受水浸，水资源可持续利用，水环境健康。

建立循环型水系统，遵循地球上水循环的规律，节制社会水循环的流量，推进城市水资源流、物质流和能源流的健康循环，建立大雨不涝、无雨不旱、水生态健康、水资源可持续利用的城市，水环境乃是海绵城市建设，治理黑臭水体的基本方略。

1.4.2　物质流的健康循环

农田生态系统是一个开放性的生态系统，农田生产出来的产品都为人类所利用。人类社会的排泄物、粪便和厨余垃圾，进入了人工分解系统——污水处理厂、垃圾填埋场和焚烧厂，而这些人工系统又把营养物集中暴露在某些地域、水源，或者释放于大气，造成了土地污染、水源污染和大气污染，同时切断了农田能量与物质的循环。

市政污泥是宝贵的有机肥，是污水处理环节中产生的含水固体残留物，污泥干重中有70%～80%是微生物细胞体，堪称生物固体。

市政污泥中对农作物有益组分可分为两部分。第一类是元素N、P、K、Fe、Mn、B、Zn、Cu等，他们是农作物天然的有机肥料。另一类是有机质，有机质通过土壤中的生物降解，使污泥中大部分有机质矿化和腐殖化，矿化了的有机质为植物提供营养元素和微量生理元素，并为土壤微生物提供能量。腐殖好的污泥可以作为土壤改良剂，提高土壤的肥力。

市政污泥归田是自然规律,市政污泥来源于处理过程,因此生污泥中也混入了污水中的病原菌、虫卵、重金属、人工合成持久性微量有机污染物以及泥沙、纤维等物质,为污泥回田设置了疑虑。然而,污泥回归农田是自然规律,不可违背,疑虑是可以通过技术攻关来解决的。

市政污泥中蕴含的生物能随着回归农田得以循环利用。市政污泥可以消化沼气发电、污水热源等。污水温度夏季低于大气,冬季高于大气,利用这个温度差可以建立污水热(冷)源空调系统,建立污水热源热水供应系统。

◣ 1.5 水循环工程发展进程

1.5.1 古代的水循环工程设施

(1)古罗马

公元前 3 世纪,东西方文明不约而同地进入了一个繁荣时期。在东方,秦王扫六合,中国成为大一统国家;在西方,罗马灭迦太基和希腊,称霸地中海。随着国力的强盛,大型城市出现,城市排水系统进入一个辉煌时期。古罗马城被称为"永恒之城",以完备的供水渠网闻名于世。据估计,帝国时期,罗马城供水量的人均值高达 300L/d,而现在北京的人均日用水量不过 200 升。

大量的供水意味着大量的排水,因此,古罗马城的排水系统十分发达,共分为三个独立的排水片区,每一个片区的排水系统都是由一条主排水道和多条分支排水道组成,分支排水道包括道路排水道和房屋排水道。

古罗马城面积不大,大约 9~14km²,管道修的也宽大,所以虽然是合流制,但排水效果很好;房屋支管排污进入道路支管,然后流入直通台伯河的主排水道,最终雨水、污水和垃圾排入台伯河。古罗马城的主排水道尺寸很大,大到可以使载满稻草的四轮马车通过。当然,就像谚语说的,罗马不是一天建成的,这个庞大的排水系统工程从动工到建成历时近 700 年。

(2)伦敦

人类是在与"流行病"斗争中发展起来的,城市作为人类文明的标志,大量生产要素被聚集。但是随着城市发展,公共卫生安全问题逐渐凸显,历史上出现了多次重大疫情。19 世纪伦敦暴发霍乱,死亡人数众多,其中,啤酒厂工人(啤酒生产过程中含蒸馏工艺)和常喝蒸馏水的医生未被感染,人们发现水对于流行病控制具有重大意义。由此,城市开始建立完整的供水排水系统。1865 年伦敦地下排水系统完工,全部污水排往大海,切断了霍乱等流行病肆虐的起源,1866 年后伦敦再无霍乱。

(3)长安城

长安城是我国十三朝古都,北魏孝文帝说"崤函帝宅,河洛王里,因兹大举,光宅中原",自古得长安者为中华正朔。汉长安始建于公元前 200 年左右,城市建设时间与古罗马城大致在同一时期。汉长安的内城面积为 35km², 是罗马城的 3 倍。长安城的排水系统类似海绵城市的设计理念, 强调人与自然的和谐, 大量利用自然河道等城市水系来承担排水、调蓄任务。建筑排水采用地下管道, 主要是陶制, 出土了不少五角形的管道; 街道旁修建排水沟渠, 然后由城壕和明渠组成排水干渠。据估计, 汉长安排水干渠总长约35km, 城内干渠密度为 1km/km²。汉长安的海绵城市理念, 主要表现在两方面: 一是城市水系有很多自然水体承担调蓄任务, 比如昆明池、镐池、太液池等, 据估算, 仅昆明池即可蓄水 354917 万 m³, 相当于一座中型水库; 二是城市建设中有很多设施, 像海绵设施, 比如考古发掘到长安城里有渗水井, 还有透水砖。

(4) 紫禁城

紫禁城, 是明清两代皇宫, 明代永乐年间兴建, 征召 30 万工匠、百万民工, 历时 14年建成。紫禁城的生活污水排放很少, 因为没有厕所, 五谷轮回都靠人力运输, 所以排水系统主要是针对降雨产流的收集排放。紫禁城的排水系统在设计上有五大优势: 一是地势, 北高南低, 竖向高差将近 2m, 利于积水自然下泄; 二是三大殿基台上的吐水龙头, 排放基台上的积水; 三是甬道沟渠, 排放路面雨水漫流; 四是内金水河, 收纳排水沟渠里的水; 五是护城河、外金水河和其他水系, 联通内金水河, 消纳紫禁城的排水。这套排水体系设计非常高明, 营造水平也很高, 历经几百年仍然发挥着作用。

2015～2016 年, 故宫博物院开展了古代雨水系统试点区域调研项目, 分析评估了区域内 64 个雨水口的过水能力。按照目前城市所用格栅式雨水口的设计标准, 几乎所有雨水口的单格面积都超过了设计规范所建议的最大值。

1.5.2 现代的水循环技术

随着城镇化的快速发展, 人水关系逐渐增强, 水循环和人类逐渐演变成为一个耦合系统。水循环由自然水循环逐渐演变为"自然-社会"二元水循环模式。因此, 城市水循环作为水循环中的重要部分, 有必要研究其发展历程。

人类经济社会的发展过程也是人类对自然水循环逐渐介入的过程。随着城市的发展, 现代城市水循环的演变过程大致可以分为三个阶段: 工业化前阶段, 工业化初期阶段和大规模工业化、快速城市化阶段。

工业化前阶段: 早期的城市出现在原始社会到奴隶社会的过渡时期。畜牧业、手工业和商业社会分工出现后, 人类开始聚居并形成了城市。以饮用水为主的城市供水系统逐渐建立, 并开始修建排水沟渠将雨污水引入附近的水体, 形成了早期的合流制排水系统。这个阶段人类对自然水循环的扰动微乎其微。

工业化初期阶段: 第一次工业革命标志着人类跨进了以机器代替手工的工业时代。清末我国开始了工业化的起步, 一直到 1949 年。这一时期工业发展速度较为缓慢, 城市的人口和经济得到一定集聚, 供水服务范围扩大, 污水排放增加, 水源开始受到污染。为应对水源污染问题, 出现了城市的净水和污水处理单元。这个阶段的水循环模式仍以自然水循环为主导。

大规模工业化、快速城市化阶段: 改革开放政策带来了我国经济的腾飞。我国的工业化和城市化进入飞速发展阶段。随着人类开发利用水资源强度的加大,自然水循环的转换路径、转换方式和转换强度被改变,城市水循环已经从"自然"模式占主导逐渐转变为"自然—社会"二元模式。人类活动持续干扰下,自然水循环和社会水循环耦合过程演变失衡,并且呈现持续恶化趋势,引发了城市水灾害、水资源、水生态、水环境等一系列水问题。

随着国家对于水环境、水生态等领域的关注和作为,未来城市要走可持续发展之路。城市化发展的大背景下,"自然—社会"二元水循环基本模式不会改变,未来城市水循环要通过对社会水循环过程各环节的调控,通过对自然水循环的保护和恢复,使社会干扰不超过自然水循环的承载能力,以达到自然水循环与社会水循环耦合平衡的目的。

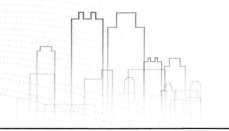

第**2**章

城乡生活供排水工程实践

2.1 地表水处理工程案例

2.1.1 地表水常规处理工艺

随着国民经济的发展和人民生活水平的不断提高，城市供水安全问题已成为社会经济发展和人民生活稳定的重要制约因素。以某南水北调地表水厂及其应急供水工程设计项目为例，介绍了该工程建设背景、工艺流程、设计参数、工程投资估算、节能环保方案及综合评价等设计内容。

A 市南水北调地表水厂及其应急供水项目工程设计案例

随着城市的不断发展，居民人口将会进一步增长。该市中心城区现状水厂供水能力已不能满足规划期人口的用水需求，导致部分地区缺水严重。经过水源供需平衡分析，南水北调工程是保证中心城区供水的关键，南水北调工程实施后，以南水北调水源作为供水主体，本地水源作为备用水源，满足供水需求。在南水北调地表水厂实施后，地下水水厂将作为备用水厂。南水北调水源一旦出现问题，即可启用地下水源应急，保证该市的供水安全。

1 项目建设必要性

1.1 城市概况

1.1.1 地形地貌

该市地势自西北向东南方向倾斜，海拔高度 10.9～40.4m，东西向地面坡降 1/1500～1/1700，南北向地面坡降 1/3600～1/3000，地势较平坦。

1.1.2 气候气象

该市属东部季风区暖温带半湿润地区，形成了春季干燥多风，夏季炎热多雨，秋季秋高气爽，冬季寒冷少雪的四季分明的季风气候特点。近 10 年来，年平均气温 11.5℃，一月平均气温−5.5℃，七月平均气温26.1℃，极端最高气温41℃（2000年7月1日），极端最低气温−19.3℃（2001年1月15日）；年平均降水量558.7mm，年最大降水量934.6mm（1956年），降水年际变化大，具有春旱秋涝、旱涝交替的特点。全年无霜期最长208天，最短171天，最大冻土深度65cm，年主导风向为东北风和西南风。

1.1.3　地质情况

（1）水文地质

该市地下水资源较丰富，主要储存于第四系松散地层中，地下水埋深一般为8～12m。目前开采使用的地下水为第Ⅰ、Ⅱ含水组，第Ⅰ含水组具有潜水性质，第Ⅱ含水组具有承压水特征。西部冲积扇平原区，第Ⅰ含水组底板界限为20～40m，第Ⅱ含水组底板界限为120～140m，含水层可见总厚度20～60m，地下水流向为西北向东南，水力坡度为1.3‰。东部河流冲积平原区，第Ⅰ含水组底板界限为40～50m，第Ⅱ含水组底板界限为140～160m，主要含水层可见总厚度60～90m，地下水流向为北向南，水力坡度为0.4‰。

（2）工程地质

该市区属于新生纪第四纪沉积层，在40m以内多为褐黄色亚黏土和粗砂；在40～50m范围内为黏土，含卵石约20%；在50～60m范围内为中砂并含少量砾石；在60m以上为砂砾石。

1.1.4　水系河流

20世纪80年代后，天气持续干旱，上游用水量增加，过境水显著减少，不能满足工农业用水需求，因此近年来地下水成为主要水源。"南水北调"工程的实施，可缓解该市用水紧张状况。

1.1.5　社会经济

该市全境属平原地形、暖温带季风气候，生态环境优良，建有粮食、花生、蔬菜、果品等优质高产基地和畜禽养殖基地。当地自然条件优越，土地肥沃，农业基础坚实，被国务院列为农业综合开发试点市和油料生产基地、国家商品粮基地，盛产小麦、玉米、花生、大豆、瓜果、土豆、胡萝卜等农作物。2008年，全市生产总值完成94亿元，增长9%；财政总收入完成3.79亿元，增长12%，其中一般预算收入1.6亿元，增长7.5%；全社会固定资产投资完成13亿元，增长20.5%；城镇居民人均可支配收入达到12867元，增长21.9%。农民人均纯收入达到5026元，增长19.6%；出口创汇完成800万美元，同比增长3倍。

1.2　工程项目建设的必要性

现代化城市需要配套的供水设施，随着国民经济的发展和人民生活水平的不断提高，存在一系列问题，如供水能力低，城市集中自来水普及率偏低，产销差较大，部分配水管网严重老化，管网漏失量大，水源保护措施欠妥，供水应急机制不够完善，水质检测技术有待提高，市政消防设施不配套，城市消防供水存在隐患，等等。因此，南水北调地表水厂项目及其配套地下水厂的建设是改善城市供水状况十分重要的环节。

① 目前水厂供水不足的问题已严重影响了人们的生活秩序和生活质量。

② 落后的输配水管网体系已成为迅猛发展的城区经济的瓶颈，严重影响着经济的发展和居民生活用水。

③ 现有水厂的供水能力无法满足城市现状用水及远期发展的需要。

④ 南水北调地表水厂的应急供水工程的建设是南水北调地表水厂项目实施前后的重要保证。

综上所述，南水北调地表水厂及其应急供水工程项目建设的实施虽迫在眉睫，但也势在必行。

2 工程规模

2.1 用水量预测

用水量预测采用分类预测法（包括综合生活用水、工业企业用水、浇洒道路和绿地用水、管网漏损水量、未预见水量）；并用水利部颁发的《城市综合用水量标准》（SL 367—2006）进行复核。到2020年用水普及率达到100%。

2.1.1 分类预测法

（1）人口规模

根据《城市总体规划（2008—2020年）》预测中心城区人口2020年为35万人。本报告对远期进行水量预测，近期则以解决给水突出矛盾为重点。

（2）综合生活用水量预测

现状用水由两部分组成：一是自来水公司统一供水，二是企事业单位自备井供水。本报告综合用水指标，结合同类城市用水指标选取，并对未来用水发展趋势进行预测，既能满足用水的需要，同时又能兼顾节水意识，节约宝贵的水资源。根据《室外给水设计规范》（GB 50013—2006）中表2-1所示，确定中心城区远期综合生活用水量指标取最高日为160L/人。日变化系数取1.3。

表 2-1 综合生活用水定额（最高日）　　　　单位：L/人

分区	特大城市	大城市	中小城市
一	260~410	240~390	220~370
二	190~280	170~260	150~240
三	170~270	150~250	130~230

根据所取用水量指标及规划人口规模，计算远期综合生活用水量达到 $5.60 \times 10^4 \mathrm{m^3/d}$。

（3）工业用水量预测

根据有关规范及现状发展情况、总体规划工业用地情况及将来节水措施在工业中的应用，确定远期工业用地用水量指标及用水量如下，具体详见表2-2。

表 2-2　规划远期工业用水量预测表

用地名称	面积 /km²	用水指标 /[×10⁴m³/(km²·d)]	用水量 /(×10⁴m³/d)
工业用地	7.66	0.5	3.83

（4）浇洒道路及绿地用水量

根据《室外给水设计规范》及将来中水利用，确定规划浇洒道路及绿化用水量，具体见表 2-3。

表 2-3　规划浇洒道路及绿地用水量表

用地名称	面积 /km²	用水指标 /[×10⁴m³/(km²·d)]	用水量 /(×10⁴m³/d)
道路用地以及绿地	8.34	0.10	0.834

（5）管网漏损水量及未预见用水量

按以上总用水量之和的 10% 计算，远期为 $1.03×10^4m^3/d$。

（6）消防用水

根据《建筑设计防火规范》，消防用水按同一时间内发生火灾次数为 2 次，远期一次用水量为 65L/s，历时为 2h。远期一次消防用水量为 468m³。

A 市中心城区远期用水量预测详见表 2-4。

表 2-4　用水量预测明细表

项目名称	远期
人口数/万人	35
综合生活用水量指标(平均日)/(L/人)	160
综合生活用水量/(×10⁴m³/d)	5.60
工业用水量/(×10⁴m³/d)	3.83
浇洒道路及绿地用水量	0.83
管网漏损水量及未预见水量(按以上总量的 12%)	1.03
总用水量/(×10⁴m³/d)	11.29
日变化系数	1.3

综上所述，按分类法预测的结果为：中心城区远期总用水量为 $1.129×10^5m^3/d$。

2.1.2　用水量复核

综上所述，依据水利部颁发的《城市综合用水量标准》（SL 367—2006）进行复核。

表 2-5　人口综合用水量指标　　　　单位：m³/(人·a)

区域	城市规模			
	特大城市	大城市	中等城市	小城市
二区	95～155	100～155	90～140	100～155

具体参考数据详见表 2-5，表中数值为年人均用水量标准，换算成日综合用水量指标的结果见表 2-6。

表 2-6　人口综合日用水量指标　　　　　　　　　　单位：L/人

区域	城市规模			
	特大城市	大城市	中等城市	小城市
二区（平均日）	260~425	274~425	247~385	274~425
日变化数	1.1~1.4	1.2~1.4	1.3~1.5	1.4~1.8
二区（最高日）	286~595	329~595	321~578	384~765

根据该规范，该市最高日用水量在 $1.123×10^5$~$2.02×10^5$ m³ 之间。从预测结果可以看出，预测结果略有差别，但基本接近，且符合《城市综合用水量标准》（SL 367—2006）复核要求。

2.1.3　用水量确定

依据上述用水量预测及复核结果，确定远期 2020 年人口综合用水量指标 119. m³/人；中心城区最高日人均综合用水指标为 326L，最高日用水量为 $1.141×10^5$ m³，集中供水普及率 100%。用水人口 35 万人，日变化系数 1.3，年供水总量 $3.786×10^7$ m³。

2.2　建设规模

根据需水量预测结果，充分考虑远期发展，并适当留有建设余地的原则，该市南水北调地表水厂及其应急供水工程建设项目的建设规模及内容为：

地表水厂项目一期工程计划修建近期规模为 $4.0×10^4$ m³/d 的净水厂 1 座。远期 2020 年进行二期扩建工程，规模为 $4.0×10^4$ m³/d 及其相应的配套设施。地表水厂部分总体规模将达到 $8.0×10^4$ m³/d。

应急供水工程地下水厂一期工程计划建设 $4.0×10^4$ m³/d 规模的取水设施，并铺设主水源输水管和备用水源输水管，修建近期规模为 $4.0×10^4$ m³/d 的净水厂 1 座，铺设清水输水管道。远期 2020 年进行二期扩建工程，规模为 $4.0×10^4$ m³/d 及其相应的配套设施。地下水厂部分总体规模将达到 $8.0×10^4$ m³/d。

为节约占地，地表水厂与应急供水工程地下水厂共用清水池和二泵站。

3　水厂工艺方案

3.1　基本参数

水质：符合国家《生活饮用水卫生标准》（GB 5749—2006）。

水量：地表水厂和地下水厂设计规模均为一期工程 $4.0×10^4$ m³/d，远期扩建后将达到 $8.0×10^4$ m³/d，选用系数：$K_d=1.3$；水厂自用水率按 5% 考虑，一期工程设计取水及输水能力均达到 $4.2×10^4$ m³/d。

水压：满足城市供水区域内最不利点自由水压不小于 28m。

3.2 工程内容

根据全面规划、充分考虑发展，并适当留有建设余地的原则，本新建工程设计规模及内容如下：

地表水厂一期工程计划修建近期规模为 $4.0 \times 10^4 \mathrm{m}^3/\mathrm{d}$ 净水厂 1 座，其中新建网格絮凝池，平流沉淀池，V 型滤池，钢筋混凝土清水池 2 座，每座有效容积 $3969 \mathrm{m}^3$，新建加氯间 1 座，新建二泵房 1 座。

应急供水工程地下水厂一期工程计划建设 $4.0 \times 10^4 \mathrm{m}^3/\mathrm{d}$ 规模的取水设施，新打水源井 14 眼，深度为 $160 \sim 170 \mathrm{m}$，并铺设主水源输水管和备用水源输水管，修建近期规模为 $4.0 \times 10^4 \mathrm{m}^3/\mathrm{d}$ 净水厂 1 座。与地表水厂项目共用钢筋混凝土清水池、加氯间、二泵房，同时铺设清水输水管道。

3.3 工程设计

3.3.1 工艺方案

（1）南水北调地表水厂

该地表水厂计划以南水北调水为水源。水质符合地表水水源水质标准。设计该工程处理工艺为地表水处理的常规工艺流程。

地表水主要污染物为胶体以及悬浮固体颗粒，投加混凝剂令水中胶体及固体颗粒失稳聚结，形成体积较大的固体颗粒，然后利用重力作用令其在沉淀池中沉淀，水中的细小颗粒则由滤池中的颗粒滤料进行截留过滤去除。最后投加消毒剂，对水中的细菌及病毒进行消毒，从而达到饮用水的水质要求。其流程如下：

进水 ——→ 混凝 ——→ 沉淀 ——→ 过滤 ——→ 消毒

分别采用管式静态混合、网格絮凝池、平流沉淀池、V 型滤池、液氯消毒。为了防止氯气泄漏，采用真空加氯机，并按要求设置漏氯吸收系统，以确保安全可靠。

（2）南水北调地表水厂的应急供水工程

配合近期供水发展策略，现状水厂规模仅为 $3 \times 10^4 \mathrm{m}^3/\mathrm{d}$，水厂一期设计规模为 $4.0 \times 10^4 \mathrm{m}^3/\mathrm{d}$，水源采用地下水水源，水源井井深为 $160 \sim 170 \mathrm{m}$，出水量为 $200 \mathrm{t/h}$，共 14 眼水井。

由上分析，该地下水厂计划以当地深层地下水为水源，地下水抽取后，需投加消毒剂，对水中的细菌及病毒等进行消毒，从而达到饮用水的水质要求。本设计拟与地表水厂部分共用消毒设施，继续采用液氯消毒。故选择净水厂流程如下：

水源地取水 ——→ 消毒 ——→ 清水池 ——→ 加压

南水北调地表水厂及其应急供水工程均需清水池和二级泵站，由于两者供水规模相同，考虑将应急供水工程与地表水厂合用清水池和二级泵站。输水管网完善建成区给水管网，沿某大道新建给水管道至东部园区。为避免重复建设，近期管网敷设管径以远期管网设计管径进行敷设。

3.3.2 工艺设计

南水北调地表水厂处理规模一期为 $4.0 \times 10^4 \mathrm{m}^3/\mathrm{d}$，水厂自用水率按 5% 考虑，则地表水厂一期最高处理水量为 $4.2 \times 10^4 m^3/d$。

(1) 进水池（钢混）

池型：矩形；数量：2 座；长×宽：10m×7m

(2) 提升泵

性能：$Q=900m^3/h$，$h=70m$；数量：3 台（2 用 1 备）

(3) 混凝剂一体投加设备

性能：流量 $6m^3/h$，扬程 9m；数量：3 台（3 用 1 备）

(4) 网格絮凝池

池型：矩形；数量：2 组；有效容积：$90m^3$；停留时间：12min

(5) 平流沉淀池

池型：矩形；数量：2 座；有效容积：$3600m^3$；停留时间：2h

(6) V 型滤池

池型：矩；数量：2 座；有效容积：$1214m^3$；滤速：10.76m/s

(7) 清水池

池型：矩形（钢筋混凝土结构）；数量：2 座；有效容积：$3969m^3$

(8) 加氯间

采用液氯消毒，数量为 3 台（2 用 1 备）。

南水北调地表水厂应急供水工程处理规模一期为 $4.0 \times 10^4 m^3/d$，水厂自用水率按 5% 考虑，则地下水厂一期最高日处理水量为 $4.2 \times 10^4 m^3$。

(1) 水源地取水井

根据地下水状况及供水需求，水源井深度为 160~170m，出水量为 $200m^3/h$，故需要打 14 眼水源井，选取的深井泵参数为：

性能：$Q=220m^3/h$，$h=54m$；数量：14 台（10 用 4 备）

(2) 清水池

池型：矩形（钢筋混凝土结构）；数量：2 座；有效容积：$3969m^3$

(3) 加氯间

采用液氯消毒，加氯机数量为 3 台（2 用 1 备）。

(4) 加压泵站

从水厂向市政管网供水需进行 2 次加压，加压泵的参数为

性能：$Q=850m^3/h$，$h=140m$；数量：3 台（2 用 1 备）

3.3.3　电气设计（略）

4　节能方案（略）

5　项目实施进度计划

5.1　项目实施内容

5.1.1　实施准备（略）

5.1.2　工程建设（略）

5.2　项目实施进度安排（略）

6　工程招投标

6.1　编制依据（略）

6.2　工程招投标（略）

6.3　招投标费用（略）

7　投资估算

7.1　建设投资估算

7.1.1　编制说明（略）

7.1.2　建设投资估算（略）

7.2　运行成本估计（略）

7.3　经济评价（略）

8　思考问题

　　为了保护人类赖以生存的环境，实施可持续发展战略，我国各级政府相继制定了一系列法律法规，不仅为环境影响评价，也为环境保护方案设计提供了政策依据。

　　市区内大气环境质量良好。SO_2日均值和年均值均符合《环境空气质量标准》（GB 3095—2012）中的二级标准要求。区域内地下水质量良好。浅层地下水和深层地下水各项水质指标均符合《地下水质量标准》（GB/T 14848—2017）中的Ⅲ类标准。区域内植被较少，主要为道路绿化带，生态环境一般。在项目建设期以及施工期，如何做好环境保护，充分确保地下水环境、大气环境、声环境以及污染物排放等不受影响，是保证工程项目顺利进行的关键保障。在地表水厂的建设阶段，环境保护至关重要。

9　附录（略）

10　参考文献

《市政工程投资估算指标》（HGZ 47-103—2007）；
《城市给水工程项目建设标准》（建标 120—2009）；
《室外给水设计规范》（GB 50013—2018）；
《城市给水工程规划规范》（GB 50282—98）；
《城市综合用水量标准》（SL 367—2006）；
《生活饮用水卫生标准》（GB 5749—2006）；
《地下水质量标准》（GB/T 14848—2017）；
《环境空气质量标准》（GB 3095—2012）。

2.1.2 地表水膜处理工艺

采用浸没式超滤膜为核心的常规流程净水工艺对南水北调水进行生产性试验研究，考察净水工艺流程对浊度、细菌、藻类、有机污染物等污染物的去除效果，并与超滤膜短流程工艺和水厂常规工艺（混凝-沉淀-砂滤）进行比较分析，研究超滤膜常规流程工艺的最佳运行工况及膜污染清洗技术，为超滤膜常规工艺的安全稳定运行积累宝贵经验。

超滤膜不同流程净水工艺技术及运行效能的研究与应用工程案例

20 世纪 60 年代开始，城市化步伐加速，工业、农业蓬勃发展。人类活动使饮用水水源遭受到的污、废水污染越来越严重，由最初的点源污染扩向面源污染。净水工艺是饮用水安全保障的关键所在，对于水质良好的水源，通过常规水处理工艺便可获得安全合格的生活饮用水，但对于受到污染的水源，常规水处理工艺显现出了局限性。

1 概述

1.1 传统净水工艺的局限性

1.1.1 有机物去除率低

有机污染物是水污染的原因之一，按其来源主要分为天然有机物和人工合成有机物两大类。腐殖质是构成天然有机物的主要组成部分，具有构造复杂，种类繁多，分子量范围广的特点，且对胶体有一定的保护作用，导致胶体的去除难度增大。再者，腐殖质能增加饮用水致突变性，是多种消毒副产物（DBPs）的前驱物。虽然增加混凝剂投放量会对腐殖质的去除有一定的效果，但会增加净水成本，同时水中剩余铝、铁的浓度也容易超标，对人体健康构成潜在威胁。

一系列的研究和应用结果表明：常规工艺对浊度的去除率为 50%～60%，对有机物的去除率只有 20%～30%。

1.1.2 嗅味问题

嗅味是中国出厂水、管网水的必测项目。它是由水中各种有机与无机物质综合作用而表现出来的，包括土壤颗粒、腐烂的植物、微生物（浮游生物、细菌、真菌等）及各种无机盐（如氯根、硫化物、Ca、Fe 和 Mn）、有机物和一些气体等。而藻类代谢产物 MIB、土臭素等是嗅味的主要来源。嗅味物质呈亲水性，嗅阈浓度极低，即使在水中的含量很小，也能产生嗅味问题。一般情况下，水中的这些嗅味不会对人体健康造成威胁，只是会给人不愉快的感受。

1.1.3 藻类

藻类包括数种以光合作用产生能量的生物，涵盖了原核生物、原生生物界和植物界。藻类植物对环境条件要求不高，适应环境能力强，可以在营养贫乏、光照强度微弱的环境中生长。

1.1.4 消毒副产物

饮用水消毒的目的在于杀灭病原菌，预防介水传染病的传播。我国在给水处理中采用氯化消毒技术，此技术普遍采用并且沿用多年，但近几十年来，人们发现饮用水氯化消毒的同时会产生卤代烃类化合物，包括三卤甲烷（THMs）、卤代乙酸（HBBs）、水合氯醛等，其中很多卤代有机物会对人体健康构成严重的危害。国内外都曾进行过许多流行病学研究，多数研究认为，饮用水氯化与某些癌症的发病增加有关，如长期饮用氯化消毒的自来水的人群，其膀胱癌、结肠癌或直肠癌的发病率相对较高。

目前的解决途径主要有以下三类：一是设法降低水中形成卤代有机物前体；二是采用其他非氯消毒剂如 CO_2、臭氧、紫外线等消毒；三是去除氯消毒后水中形成的卤代有机物。

1.1.5 致病微生物

微生物是指那些个体体积直径一般小于 1mm 的生物群体，它们结构简单，大多是单细胞，还有些甚至连细胞结构也没有。致病微生物能够引起人类、动物和植物的病害，具有致病性。经过常规净水工艺中混凝和过滤作用，水中一部分微生物在吸附、卷扫和截留作用中被去除。但一些尺寸很小的致病微生物经过常规净水工艺难以去除，近年来，欧美等国家曾暴发了多起由于贾第虫、隐孢子虫等治病原生动物引起的水媒介流行病。"两虫"抗氯性强，单纯靠提高加氯量难以将其杀灭，而且加氯量提高后会增加三卤甲烷、难挥发性卤乙酸等消毒副产物生成的可能性，且灭活后残留在水中的尸体对水质安全也存在很大威胁。

1.2 超滤技术

1.2.1 超滤技术概述

超滤是一种能将溶液进行分离、净化、浓缩的膜透过分离技术，属于物理分离方法。图 2-1 是超滤工作过程的原理示意图。在外界推动力的作用下，原液中的胶体、颗粒和分子量相对较高的物质被截留，而溶剂与小分子量溶质透过膜从高压侧到低压侧，从而获得分离净化的目的。

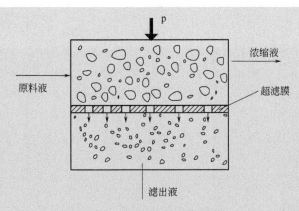

图 2-1　超滤过程原理示意图

　　超滤膜过滤并不是单纯的机械筛分作用，有时比超滤膜孔径小的溶剂和溶质分子也被截留，分离效果明显。这可能是由膜表面的化学特性引起的，如静电作用。经总结归纳，超滤膜过滤机理主要有以下几种：膜表面及微孔吸附作用、膜孔阻滞作用和在膜表面的机械筛分作用。

1.2.2　超滤技术的发展

　　超滤技术的研究最先始于国外，20 世纪 70 年代，各种新型材料膜相继问世，超滤膜进入商品化时代。超滤技术最初被应用到化工和医药行业，20 世纪 90 年代，迅速发展到水处理行业。现阶段，超滤广泛用于超纯水制备、食品用水净化、蛋白分离浓缩、电泳漆回收、各种生产用水去除水中胶体、降低水的浊度和悬浮物含量、去除各类细菌病毒、降低 COD 和 BOD、降低色度和油脂含量、回收废水中的有用物质等各个领域。

　　我国对超滤的研究和应用均起步较晚，始于 20 世纪 70 年代，80 年代末才进入工业化生产和应用阶段。但是，经过 40 年的快速发展，我国在成膜机理、过滤机理、膜污染机理等方面取得了很大的进步。

1.2.3　超滤膜组件及优缺点

　　超滤膜组件主要有管式、卷式、中空纤维式、板框式等型式，各种类型膜组件的主要优缺点见表 2-7。

表 2-7　各种型式膜组件的优缺点

膜组件	特征	优点	缺点
管式	有支撑管；进料流体走管内	湍流流动；不易堵塞；易清洗	装填密度小；运行通量较小；压力损失较大
卷式	有支撑材料；进料流体单端流入	装填密度相对较高；结构简单、造价低廉；物料交换效果良好	渗透侧流体流动路径较长；膜通道易堵塞、难清洗；膜前必须预处理
中空纤维	自承压式膜；进料流体走管内或管外	装填密度很高；耐压稳定性高；单位膜面积造价低	易堵塞；压力损失较大
板框式	有多孔支撑板；进料流体走板间	膜组件更换方；易清洗；操作灵活，无需劲合	装填密度相对较小；密封要求较多；压力损失较大

1.2.4　超滤膜的操作模式

超滤膜工作时有终端过滤、错流过滤两种过滤模式，示意图见图 2-2。终端过滤又称为直流过滤、死端过滤，待处理水进入膜组件，等量透过液流出膜组件，截留物留在膜组件内。错流过滤的待处理水以一定的速度流过膜表面，透过液从垂直方向透过膜，同时大部分截留物被浓缩液夹带出膜组件。终端过滤的膜组件污染在膜丝表面，因此过滤通量下降较快，膜容易堵塞，需周期性地反复冲洗来恢复通量；错流过滤中，平行于膜面流动的水不断将截留在膜面的杂质带走，通量下降缓慢，但正是由于系统的部分能量消耗在水的循环上，因而错流过滤比终端过滤耗能大。

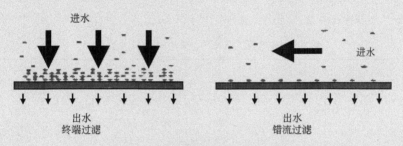

图 2-2　终端过滤、错流过滤示意图

按照进水方向超滤可分为外压式过滤和内压式过滤，多见于中空纤维膜。外压式过滤即进水从中空纤维膜丝外部流向膜丝内部；内压式过滤即进水从中空纤维膜丝内部流向膜丝外部。外压式过滤虽然过滤通道被阻塞的可能性较小，但膜组件的死角易导致堵塞，清洗困难。内压式过滤虽然可以避免膜组件端部污染物的积累，但是膜丝内部却聚集了大量的污染物，膜清洗难度增大。

2　膜组合工艺的研究现状及进展

超滤对水中悬浮物和大分子有机物有着较高的去除率，但是对溶解性小分子有机物的去除率很低。为了解决这一难题，并减缓膜污染速率，水处理工作者对膜前预处理工艺展开研究，力求改变污染物的存在形态和表面性质，混凝-超滤、吸附-超滤及超滤-生物反应器等组合工艺受到越来越广泛的重视。

一系列研究试验证明，混凝预处理技术能够提高出水水质，有效地控制膜污染。综合各方面报道，膜组合工艺方式及特点有以下几个方面：

① 采用混凝-沉淀-超滤工艺技术处理水，膜出水浊度在 0.05～0.09NTU 之间，COD_{Mn} 在 0.75～1.09mg/L 之间，氨氮（NH_4^+-N）在 0.18～0.73mg/L 之间，运行稳定；

② 应用高锰酸钾强化混凝-砂滤-超滤工艺技术处理水，发现强化混凝法对污染物质的去除效果显著增强，而且有效降低了膜污染速率；

③ 采用直接过滤和混凝-超滤处理微污染水库水，出水均符合城市供水水质标准，并且研究中还发现铁盐的混凝效果优于铝盐的混凝效果；

④ 应用在线混凝技术处理微污染水，发现混凝处理能有效地提高过滤通量，混凝剂最佳投加量为 8mg/L；

⑤ 在混凝-超滤的试验研究中发现，膜污染速率较低，运行通量较高，最佳 pH 值为7；

⑥ 采用压力错流超滤膜处理哈尔滨某水库水，混凝剂聚合氯化铝（PAC）的最佳投加量为 2mg/L；

⑦ 针对不同水源，采用不同的超滤膜和混凝剂进行试验研究，低量投加铝盐会加重膜污染，强化混凝投加量，膜的透水性显著提高，TOC 的去除率显著提高；

⑧ 在混凝-超滤的试验中发现，混凝预处理能有效缓解膜污染，反冲洗后通量恢复明显，而混凝沉淀预处理膜污染状况严重，反冲洗后通量恢复不完全；

⑨ 对河水进行膜直接过滤和混凝-超滤的对比试验，发现混凝预处理可以显著提高TOC 的去除率，降低膜过滤阻力，但膜污染的速率未得到有效降低。

超滤膜工艺与传统净水工艺综合比较详见表 2-8。

表 2-8 超滤膜工艺与传统净水工艺综合比较表

比较项目	常规净水工艺	超滤膜长流程	超滤膜短流程
工艺流程	混凝-沉淀-砂滤	混凝-沉淀-膜滤	混凝-膜滤
反冲洗水	4%~5%，需调蓄	2%~2.5%，不需调蓄	0.8%~1%，不需调蓄
建设费用	通常 1300 万~2200 万元/（万 m³·d）	与常规工艺相当	节省沉淀单元，较常规工艺略低
占地面积	通常 8~12 亩/(10^4m³·d)	较常规工艺节省占地 1 亩/(10^4m³·d)	较常规工艺节省占地 2 亩/(10^4m³·d)
出水水质	达标，浊度 1NTU 以下	优于传统工艺，浊度 0.4NTU 以下，对藻类、细菌 100% 去除，对有机物、铁去除率更高	优于传统工艺，浊度 0.4NTU 以下
运行费用	0.8~1 元/m³	膜成本增加 0.07 元/m³，节水 0.05 元/m³	膜成本增加 0.07 元/m³，节水 0.08 元/m³
缓冲能力	较差，对水源水质突变和管网水质适应性较低	较强，能够很好地适应水源藻、有机物等短期突发情况，适应无备用水源城市供水	较差，无沉淀缓冲作用，属于微絮凝或直接过滤，对运行管理水平要求很高，对水源水质变化较敏感

注：1 亩＝666.67m²。

3 基本情况

3.1 B市水资源情况

3.1.1 地下水资源

根据《地下水资源初步评估报告》，市区内浅层地下水资源量为 6.764×10^7m³，综合污染指数＞90，为严重污染，不能作为生活和工业用水的水源。根据《地下水资源初步评价报告》，浅层地下水评价为以廊坊市区为中心的面积为448km²范围，其第Ⅲ含水岩组的深层地下水资源量为 1.6095×10^7m³，即 4.41×10^4m³/d，水质适用于生活和工业，是城市生活和工业用水的主要含水层。

3.1.2　降水及地表水资源

依据《市区南水北调城市水资源报告》（2016 年 5 月），市区多年平均降水量为 579.2mm。受市水利工程调度控制，市内地表水多年平均水资源量为 1989m³。市内主要河流均为季节性河流，而且污染均比较严重。

因此，从目前情况分析，城市供水没有可以利用的本地地表水资源。

3.1.3　南水北调水资源

南水北调中线工程 2014 年首期工程通水，向该市供水 2.5725×10^8 m³。

3.2　供水工程概况

该市主城区城市供水目前由两部分组成：一是隶属于住建局的市供水总公司向城市集中供水（主要是新建投产的南水北调水厂）；二是由市水务局下属节水办负责管理的自备水源单位分散供水（已关停完毕）。

城区一水厂位于市供水总公司院内，水厂现有水源井 5 眼，现状供水能力 0.7×10^4 m³/d；为缓解城区用水供需矛盾，建设二水厂，现状供水能力 1.8×10^4 m³/d。

3.3　进出水水质稳定性分析

为科学合理评价净水工艺选用成效，采用单因子污染指数法对水体水质进行分析，主要的根据是《地表水环境质量标准》（GB 3838—2002）。

丹江口水库库区水质数据来源于中国环境监测总站——丹江口陶岔（取水口）监测站、胡家岭水质监测站和长江流域水环境监测中心，数据反映了丹江口水库库区水质情况及变化趋势，具体见表 2-9。

表 2-9　丹江口水库各点位主要水质

断面名称 特征值	浪河口下		坝上		陶岔		白河	
	最大值	最小值	最大值	最小值	最大值	最小值	最大值	最小值
水温/℃	30.6	6.5	28.7	5.7	33.5	5.2	28	5
pH 值	8.9	7.78	8.68	7.47	8.86	7.14	8.73	7.52
溶解氧	11.32	6.45	11.78	5.7	12.71	5.2	12.13	7.24
氨氮	0.405	0.066	0.349	0.066	0.321	0.074	0.478	0.02
总氮	1.6	1.08	1.9	0.95	1.86	0.98	1.78	0.96
COD$_{Mn}$	3	1	3.3	1	3	0.8	3.2	1
BOD$_5$	2.6	0.025	2.3	0.25	2.4	0.25	2.6	0.25
氰化物	<0.004	<0.0020	<0.0020	<0.0020	<0.0020	<0.0020	<0.0020	<0.0020
砷	0.0043	0.0001	0.0039	0.0001	0.0046	0.0001	0.0054	0.0001
挥发酚	0.001	0.0003	0.0007	0.0004	0.0008	0.0008	0.0003	0.0003
六价铬	<0.004	<0.004	<0.004	<0.004	<0.004	<0.004	<0.004	<0.004
汞	<10^{-5}	<10^{-5}	<10^{-5}	<10^{-5}	<10^{-5}	<10^{-5}	<10^{-5}	<10^{-5}
铜	<0.005	<0.005	<0.005	<0.005	<0.005	<0.005	0.007	0.006

断面名称 特征值	浪河口下		坝上		陶岔		白河	
	最大值	最小值	最大值	最小值	最大值	最小值	最大值	最小值
镉	<0.001	<0.001	<0.001	<0.001	<0.001	<0.001	0.001	<0.001
铅	0.01	<0.010	<0.010	<0.010	<0.010	<0.010	0.013	<0.010
总磷	0.06	0.01	0.05	0.01	0.04	0.01	0.11	0.02
石油类	0.04	0.005	0.03	0.005	0.04	0.005	0.22	0.005
粪大肠菌群 /（个/L）	167	10	80	10	480	10	16000	0.005

根据以上评价分析得出，丹江口水库库区水质多年良好，主要水质指标符合《地表水环境质量标准》（GB 3838—2002）Ⅱ类水体，但总氮偏高，属于Ⅳ类水体，这就使整体水质类别下降，但综合各方面因素考虑，丹江口水库可以保证为南水北调中线工程提供优质的水源。

4 不同工艺流程除污效果的比较

以浊度、有机物、藻类、细菌和铝铁（主要来自混凝剂）为主要研究对象，对比分析不同净水工艺的除污效果。

4.1 对浊度处理效果的比较（略）

4.2 对有机物处理效果的比较（略）

4.3 对藻类、细菌处理效果的比较（略）

4.4 对金属铝铁处理效果的比较（略）

5 超滤膜工艺的膜污染控制及其清洗（略）

5.1 膜污染机理（略）

5.2 膜污染评价指标（略）

5.3 不同工况对膜污染的影响

5.3.1 排空周期对膜污染的影响（略）

5.3.2 加药量对膜污染的影响（略）

5.3.3 运行通量对膜污染的影响（略）

5.4　污染膜化学清洗与污染物成分分析

5.4.1　维护性清洗（略）

5.4.2　恢复性清洗（略）

5.4.3　超滤膜表征分析（略）

5.4.4　膜污染物成分分析（略）

6　结论

本项目通过生产性试验研究，重点对超滤膜长流程工艺（混凝-沉淀-超滤膜）进行了长达一年的测试分析，结论总结如下：

① 通过文献分析和静态试验，超滤膜长流程工艺可以较好应对或缓冲丹江口水库均中营养状态可能引发的藻类超标问题；当采用铁系混凝剂，超滤膜长流程工艺能有效降低铁含量，确保管网运行安全，并避免用户饮水不快的发生。

② 浸没式超滤膜系统在去除浊度、藻类和微生物方面明显优于常规工艺，不论流程长短，膜后出水浊度、藻类、微生物含量均比较稳定，基本不受进水水质的影响，膜出水浊度≤0.4NTU 的保证率可达 100%，其中，超滤膜长流程工艺对藻类、微生物去除百分比达到 100%。

③ 因条件限制，超滤膜短流程工艺对有机物、Al^{3+} 的去除效果较差，有时略逊色于常规工艺，但是超滤膜长流程工艺对铁离子去除效果较好。

④ 超滤膜系统的适宜排空周期为 5h，即五轮一排；混凝剂 PFBC 的适宜投加量为 6～10mg/L，在实际运行中可根据不同时期不同的水质加以调整；综合超滤膜投资以及运行管理费用考虑，运行通量适宜为 30L/(m^2·h)，有突发情况时可以适当增高至 40L/(m^2·h)，但不宜长期运行。

⑤ 维护性清洗时选用浓度为 0.05% 的 NaClO 溶液，浸泡时长为 3h 时跨膜压差恢复率较高；恢复性清洗选用 NaClO、NaOH 和 HCl 组合清洗方式，对膜系统先进行清水反冲洗，再进行碱洗，然后进行酸洗，最后清水漂洗。该组合清洗方式效果良好，跨膜压差恢复率都在 97% 以上。

⑥ 对污染膜的成分检测结果显示：UV254 不高，说明腐殖酸污染不严重，并且碱洗效果优于酸洗；酸洗对于金属 Mg、Fe、Mn 的清洗效果较好，碱洗对于 B 和 Si 的清洗效果较好，对于 Mn 几乎没有清洗效果，酸洗和碱洗后的清洗液中 Si 元素浓度均最高，说明该膜受 Si 污染较严重；荧光电镜扫描分析显示：荧光光谱图存在两个波峰。B：$E_x/E_m = (270-290)/(320-350)nm$，B：$E_x/E_m = (220-240)/(320-350)nm$，分别在有色氨酸类芳香族蛋白质和酪氨酸类芳香族蛋白质区域内，表明该两种蛋白质是引起膜污染的主要物质。

⑦ 经过计算分析，超滤膜工艺运行通量在 25～45L/(m^2·h) 之间时，加药间电耗为 0.0021～0.0027kW·h/m^3，膜车间电耗为 0.087～0.158kW·h/m^3，吨水药剂费为 0.0356～0.0396 元/m^3。

⑧ 超滤膜系统自控程度高，运行稳定，故障概率小，产水率较高，可达 95% 左右，符合节能降耗的目的。

◢ 2.2 河湖水系雨水工程案例

2.2.1 开放水体雨水工程案例

开放水体往往起到调蓄的作用，与防涝紧密相关。以某河道雨水泵站工程为例，介绍了设计流量的计算、泵站及其构件的选型、泵站的工艺设计。为开放型水体雨水工程建设提供参考。

C 市河道雨水泵站工程设计

1 工程概况

某河道雨水泵站工程坐落于一条南北向河道一侧。东区人工河均与该河道连接，整个区域雨水通过人工河排入该南北向河道，该河道担负着整个区域的雨水排放任务，因收纳水体雨季水位较高，在雨水干渠入口收纳水体处设雨水泵站一座。设计泵站服务面积为整个区域汇水面积，$S=14.17m^2$。泵站设计为自流与强排相结合，采用 6 台流量为 $3.33m^3/s$ 的水泵，泵站设置 2 孔自流闸门。以泵站强排为主，水位满足自流排放要求时可自流排放，设计流量为 $20.0m^3/s$。设计泵站服务面积为整个区域汇水面积。

施工内容明细：大堤、泵室基础土方开挖→施工临时公路修筑→出水箱涵（含闸室、压力水箱）→泵室电机层以下工程→主厂房电机层以上工程及闸室启闭框架、工作桥→土方回填→机电设备安装→工程竣工扫尾→主厂房电机层以上工程→土方回填→机电设备安装→工程竣工扫尾。

2 水文

2.1 气象

该地区气候属暖温带大陆性季风气候，是半湿润半干旱区，年平均气温 12.1℃，最高气温在每年的 7 月份，月平均温度在 26.5℃，极端最高 40.1℃，全年最低温度在 1 月份，月平均温度在 −4.7℃，极端最低 −21.3℃。0～15cm 地温，年平均 13.5～15℃，每年的 12 月、1 月、2 月这三个月地温在 0℃以下，一般年份 12 月上旬开始结冻，3 月初开始化冻，封冻期 90～100 天，冻土深度 30～47.8cm，年平均降水量 581.4mm，主要分布在 7～8 月份，且年际降水差异较大。

2.2 自然灾害状况

按照年降水量区分旱、涝，正常年份为 4.2%，大涝和大旱都是 24 年一遇，偏涝 4 年一遇，但年中由于降水分布情况不同，一般春旱频率 75%，初夏旱频率 46%，伏旱 17%，秋旱 21%，夏旱频率 29%，秋涝频率 17%，冰雹出现的年概率为 75%，但成灾率仅为 25%，干热风一般出现 5 月中旬至 6 月中旬之间，平均每年出现干热风 7.7 次，强干热风平均每年出现 0.7～0.9 次。

2.3　泥沙

地质构造复杂而岩性单一，主要以黏砂为主，可利用砂层以粉砂细砂为主，至 600m 以下地层中才有细砂和中砂以及少量粗砂，1000m 以下砂层减少，其矿化度浅层较高。320m 以下才有丰富的淡水，开发区的西部咸淡水界面在 180m 左右，东部可达 240m。

3　工程建设任务和规模

3.1　设计流量计算

（1）设计参数

C 市暴雨强度：$q = 167 \times (10.227 + 8.099 \lg T)/[(t + 4.819)^{0.671}]$

设计重现期：$T = 1$ 年

降雨历时：$t = t_1 + mt_2$

地面集水时间：$t_1 = 15\text{min}$

管道流行时间：$t_2 = L/(60V)(\text{min})$

管道折减系数：$m = 2.0$

径流系数：$\Psi = 0.55$

（2）计算流量

根据当地暴雨强度公式计算如下：

$q = 167 \times (10.227 + 8.099 \lg T)/[(t + 4.819)^{0.671}]$

其中 $t_2 = L/(60V) = 7000/(60 \times 0.75) = 155.6\text{min}$

则 $q = 167 \times (10.227 + 8.099 \lg 1)/[(15 + 2 \times 155.6 + 4.819)^{0.671}] = 35\text{L/s}$

根据计算流量公式：$Q = \Psi q F = 0.55 \times 35 \times 1417 = 27227.25\text{L/s} = 27.0\text{m}^3/\text{s}$

（3）泵站设计流量

由上可知河道计算洪峰流量 27.0m³/s，区域内河道总长度 8.0km，调蓄容量可达 $3.0 \times 10^5\text{m}^3$，可调蓄 3h 洪峰流量，泵站流量如果按 27.0m³/s 计算偏大。按平方千米产流量 1.2m³/s 计算，设计流量为 17.0m³/s；按最大一日降水量 220mm 计算，设计流量为 19.8m³/s。泵站流量拟取 20.0m³/s 计算。

3.2　特征水位

3.2.1　进水池水位

（1）设计内水位

设计内水位参照万分之一的地形图和实地量测，确定平均内水位为 4.09m。排水主渠道长度为 170m，排水渠水面按 1：8.5 坡降为 2m。则设计内水位为 2.09m。

（2）最低内水位

进水前池采用缓坡与站房底板连接。站房前端设置拦污栅一道，综合水头损失以 2.09m 计。则最低运行水位为 2.09−2.09＝0m。

（3）最高运行水位

根据历年水位情况，最高运行水位选定为 3m。

3.2.2 出水池水位

（1）设计外水位

设计外水位采用十年一遇洪水位，即 $H_设$＝2m。

（2）最高运行水位

最高运行水位采用二十年一遇洪水位，本工程站址处外河最高运行水位为 H_{MCx}＝3.2m。

（3）平均运行水位

平均运行水位按主排涝外河水位考虑，根据历年排涝水位情况调查，$H_{平均}$＝2.6m。

3.2.3 机型选择与机组台数的确定

（1）机型选择

① 水泵：设计采用 6 台 1000ZQ-100 型潜水轴流泵，分别安装在 6 个强排流道内，单台设计流量 12000m³/h，设计扬程 4.0m（水泵扬程在 2.0～5.7m 之间时应处于高效段内），电机功率 220kW。水泵启动方式为软启动，控制柜为一控一设置，分为水泵启闭设置手动启闭与液位控制自动启闭两种方式，水泵启动最高水位为 3.00m，水泵关闭最低水位为 0.00m，在此范围内，水泵可根据河道水位及排涝要求灵活启闭。

② 拦污栅：每个水泵流道进口处均设置拦污栅，拦污栅安装在栅槽内，拦污栅材质为 Q235C 钢，型钢自行焊制。拦污栅平面尺寸为 3780mm×2200mm，每个流道安装 3 块，共计 12 块。

③ 闸门：自流流道各设置自流闸门两座，闸门型号为 FZ2.5×2.5，出水箱涵处设置总闸门两座，闸门型号 FZ3.0×3.5。闸门采用铸铁材质，边框镶铜。闸门启闭机采用手电两用螺杆式启闭机，自流闸门启闭机型号 QL-120 型，总闸门启闭机型号 QL-150 型，启闭机应与闸门配套供应。闸门应定期维护，经常启闭，以免锈蚀及贝类吸附影响闸门正常使用。

④ 液位计：采用超声波液位仪，型号 FDU80，量程 0～5m，安装 2 台，为一控三设计，水位信号传送至各水泵控制柜，实现水泵自动启闭。

⑤ 盖板：水泵检修孔、人孔盖板采用钢格栅板。水泵检修孔钢格栅板型号 G605/30/50，人孔钢格栅板型号 G205/30/50。钢格栅板材质要求采用 304 不锈钢。

⑥ 栏杆：泵站顶部平台及出水池边墙安装栏杆，总闸门操作平台及钢梯安装栏杆，栏杆材质均为不锈钢管，高度 1.1m，栏杆底部与预埋铁焊接。

⑦ 爬梯：爬梯采用塑钢爬梯。

（2）装机容量

站内主要用电设备为 6 台 220kW 潜水轴流泵、4 台 3kW 闸门启闭机，另有院内照明、人员生活用电及其他检修负荷，合计 1342kW 左右。

泵房荷载计算详见表 2-10。

表 2-10 泵房荷载计算表

序号	项目	力			力臂	力矩
	结构部位	体积/m³	容重/(T/m³)	计算值/T	/m	/(T·m)
一	竖向恒载			857.54		3846.8
1	屋面板	18.96	2.5	47.4	4.25	201.5
2	挑檐板	4.93	2.5	12.325	4.25	52.4
3	墙体及柱	58.88	1.97	115.99	4.5	522.0
4	吊纵梁	2.28	2.5	5.7	6	34.2
5	吊横梁	3.78	2.5	9.45	4.5	42.5
6	电机层楼面板	19.38	2.5	4.45	3.75	181.7
7	电机活动梁	1	2.5	2.5	4.5	11.3
8	电机横梁	2.52	2.5	6.3	5.75	36.2
9	电机纵梁	7.6	2.5	19	6	114.0
10	墙梁	2.28	2.5	5.7	1.7	9.7
11	中墩	54.72	2.5	136.8	2	273.6
12	后墙	54.15	2.5	135.375	7.8	1055.9
13	边墙	36.48	2.5	91.2	4	364.8
14	水泵纵梁	3.42	2.5	8.55	6	51.3
15	水泵横梁	1.68	2.5	4.2	5.75	24.2
16	水泵和电机重			18.6	6	111.6
17	底板	76	2.5	190.0	4	760.0
二	竖向活载			−114.33		−421.8
1	屋面活载			28.44	4.25	120.87
2	楼面活载			24.23	3.75	90.9
3	电机运行轴向力			30	6	180.0
4	厂房水重(前部)			152	2	303.4
	厂房水重(后部)			152.9	5.75	879.2
5	扬压力(浮托力)			−456	4	−1824.0
6	(渗压力)			−45.6	3.775	−172.1
三	水平荷载			−75.4		−90.5
1	完建期土压力			−75.4	1.2	−90.5
2	运行期土压力			−101.9	1.2	−122.28

4 工程总体布置及建筑物布置

4.1 总体布置

泵站设计为跨河式雨水泵站,泵站主体泵房坐落于南北向河道一侧,进水采用流道进水,分别设置强排流道(水泵提升)及自流流道(自流闸门)。当下游排干渠水位低于南北向河道时,满足自流排放条件,打开自流闸门进行自流排水;当下游排干渠水位高于南北向河道时,无法进行自流排放,此时关闭自流闸门,开启水泵进行强排。为了保证排涝安全,大雨前泵站应先行启动,将河道内水位提前降至最低水位0.00,以充分发挥区域内河道的调蓄作用。

泵站周边泵站出水采用2~3.0×3.5箱涵,箱涵在出口处设置总闸门。该闸门平时开启,当泵站检修或者清淤时,关闭该闸门,防止下游排干渠水倒灌。

泵站流量72000m³/h,设计扬程4.0m(水泵扬程在2.0~5.7m之间时应处于高效段内),水泵启闭设置手动启闭与液位控制自动启闭两种方式,进行必要的硬化,以满足泵站的检修及日常运行管理。在泵站西侧设置值班室、控制室及变配电等设施。

泵站进出水渠道及出口均应进行护砌防护。

防腐措施:除特殊说明外,泵站内所有钢制构件均做防腐处理,按以下做法:表面除锈,刷红丹防锈漆两道,环氧沥青漆两道。管道(钢管)外侧除锈后刷红丹防锈漆两道,环氧沥青漆两道。

4.2 站房布置

本项目建设站房一座,分为控制室、值班室。站房总长度 $L = L_{控} + L_{值} = 16.5\text{m}$,总宽度取 $L = 4.5\text{m}$。

为保证配电设施安装及维修要求,变配电室长度取20.5m,宽度取6m。根据设计图纸,泵房高程取-3m。

4.3 进出水建筑物设计

(1)进水渠道断面复核

进水主渠断面复核:渠道边坡为1:2.5,过水深为1m,过水流量按电排站的排涝流量 $Q = 7.56\text{m}^3/\text{s}$ 设计,允许过水流速 $v = 1.10\text{m/s}$。

粗略计算过水流量 $Q = \eta C v (\eta 取 0.75)$, $C = 1/2(2B + 2mh)h = (B + mh)h = B + 1.5$ 代入上式得: $B = 7.39\text{m}$,选定渠底宽为7.5m。

现有排水渠道底宽 $B > 7.5\text{m}$,现有主排水水渠道宽8m,满足过流要求。

(2)集水池设置

本项目集水池面积为 $6 \times 33.7 = 202.2\text{m}^2$。高度5m,集水池容积为1011m³。

4.4　变配电及输电工程设计

本泵站为新建雨水泵站，用电按二级负荷设计。为保证供电的可靠性，当发生变压器故障或线路常见故障时不中断供电，由泵站附近城市电网引两路 10kV 电源，一用一备（引入方式及引线接入距离按当地供电局要求实施）。站内设三座 1000kVA 箱式变压器及一座 30kVA 箱式变压器，1000kVA 箱变两用一备，在泵站变压器前端设置开闭所，手动倒换双回路。其中主要用电设备安装信息详见表 2-11。

表 2-11　主要用电设备安装信息

主要设备	数量	单台设备安装容量/kW	需要系数	功率因数	额定电压/V	设备相序	视在功率/kW	有功功率/kW	无功功率/kW	计算电流/A
1#~6#潜水轴流泵	6	220	1	0.80	380	三相	275	220	165	417.83
1#~4#闸门启闭机	4	3	1	0.80	380	三相	3.75	3	2.25	5.70
站内用电		10	1	0.80	220	三相	12.5	10	7.5	32.80

低压配电电压为 380/220V，其中潜水轴流泵、闸门启闭机电压 380V，站内其他用电电压 220V。

变压器设置为四台欧式箱式变压器。

1#箱式变压器出线 4 路，为 1#~3#潜水轴流泵及全部闸门电机供电。

2#箱式变压器出线 4 路，为 4#~6#潜水轴流泵及全部闸门电机备用供电。

3#箱式变压器采用母线分段，两段母线设机械电气互锁，每段母线出线 3 路，共出线 6 路，为 1#或 2#箱变备用。

4#箱式变压器出线 3 路，供站内人员生活照明及检修用电。

变压器采用带熔断器的负荷开关，手动操作。低压配电系统采用放射式配电，水泵采用放射式供电；其他动力照明及一般负荷采用树干式供电。系统接地形式采用 TN-S 接地系统。

本工程电能计量根据当地供电局要求计量。变压器继电保护应包括带时限过电流保护、电流速断保护、单相接地保护、过负荷保护、温度保护。水泵保护要求包括过电流保护、短路保护、低电压保护、过负荷保护、温度保护、单相接地保护。

无功补偿：在各变压器低压侧集中设置低压电容补偿，1#、2#、3#箱变补偿容量不低于 500kVAR，具体补偿容量由当地供电部门确定，补偿后功率因数满足当地供电部门要求。

泵站内设 4 基路灯照明，路灯电缆穿 CFRP50 管敷设，由安装在值班室内的照明配电箱控制开闭。

4.5　水泵控制系统

本工程潜水轴流泵采用电子软启动方式，闸门启闭机采用直接启动方式。

水泵控制柜及电缆由设备厂家配套提供，控制形式为一控一，控制柜应具备自动/手动转换、启动、停止和急停等，以及双电源自动切换功能，且能够直观地显示水泵的工作状态（运行、停机、自动、手动），并具备故障报警功能（过流、过热、上漏水、下漏水、缺相、漏电、低电压等电气故障）。闸门启闭机在现场相应位置安装控制箱，要求具备现场手动开关功能。水泵在端子箱处控制时控制柜警示灯亮起，控制室控制柜不允许操作。安装在室外的端子箱及控制箱外壳采用304不锈钢材质，并采取防水防漏电措施，防护等级不低于IP65。

本工程液位计选用超声波式，由设备商成套提供，每台可设定三组液位数据控制水泵启停。

4.6 电缆、导线的选型、敷设及要求

为检修方便，泵站区域内线缆全部穿管敷设，泵池区域线缆全部沿泵池外墙敷设，引入泵池时应穿泵池墙壁上的预埋管。

潜水轴流泵控制柜低压出线电缆选用ZR-YJV22-1/0.6-2×（3×120+1×70）（C类阻燃）电力电缆，长时间工作温度不高于90℃。

变压器至低压配电柜电缆采用ZR-YJV22-1/0.6-4×16+1×10（C类阻燃）电力电缆，长时间工作温度不高于90℃。

变压器至照明配电箱电缆选用ZR-YJV22-1/0.6-4×10（C类阻燃）电力电缆，长时间工作温度不高于90℃。

闸门启闭机低压出线电缆选用ZR-YJV22-1/0.6-4×6（C类阻燃）电力电缆，长时间工作温度不高于90℃。

室外电缆过路处穿SC150（50）管埋地敷设，其余穿CFRP150（50），电缆拐弯处加装弯头，弯头角度满足电缆转弯半径要求，水泵出线选用防水电缆。

导线选用ZR-BV-500V聚氯乙烯绝缘（阻燃）导线穿PVC管暗敷。

水泵控制线及液位计为ZR-KVV22型电缆，与消防有关的控制线为ZR-KVV型电缆。

用电设备接线要求铜鼻连接，接线端子连接，不允许直接芯线相连。

控制室内应根据控制柜安装及电缆布线要求修建电缆沟。

泵站内敷设电缆应在其两端、拐弯处、交叉处设标志牌，直线段应适当增设标志牌，方便检修。

4.7 照明配电安装

泵站控制室内照明配电箱安装，控制泵站内生活用电及站区路灯供电。安装位置参考建筑配电安装。

照明开关、插座暗装，规格为250V/10C，插座为单相两孔+三孔安全型插座，安装参考建筑配电安装要求；值班室安装1P冷暖空调一台，控制室安装2P冷暖空调一台，空调插座为三孔安全型插座，250V/25C。

值班室及控制室内设五线自动充电应急照明灯，应急照明开关应带指示灯或自动开启，最小照度≥10lx。

值班室及控制室照明采用双管荧光灯，灯具选用须符合国家灯具节能标准，最小照度≥100lx。

照明、插座分别由不同的支路供电，照明为单相三线制，BV-3×4mm²，所有回路均设漏电断路器保护。

4.8 保护

① 箱式变压器继电保护由箱变厂家提供。

② 低压配电回路发生故障时，由其进线空气开关自带的电流速断保护切除故障。

③ 为了节省设备占用的空间，泵站不单独设置保护柜，所有的保护装置均对应安装于相应的控制柜内，水泵保护要求包括过电流保护、短路保护、低电压保护、过负荷保护、温度保护、单相接地保护。

④ 水泵断路器按躲开最大启动电流整定。

4.9 防雷、接地设计（略）

5 泵房稳定计算

5.1 荷载计算（略）

5.2 整体稳定校核

5.2.1 抗滑稳定（略）

5.2.2 抗倾稳定（略）

6 施工方案和施工进度

6.1 施工方案（略）

6.2 建设进度（略）

7 工程招投标

7.1 招标依据

《中华人民共和国招投标法》；

河北省实施《中华人民共和国招投标法》办法；

《河北省建设工程工程量清单招标投标签约暂行办法》；

《河北省建设工程担保管理办法》（暂行）；

《工程建设项目招标范围和规模标准规定》;

《工程建设项目招标代理机构资格认定办法》;

7.2 招标范围

本项目全部招标,招标的工程项目有建筑工程、工程设计、工程勘察、工程监理、购置设备、安装工程。

7.3 招标方式

本项目建设采取公开招标方式。

8 投资估算与资金筹措

8.1 投资估算

项目总投资估算详见表 2-12。

表 2-12 项目总投资估算表

序号	项目名称	数量	基价	金额/万元
一	工程费用			727
二	设备材料			234
三	其他费用			67
1	建设单位管理费		控制数费率表	7
2	建设项目前期工作咨询费		插入法计算	5
3	工程设计费		按标准内插法计算	20
4	工程监理费		按标准内插法计算	16
5	环境影响咨询服务费		咨询服务费计算标准	2
6	招标代理服务费		招标代理收费标准	10
7	临时设施费		工程费×1%	5
8	施工图审查费		设计费×8%	2
四	基本预备费		(一+二+三)×10%	103
五	清表费			5
六	降水及排水费用			4
七	临时辅道及其他			6
八	环保工程		(一+二+三)×5%	52
九	水土保持工程		(一+二+三)×5%	52
	合计			1250

8.2　资金筹措及其使用计划（略）

9　工程效益分析（略）

10　思考问题

　　泵站工程应综合考虑用途及输送介质、所处工程地质条件、周边环境条件等，从而确定好施工方案，建设完毕后应注意安全管理，做好检修维护。新建泵站的费用比较高昂，针对如何增长泵站的使用年限这个问题，你有什么好的建议吗？

11　文献

　　《泵站设计规范》（GB/T 50265—2010）；

　　《室外排水设计规范》（GB 50014—2006）2011 年版；

　　《给水排水设计手册》（第二版）；

　　《给水排水工程管道结构设计规范》（GB 50332—2002）；

　　《给水排水工程构筑物结构设计规范》（GB 50069—2002）；

　　《地表水环境质量标准》（GB 3838—2002）；

　　《环境空气质量标准》（GB 3095—2012）。

2.2.2　封闭水体雨水工程案例

　　封闭水体是河湖水系的表现形式之一，尤其在城乡人工景观水体中较为常见。以某人工景观水体工程为例，介绍了类似封闭水体的整体规划、具体数据的分析与运用以及雨水的处理工艺，最后描述了封闭水体工程建设相关的技术措施。

D 市景观水体工程设计案例

1　项目概述

　　该景观水体由南、北两条带状水系构成，水池边缘以上有绿化带、水景走廊和亲水平台。水域总面积约 33000m²，水池池边水深约 0.7m，池中心水深约为 1.15m，平均水深约为 0.90m，水体总容积为 29700m³。

　　北区 JZ-01♯JZ-04♯水池总面积：18210m²；总容积：16395m³。

　　南区 JZ-05♯JZ-08♯水池总面积：14790m²；总容积：13311m³。

　　景观水体设计定位为自然生态水体，透明度约 0.5m，可种水生植物，深水区可养鱼；为满足景观效果，景观水池须保持常水位。

2 项目区概况

项目区属亚热带海洋性气候，年平均气温 22.4℃，最高气温 38.7℃、最低气温 0.2℃。雨量充足，每年 4～9 月为雨季，年降雨量 1933.3mm，年降雨量最多纪录 2662mm，年降雨量最少纪录 913mm。土地形态以低山、平缓台地和阶地丘陵为主。

3 工程建设

项目区所在地是一个严重缺水的城市，考虑到未来的发展需要，景观水体的日常补水水源以及区域内绿化、道路广场浇洒用水均使用天然雨水。采用雨水、建筑中水的综合利用技术，建地下贮存调节水池，雨季收集利用雨水，旱季及雨水量不足时以处理后的建筑中水补充，来提供景观水体补水和区域内绿化、道路广场浇洒用水。水量供求情况详见图 2-3。

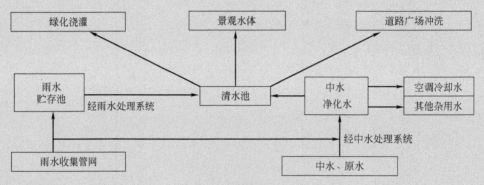

图 2-3　水量供求示意图

3.1 雨水的收集与贮存

3.1.1 需求水量

（1）水体损耗

景观水体的水量损失主要包括：水面蒸发、水池渗漏、喷泉水景飘散、水处理设备反冲洗用水等。其中景观水处理设备反冲洗用水总量较少，而水池（本项目采用钢筋混凝土池体结构）渗漏水量损失也较少，现以蒸发量为主要水量损耗进行水量平衡计算。

水面蒸发量计算，依据气象局提供的 1995～2004 年十年内每候（五天）的蒸发量，取多年候平均值，再依据景观水体实际所处环境的温度、风速、相对湿度、饱和水蒸气压差等综合因素，用蒸发量计算公式计算得出的数值与之进行校核。水体蒸发损耗（m³）＝水面面积×蒸发量/1000。

北区水体水面面积：18210m²，乘以每月多年平均蒸发量得出每月蒸发的水量损耗。北区全年水量平衡表见表 2-13。

南区水体水面面积：14790m²，乘以每月多年平均蒸发量得出每月蒸发的水量损耗。南区全年水量平衡表见表 2-14。

表 2-13　北区全年水量平衡表

月份	平均温度	景观水体损耗	绿化浇灌用水	道路广场浇洒用水	总用水量	30 年月平均降雨量	可收集雨水量	本区内雨水利用量	剩余雨水量	中水净化水补水量
	℃	m³	m³	m³	m³	mm	m³	m³	m³	m³
1	15.1	2778	630	1074	4482	40	1205	1205	0	3277
2	15.8	2690	630	1074	4394	50	1507	1507	0	2887
3	18.3	3166	630	1074	4870	60	1808	1808	0	3062
4	22.2	3888	840	1432	6160	160	4821	4821	0	1339
5	25.8	4625	840	1432	6897	240	7232	6897	335	0
6	28.0	4858	840	1432	7130	290	8739	7130	1609	0
7	28.3	5127	840	1432	7399	340	10245	7399	2846	0
8	28.1	4851	840	1432	7123	360	10848	7123	3725	0
9	27.2	4953	840	1432	7225	240	7232	7225	7	0
10	24.2	4828	630	1074	6532	100	3013	3013	0	3519
11	20.2	4091	630	1074	5795	40	1205	1205	0	4590
12	16.2	3302	630	1074	5006	40	1205	1205	0	3801
合计		49157	8820	15036	73013	1960	59060	50538	8522	22475

表 2-14　南区全年水量平衡表

月份	平均温度	景观水体损耗	绿化浇灌用水	道路广场浇洒用水	总用水量	30 年月平均降雨量	可收集雨水量	本区内雨水利用量	剩余雨水量	中水净化水补水量
	℃	m³	m³	m³	m³	mm	m³	m³	m³	m³
1	15.1	2256	660	2160	5076	40	1645	1645	0	3431
2	15.8	2185	660	2160	5005	50	2056	2056	0	2949
3	18.3	2572	660	2160	5392	60	2467	2467	0	2925
4	22.2	3158	880	2880	6918	160	6579	6579	0	339
5	25.8	3757	880	2880	7517	240	9869	7517	2352	0
6	28.0	3946	880	2880	7706	290	11925	7706	4219	0
7	28.3	4164	880	2880	7924	340	13981	7924	6057	0
8	28.1	3940	880	2880	7700	360	14803	7700	7103	0
9	27.2	4022	880	2880	7782	240	9869	7782	2087	0
10	24.2	3921	660	2160	6741	100	4112	4112	0	2629
11	20.2	3322	660	2160	6142	40	1645	1645	0	4497
12	16.2	2682	660	2160	5502	40	1645	1645	0	3857
合计		39925	9240	30240	79405	1960	80596	58778	21818	20627

（2）绿化浇灌用水

绿化用水定额 3.0L/（m^2·d），则每天的绿化用水量 $Q=3.0×$绿化面积/1000。

经测算，区域内绿化总面积 28700m^2，实际用水春冬季每 2 天浇灌一次，即按每月 15 天计算；夏秋季每 1.5 天浇灌一次，即按每月 20 天计算；则 1 月以及 10～12 月每月绿化用水量 1290m^3，4～9 月每月绿化用水量 1720m^3，其中，北区绿化面积：14000m^2，每天绿化用水 42m^3；实际用水春冬季按每月 15 天计算，夏秋季按每月 20 天计算，则 1 月以及 10～12 月每月绿化用水量 630m^3，4～9 月每月绿化用水量 840m^3。南区绿化面积：11000m^2，二层绿化面积：2000m^2，海印长城步行街绿化面积 1700m^2，总绿化面积 14700m^2，每天绿化用水 44m^3；实际用水春冬季按每月 15 天计算，夏秋季按每月 20 天计算，则 1 月以及 10～12 月每月绿化用水量 660m^3，4～9 月每月绿化用水量 880m^3。

（3）道路广场浇洒用水

区域内道路、广场总面积约 107700m^2，道路广场浇洒用水定额 2.0L/（m^2·d），则每天的浇洒用水量＝道路广场面积×浇洒用水定额/1000，实际用水春冬季每 2 天浇洒一次，即按每月 15 天计算；夏秋季每 1.5 天浇洒一次，即按每月 20 天计算。其中，北区道路广场面积 35800m^2，每天浇洒用水 71.6m^3，实际用水春冬季按每月 15 天计算，夏秋季按每月 20 天计算，则 1 月以及 10～12 月每月浇洒用水量 1074m^3，4～9 月每月浇洒用水量 1432m^3。南区道路广场面积为 38700m^2，二层道路广场面积为 24900m^2，海印长城步行街硬地面积为 8300m^2，总道路广场面积为 71900m^2，每天浇洒用水 144m^3；实际用水春冬季按每月 15 天计算，夏秋季按每月 20 天计算，则 1 月以及 10～12 月每月浇洒用水量 2160m^3，4～9 月每月浇洒用水量 2880m^3。

3.1.2 可收集雨水量

（1）雨量

参考气象年月平均降雨量数据进行计算。南、北区域的各月降雨量情况分别详见表 2-13、表 2-14。

（2）汇水面积

由于本项目区域内车流量人流量较大，地面雨水的污染较严重，故仅将景观水面和区域内的建筑屋面作为雨水收集的范围。

水体表面汇水面积：

$F_{水体}=33000m^2$，径流系数 $\Phi=1.0$（其中，北区水体水面 18210m^2，南区水体水面 14790m^2）。

屋面汇水面积：

北区：天利一期 2500m^2，天利二期 4000m^2＋4300m^2，海岸西 2200m^2＋2200m^2，海岸东 2000m^2＋2000m^2。共计：19200m^2。

南区：超高层 5000m^2＋5000m^2，海岸广场 11200m^2＋9700m^2，保利 11500m^2，共计：42400m^2。

屋顶总面积为 6160m²，由于其中约有 30% 的面积为屋顶花园，应取不同的径流系数：屋面径流系数取 0.9，屋顶花园径流系数取 0.15。

收集雨水量计算量公式

$$Q=F\Phi q/1000$$

式中，Q 为汇集雨水量，m³；F 为汇水面积，m²；Φ 为径流系数；q 为降雨量，mm。

由上述计算可得出可收集雨水量，北区每年可收集雨水总量：

$$Q=(18210\times1.0+19200\times0.7\times0.9\times0.92+19200\times0.3\times0.15\times0.92)\times q/1000$$

具体数据详见表 2-13。

南区每年可收集雨水总量：

$$Q=(4790\times1.0+42400\times0.7\times0.9\times0.92+42400\times0.3\times0.15\times0.92)\times q/1000$$

具体数据详见表 2-14。

（3）贮存容积

在具备较详细资料时，理论上雨水贮存设施的有效蓄水容积应根据逐日降雨量和逐日用水量进行模拟计算确定。

平均降雨资料绘制降雨量统计柱状图，再以 5 日、10 日、15 日的用水量作为平衡尺度，分别分析各蓄水周期内实现有效蓄水-供水平衡的满足率，再对比不同满足率与其各自的工程造价，进行综合的经济技术分析，来确定和选择针对该项目的最佳贮存池蓄水容积。

经对比分析，本项目采用以 10 日用水量为贮存池有效蓄水容积的方案，即北区贮存池容积为 2640m³，南区贮存池容积为 3000m³。

夏季，由于区域内的中水用于空调冷却水等方面的用水量增大，而南区的雨季 5～9 月还有剩余未利用的雨水量，可以作为建筑中水的补充水源。所需剩余雨水贮存池的最大蓄水容积为 1300m³，可以较大程度地贮存剩余雨水，该剩余雨水贮存池与上述南区雨水贮存池合建，则南区贮存池总容积为 4300m³。

3.2　雨水的循环处理

由于雨水污染物指标中 BOD_5 很低，可生化性较差，所以水处理工艺主要考虑物化处理，即混凝、沉淀、过滤、消毒工艺。出水水质应不低于《城市污水再生利用景观环境用水水质》（GB/T 18921—2019）标准的要求。水处理工艺详见图 2-4 水处理工艺流程图。

控制消毒剂（次氯酸钠）的投加量，使消毒剂与雨水接触 30min 后的余氯量小于等于 0.2mg/L，但大于等于 0.05mg/L，既能满足再生水回用于景观水的要求，同时还小于自来水的余氯量，用于景观水补充用水，将不会对其中水生植物的生长产生不良影响。

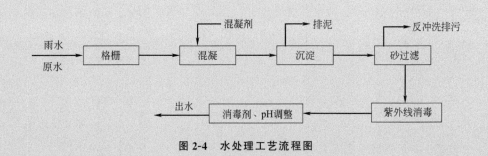

图 2-4 水处理工艺流程图

雨水收集处理系统除设置水质处理单元外，还需配套排除初雨"弃流"设施。

因初雨污染严重而不宜收集，国外已有相应的研究成果。ThomDs 对集雨工程的水质研究表明，最初 1.0mm 的降雨十分浑浊（含泥量很高），而在 1～2.5mm 内其浊度则急剧下降，因此去除 2.0mm 内的初雨是必要的。

本方案考虑在每栋单体建筑雨水收集管接入收集干管之前，设置一个初雨弃流池，弃流量按 2.5mm 的径流量确定。弃流池所汇集的初期雨水，在降雨结束后排入市政雨水系统。

3.3 雨水的回用

收集处理后的雨水回用，按照各使用功能所要求的流量和扬程，用提升水泵分别供给。各水量详见表 2-13、表 2-14。

由水量平衡表可见：雨季时，收集的雨水可充分满足景观水体的耗水、区域内绿地灌溉用水、道路广场浇洒用水、剩余量补充给中水系统；旱季时，不足水量由中水系统补给，从而实现了区域杂用水的用水平衡。该项目全年景观水体需补水约 90000m³、全年可收集利用雨水约 110000m³，取得了良好的经济效益和社会效益。

4 思考问题

该项目主要运用了雨水收集利用技术（包括收集、贮存、净化、利用等环节），景观水体本身的渗漏蒸发和雨水收集利用系统形成了一个有机整体，实现了水资源的合理利用。关于景观水体，你还能想到哪些雨水工程相关技术可以运用到里面呢？

5 参考文献

钱东郁，叶慧.《雨水收集利用技术在大型景观水体工程中的应用》. 中国建筑金属结构，2008.

《城市污水再生利用景观环境用水水质》（GB/T 18921）.

《室外排水设计规范》（GB 50014—2006）.

2.3　污水处理及资源化工程案例

2.3.1　"SBR+ 生物陶粒滤池" 工艺

根据社会经济基础、技术条件及管理水平以及污水处理厂的环境要求、受纳水体的功能要求等，因地制宜选用先进可靠、经济合理、高效节能的处理工艺，尽可能地节省投资，提高社会效益、环境效益、经济效益。

E 县城 3 万立方米每天污水处理工程案例

某地污水处理系统的规划纳污范围主要为县城的规划建设用地。随着该地社会经济加快发展，配套污水处理系统处理能力明显不足，大量未经处理的污水排入河道，造成水环境严重污染。为提高该地水环境质量，改善整体环境，确保污水处理率达到 90% 的目标，需要建设污水处理厂项目。

兴建污水处理厂工程，减少污染物排放量，保护县域水体环境，不仅必要，而且可行。走污染物减排之路对于解决水污染问题势在必行，因此，进行污水处理厂的建设十分重要，是解决水环境污染问题的最佳途径。

1　概况

1.1　服务范围

该污水处理厂服务的污水流域范围主要为城区的规划建设用地。总用地面积约 21.92km²，规划服务总人口约 6 万人（不含部队）。

1.2　地形地貌

该污水处理厂所在地依山傍海，地貌类型丰富，总的趋势形成了北高南低，按形态呈山地→丘陵→平原→海岸滩涂阶梯分布。

1.3　气候气象

该地气候属于暖温带半湿润大陆性季风气候，四季分明，气候宜人，光照充足，雨量充沛，无霜期年均 174 天，年平均降雨量 744.7mm。其中，1979～2002 年，年平均降水量 620.80mm，年平均气温 10.80℃，年平均无霜期 187 天，多年平均日照时数 2619h。雨季施工对本工程基坑开挖、支护和施工降水将产生不利影响。拟建厂区地基土标准冻结深度为 1.00m。

1.4　地质条件

该地地下水分布广泛，资源较丰富。山区多属于裂隙水，含水较少。在断层带分布有泉，在石灰岩分布区内，还有较集中的溶洞水。平原区沙层内属于孔隙水，为富水地带。县城底层属河湖相沉积层，以河流冲击亚砂土黏土夹粉细砂层为主，岩性岩相稳定性中等，承载力为 $100\sim150\text{kPa}$。

2 工程建设规模

2.1 污水量预测

目前该地污水处理系统处理能力不足，配套污水管线系统不完善。规划实行雨污分流排水系统改造。

2.2 工程建设规模

根据综合用水量，按照污水产生率 60% 计，预计城区污水量约 $6.8\times10^4\text{m}^3/\text{d}$。尽管近期内现有污水处理厂基本能满足污水处理的需求，但本着规划适度超前的原则，规划新建处理能力为 $3\times10^4\text{m}^3/\text{d}$ 的污水处理厂。

2.3 污水处理厂设计规模

本工程建设规模为 $3\times10^4\text{m}^3/\text{d}$。

2.4 处理水质要求

该污水处理厂出水排入厂区北侧，可作为河道的补充水源。按照规划部分污水要进行深度处理，以满足污水处理厂附近中水需求。

根据《城镇污水处理厂污染物排放标准》（GB 18918—2002），结合污水处理厂项目的要求，本工程的出水水质应达到一级 A 标准，出水水质指标如表 2-15。

表 2-15　出水水质指标一览表

编号	项目	单位	出水水质
1	生化需氧量（BOD$_5$）	mg/L	≤10
2	化学需氧量（COD）	mg/L	≤50
3	悬浮物（SS）	mg/L	≤10
4	氨氮（NH$_4^+$-N）	mg/L	≤5
5	TN	mg/L	≤15
6	TP	mg/L	≤0.5
7	pH 值	—	6～9
8	粪大肠菌群数	个/L	≤10^3

3　污水处理厂厂址优选

3.1　厂址选择原则（略）

3.2　污水处理厂与现状排水系统的关系

该污水处理厂与现有排污泵站距离较近，便于污水管网收集的污水提升至厂区，原有泵站也可以得到有效利用。

3.3　交通条件

该污水处理厂的选址交通条件便利，对于污水处理厂的建设运行以及扩建较为有利。

4　污水处理厂方案设计

4.1　污水处理工艺确定

4.1.1　污水处理工艺确定的原则（略）

4.1.2　污水处理工艺方案比选

（1）水质条件

污水处理工艺的方案选择，首先要分析进水水质及要求的处理程度，本工程进出水水质及去除率如表 2-16 所示。

表 2-16　进出水水质及去除率

指标	COD	BOD_5	SS	NH_4^+-N	TP	pH 值
进水/(mg/L)	400	120	160	10	20	7.03～8.34
出水/(mg/L)	≤50	≤10	≤10	≤5	≤0.5	6～9
去除率	88%	93.1%	98.2%	50%	99.7%	—

从表中可知，为满足处理要求，本工程需要采用脱氮除磷工艺，脱氮除磷工艺可以采用化学法，也可以用生物法。化学法对除磷较合适，而除氮要采用加氯氧化法或调整 pH 吹脱氨氮法，其费用高，故一般不用化学法除氮，通常用生物法脱氮，同时也可除磷。采用生物法除磷要分析进水水质是否合适。

（2）污水可生化性分析

污水生物处理是以污水所含污染物作为营养源，利用微生物的代谢作用使污染物被降解，污水得以净化。因此，对污水成分的分析以及判断污水能否采用生物处理是设计污水生物处理工程的前提。

污水可生化性的实质是指污水中所含的污染物通过微生物的生命活动来改变污染物的化学结构，从而改变污染物的化学和物理性能所能达到的程度。研究污染物可生化性的目的，在于了解污染物质的分子结构，能否在生物作用下分解到环境所允许的结构形态，以及是否有足够快的分解速度。所以对污水进行可生化性研究只研究可否采用生物处理，并不研究分解成什么产物，即使有机污染物被生物污泥吸附而去除也是可以的。因此在停留时间较短的处理设备中，某些物质来不及被分解，允许其随污泥排放处理。事实上，生物处理并不要求将有机物全部分解成 CO_2、H_2O，而只要求将水中污染物去除到环境所允许的程度。

（3）污水可生化处理的衡量指标

BOD_5 和 COD 是污水生物处理过程中常用的两个水质指标，用 BOD_5/COD 值评价污水的可生化性是广泛采用的一种最为简易的方法，一般情况下，BOD_5/COD 值越大，说明污水可生化处理性越好。本工程 $BOD_5/COD=0.3$，属于可生化性良好的污水。

BOD_5/NH_4^+-N：该指标是鉴别能否采用生物脱氮的主要指标，由于反硝化细菌是在分解有机物的过程中进行反硝化脱氮的，在不投加外来碳源的条件下，污水中必须有足够的有机物（碳源），才能保证反硝化的顺利进行，一般认为，BOD_5/NH_4^+-N>4，即可认为污水有足够的碳源供反硝化细菌利用。

本工程 NH_4^+-N 为 8mg/L，BOD_5/NH_4^+-N=12，故可利用原污水碳源进行反硝化。

BOD_5/TP：该指标是鉴别能否采用生物除磷的主要指标，一般认为，较高的 BOD_5 负荷可以取得较好的除磷效果，进行生物除磷的低限是 $BOD_5/TP=20$，有机基质不同对除磷也有影响。一般低分子易降解的有机物诱导磷释放的能力较强，高分子难降解的有机物诱导磷释放的能力较弱。而磷释放得越充分，其摄取量也就越大，本工程 $BOD_5/TP=5$，据此认为采用生物除磷结合化学除磷是可行的。

（4）处理程度分析

通常，活性污泥法对 BOD_5、COD、SS、TN、TP 的去除率如表 2-17 所示。

表 2-17　典型活性污泥法对主要污染物的去除率

指标	经验去除率/%	要求去除率/%	机理
COD	65～90	88	沉淀、吸附、合成
BOD_5	65～95	93.1	沉淀、吸附、合成
SS	70～90	98.2	沉淀、氧化
TN	15～78	80	同化、硝化反硝化、同步硝化反硝化、合成
TP	25～75	99.7	同化、沉淀、合成

根据以上分析，本工程污水处理厂可以采用生物法对污水进行脱氮除磷处理。由于出水的有机物含量与 SS 的去除率有关，若出水 SS 浓度高，则无法得到较低的 BOD、TN、TP 值。典型活性污泥法对 SS 的去除率为 70%～90%，本工程要求达到处理程度为 98.2%，已超过上限，因此如何有效去除 SS 是本工程的关键。

（5）除磷方式的选择

除磷有生物除磷法和化学除磷法。

生物除磷是公认的最经济的除磷法，通过设置厌氧、好氧环境，强化聚磷菌的吸放磷能力。聚磷菌利用厌氧条件下合成的贮能物质聚 β-羟基丁酸（PHB）和在好氧条件下氧化胞内贮存物质 PHB 所产生的能量，过量地从污水中摄取磷酸盐合成高能物质 ETP，并转化一部分为磷贮于细胞内，通过剩余污泥从系统排出。

化学除磷法是通过向系统中投加铁盐、铝盐、钙盐等化学除磷药剂，与污水中溶解性磷酸盐发生化学反应，形成不溶解性物质沉淀后排除。

（6）脱氮方式的研究

脱氮工艺较多，化学除氮要采用加氯氧化法，或调整 pH 氨氮吹脱法，其运行费用高，故一般不用化学法除氮，通常用较经济的生物法脱氮，同时也可除磷。

本工程进水 NH_4^+-N 为 10mg/L，BOD_5/NH_4^+-N＝12，反硝化碳源充足，通过反硝化可回收一些能量和碱度，节省能耗。因此，采用生物脱氮较适合。

同样从表 2-17 可知，对于 E 县县城污水处理工程的污水，COD、BOD_5、TP、TN 等都能达到要求的去除率，新排放标准实施后，对 TN 的排放有了严格的要求，意味着过去仅通过硝化的方法不再可行。实践证明，当水温低于 12℃时，需要更多的反硝化容积，当要求碳源、溶解氧等外部条件不佳时，反硝化段的体积会大于硝化段，引起投资浪费，因此反硝化系统设计尤为关键。

综上所述，本工程的重点在脱氮工艺的选择和过滤池的设计上。

4.2　污水处理厂工艺流程简介

污水进入原有排污泵站后，首先经过粗格栅，然后由污水提升泵站提升，经过进水流量计计量，提升至污水处理厂区的进水井，然后经细格栅进入旋流沉砂池。在闸门井设置污水处理厂的超越管，保证污水处理厂的安全。

本设计中受来水条件限制，排污泵站在厂区以外，需设计提升泵站，将管网收集的县城污水提升至所需高度进入污水处理厂的后续处理构筑物进行处理。提升后的污水经细格栅去除大的悬浮物质，进入沉砂池。

本设计中沉砂池选用了旋流沉砂池。旋流沉砂池可通过搅拌设备控制污水的旋流速度，除砂效果良好、稳定，结构简单，常用于中小型污水处理厂。

从除砂理论上看，利用离心力加重力除砂要比只用重力除砂效果好、去除效率高，另外曝气沉砂池和旋流沉砂池的技术已相当成熟，并且形成了成套技术，有了许多成功的工程实例。所以目前新建的污水处理厂中，平流沉砂池已很少使用，多采用平流曝气沉砂池和旋流沉砂池，以加强和保证除砂效果。

由于曝气沉砂池会对污水进入 SBR 反应池的缺氧段产生不良影响，所以本设计确定采用旋流沉砂池。污水由流入口切线方向流入沉砂池，利用电动机及传动装置带动转盘和斜坡式叶片，将砂粒甩向池壁，掉入砂斗。调整转速，可达到最佳沉砂效果，使除砂效率稳定。采用气提排砂，沉砂经砂水分离器清洗后排出。

沉砂池出水进入配水井，进行配水，目的是对近期和远期的水量进行分配，并减小SBR 池的水力冲击负荷。

配水井的出水进入污水处理厂的二级处理构筑物-SBR 反应池，在这里进行有机物的降解、脱氮、泥水分离等一系列反应，由滗水器将处理后的污水排出。

考虑到生物陶粒滤池和V型滤池的水头损失，并结合深度处理工艺自身的结构特点，设二级提升泵站，主要是为了满足深度处理提升高度的需要。

经过二级提升的污水先后进入生物陶粒滤池和V型滤池，进行深度处理。在V型滤池前适当加入絮凝剂，实现微絮凝，可以增强V型滤池的过滤效果和除磷效果。

V型滤池出水进入接触消毒池，本工程采用二氧化氯消毒方式，设备简单，运行简便，适于中、小规模的污水处理厂消毒。接触时间30min。

经过消毒后的污水达到景观用水的要求，由管道输送至景观明渠。考虑到深度处理出水的其他用途，预留泵位，以利其他需求时提升处理水之使用。

生物陶粒滤池和V型滤池的反冲洗水泵集中放置在反冲洗回用泵房内，利用V型滤池的处理出水进行滤池的反冲洗，反冲洗出水进入厂区及反冲洗出水废液池，由水泵统一提升到细格栅前的进水闸门井，与提升泵站提升的市政污水一起再进行生物处理。

4.2.1 SBR 生物处理

根据污水处理工程的建设规模，以及对于脱氮除磷要求较高的特点，结合SBR工艺的优点，在反应池前端设置了生物选择段和缺氧段，使回流污泥和少量的原水进入生物选择段，作用是防止污泥膨胀现象的发生，确保出水水质。之后污水进入缺氧段，在潜水搅拌机的作用下充分混合并进行反硝化反应，经过反硝化反应的回流污泥和大部分的原水进入SBR反应池进行曝气硝化和生物降解。这种改进池型大大提高了SBR反应池的脱氮除磷效果。

4.2.2 曝气生物滤池

曝气生物滤池是后续微滤工艺的预处理工艺，其主要作用是去除原水中的有机物和氨氮，同时兼有生物絮凝作用去除原水浊度的作用。经过曝气生物滤池以后，污水的稳定性得以提高（变得不容易腐败发臭），污水的COD值降低到50mg/L以下，氨氮降低到5mg/L以下，并且大大降低后续工艺对消毒剂的消耗量。

本工程采用的生物陶粒滤池是曝气生物滤池的一种，其技术特征是在床体内充填特殊的黏土烧制的球形陶粒填料，它具有巨大的比表面积，能附着巨大的生物量。水流形式采用上向流，滤料深度高达3～4m，处理效果非常好，出水水质稳定。由于采用特殊的反冲洗和配水方式，可以减少阀门的个数，操作管理更加简便。该工艺的结构如图2-5所示。

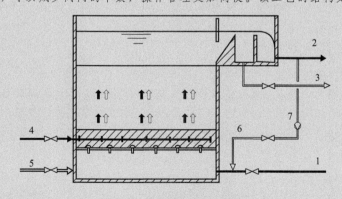

图 2-5 生物陶粒滤池示意图

1—进水；2—出水；3—反冲出水；4—曝气；5—反冲气；6—反冲水；7—冲洗泵

4.3　污水处理厂工艺流程框图

污水经二级处理后，水中大多数有机物和悬浮物都转化为污泥，如果污泥处理不当，将造成二次污染，使污水处理事倍功半。

目前常用的污泥处理方式包括重力浓缩、气浮浓缩、机械浓缩。重力浓缩由于需要停留时间长，浓缩过程产生厌氧状态，污泥中磷的释放致使上清液回流磷的浓度很大，磷会在主体反应单元中累积，对生物除磷系统造成不利影响。另外，重力浓缩散发气味很大，对整个污水处理厂环境产生不利影响；气浮浓缩由于空气扩散装置堵塞及设备复杂、能耗高等原因，应用不甚广泛。

目前常用的污泥脱水方式多为机械脱水，包括真空过滤机、带式压滤机、板框压滤机、螺压脱水机以及离心脱水机等。

带式浓缩脱水一体机由浓缩段和压滤段两部分组成。污泥经过贮泥池的短暂储存，由螺杆泵送至脱水机的浓缩段，之前加入混凝剂以改变污泥脱水性能，提高机械脱水效果和机械脱水设备的生产能力。经过浓缩的污泥进入压滤段，施加在滤布上的压力作用使污泥脱水。这种脱水方式动力消耗少，可以连续生产，因此目前应用广泛。具体工艺流程框详见图2-6。

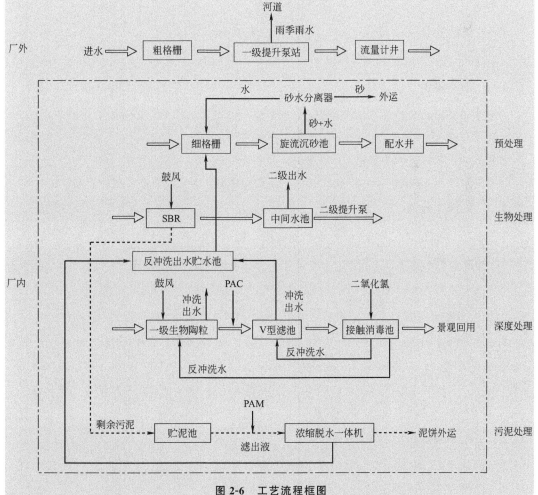

图2-6　工艺流程框图

4.4 固体废弃物处置

目前二级生化处理厂的固体废弃物主要为：格栅栅渣、沉砂池的沉砂、浮渣以及脱水后的干污泥。

格栅的栅渣与洗涤后的沉砂可以一起装车外运垃圾填埋厂进行填埋。

脱水后的干污泥的处置，针对我国的实际情况和抚宁区的自然地理位置，焚烧、热解、投海的方法都是不可能的，所以在污泥的处置上，可以考虑填埋和堆肥两种方法。

5 污水处理厂工艺设计

5.1 单体设计（略）

5.1.1 提升泵站

设置尺寸为 10m×5m×12.90m 的提升泵站 1 座，其处理能力：$3×10^4 m^3/d$。

5.1.2 流量计井

设置尺寸为 3.00m×3.00m×2.20m 的流量计井 1 座，其处理能力：$3×10^4 m^3/d$。

5.1.3 细格栅渠

细格栅渠由进水闸门井和格栅渠两部分组成。污水经过提升，进入进水闸门井内，厂区及反冲洗废液也回至该闸门井内，一同流入细格栅渠，进行处理。在进水闸门井内设置厂区超越管，在特殊情况下通入出水渠道，排入洋河。

设置尺寸为 5.75m×1.60m×2.20m 的细格栅 2 道，其处理能力为 $3×10^4 m^3/d$。

5.1.4 旋流沉砂池

设置尺寸为 3.65m×3.89m 的旋流沉砂池 2 座，其处理能力为 $3×10^4 m^3/d$。

5.1.5 配水井

设置尺寸为 6m×5m×4.5m 的配水井 1 座，其处理能力为 $3×10^4 m^3/d$。

5.1.6 SBR 反应池

设置尺寸为 7.0m×24.00m×5.50m+39.0m×24.00m×5.50m 的 SBR 反应池 4 座，其处理能力为 $3×10^4 m^3/d$，设计周期为 4h，排出比（$1/m$）为 1/4.6，MLSS 浓度为 4600mg/L，污泥负荷（以 BOD 和 SS 计）为 0.11kg/(kg·d)，污泥回流比为 170%，含水率为 99.2% 的剩余污泥量为 $258m^3/d$。

5.1.7 出水渠道和出水井

设置尺寸为 97.95m×1.20m×1.56m 的出水渠道 1 道，其处理能力为 $3×10^4 m^3/d$，出水井尺寸为 2.50m×2.50m×1.80m。

5.1.8　中间水池及二级提升泵房

设置尺寸为 15.00m×15.60m×3.80m 的中间水池 1 座。二级提升泵房尺寸：21.52m×7.50m×8.80m＋15.20m×5.00m×8.80m。

5.1.9　生物陶粒滤池

设置尺寸为 6.08m×12.00m×6.50m 的单格滤池 6 格，其设计规模（Q_s）为 $3.0×10^4 m^3/d$，设计滤速≤$3m^3/(m^2 \cdot h)$，滤层厚度为 3.0m，曝气量≤$3m^3/(m^2 \cdot h)$，即气水比取 3。

设计反冲洗水强度为 $40m^3/(m^2 \cdot h)$。

设计反冲洗气强度为 $70m^3/(m^2 \cdot h)$。

5.1.10　V 型滤池

设计采用均质石英砂滤料，有效粒径 0.95～1.35mm，K_{60}≤1.6，砂滤层厚 1.5m，其中承托层厚 0.1m，砂面上水深 12m。均布 EBS 滤头 $\phi 20$，$L=250mm$，12100 个。滤板规格：1480m×1130m×160mm，120 块。

设置尺寸为 10.00m×2.00m×4.40m 的单格 V 型滤池 4 格，其处理能力为 $3×10^4 m^3/d$，滤速为 $10m^3/(m^2 \cdot h)$。

5.1.11　厂区及反冲洗废液池

设置尺寸为 16.00m×8.50m×4.00m 的废液池 1 座。

5.1.12　接触消毒池

设置尺寸为 18.96m×8.5m×5.4m 的接触消毒池 1 座。

5.1.13　污泥贮存池

设置尺寸为 4.00m×3.10m×4.00m 的污泥贮存池 1 座。

5.1.14　污泥脱水机房

设置尺寸为 30.00m×12.00m×4.50m 的脱水机房 1 座。

5.1.15　鼓风机房

鼓风机房设计 1 座，具体设计平面尺寸为：21.00m×11.10m×6.00m＋12.00m×5.40m×4.50m。鼓风机房配置设备详见表 2-18。

表 2-18　鼓风机房配置设备

名称	规格	数量	备注
多级离心风机	规格：$Q=75m^3/min$，$\Delta P=0.7bar$，$N=132kW$	6 台（4 用 2 备，2 台配变频）	
电动蝶阀	规格：DN100，$N=0.1kW$	2 台	
轴流通风机	规格：$Q=2810m^3/h$，$N=0.10kW$，$\phi 400mm$	4 台	
电动葫芦	规格：CD 型 3t，跨度 9m，起升高度 6m，$N=4.9kW$	1 台	
空气过滤器	规格：$Q=15000m^3/h$，$N=0.10kW$，$S=2.8m$	2 台	

5.1.16 加药间反冲洗回用泵房

加药间反冲洗回用泵房设计1座，平面设计尺寸：27.00m×9.00m×9.20m＋18.00m× 12.00m×4.50m。具体配置设备信息详见表2-19。

表2-19 加药间反冲洗回用泵房配置设备

名称	规格	数量	备注
单级双吸卧式清水离心泵	$Q=1620m^3/h,H=15.2m,N=115kW$	2台	
单级双吸卧式清水离心泵	$Q=560m^3/h,H=16m,N=45kW$	2台	
电动蝶阀	DN700,0.55kW	1个	
	DN400,0.55kW	2个	
	DN250,0.37kW	2个	
混凝加药系统	自动投药装置：PT4165,$Q=4165L/h,N=(2×1.1+0.18)kW$	4套	
	计量泵：$Q=0.024L/h,N=0.2kW,P=1MPa$	4台	
轴流通风机	$Q=4676m^3/h,N=0.25kW,\phi400mm$	9台	
电动葫芦	MD型，起重量2t，起升高度9m，额定功率0.8kW	1台	
潜污泵	$Q=40m^3/h,N=2.2kW,H=10m$	1台	
电磁流量计	DN400,0～2000m³/h	1台	
	DN700,0～5000m³/h	1台	

5.2 建筑物设计

建筑物设计参数及信息详见表2-20。

表2-20 建（构）筑物一览表

序号	设备名称	技术参数	单位	数量
1	一级提升泵站	10.00m×5.00m×12.90m	座	1
2	流量计井	3.00m×3.00m×2.20m	座	1
3	细格栅渠	5.75m×1.60m×2.20m	道	2
4	旋流沉砂池	ϕ3.65m×3.89m	座	2
5	配水井	6.00m×5.00m×4.50m	座	1
6	SBR反应池	7.00m×24.00m×5.50m＋39.00m×24.00m×5.50m	座	4
7	出水渠	97.95m×1.20m×1.56m	座	1
8	出水井	2.50m×2.50m×1.80m	座	1
9	中间水池及二级提升泵站	22.30m×21.00m×3.80m＋21.52m×7.50m× 8.80m＋15.20m×5.00m×8.80m	座	1
10	生物陶粒滤池	24.60m×18.24m×6.50m	座	1
11	V型滤池	10.00m×7.30m×4.87m	座	2
12	接触消毒池	18.96m×8.50m×5.40m	座	1
13	反冲洗水贮水池	16.00m×8.50m×4.00m	座	1

续表

序号	设备名称	技术参数	单位	数量
14	污泥贮存池	4.00m×3.10m×4.00m	座	1
15	污泥脱水机房	30.00m×12.00m×4.50m	座	1
16	鼓风机房	21.00m×11.10m×6.00m+12.00m×5.40m×4.50m	座	1
17	加药间反冲洗回用泵房	27.00m×9.00m×9.20m+18.00m×12.00m×4.50m	座	1
18	变电所	22.50m×12.50m×6.50m	座	1
19	机修间仓库及车库	36.00m×12.50m×4.50m	座	1
20	综合楼	972m²	座	1
21	锅炉房	20.70m×6.60m×4.50m	座	1
22	正门门卫	6m×4m×4.2m	座	1
23	侧门门卫	4m×4m×4.2m	座	1

6 结论与建议

6.1 结论

① 兴建污水处理厂符合县城发展需求，在经济上是合理的、技术上是可行的。

② 污水处理厂规划 $3.0×10^4 m^3/d$，占地76.7亩。

③ 污水处理工艺采用先进、成熟的 SBR 工艺，自动化程度高，运行管理方便，具有脱氮除磷功能。

6.2 建议

① 鉴于环保项目对单位工程和单项工程的要求较高，系统较复杂，因此，建议采取目前广泛采用的以设计为主的总承包形式进行建设，以确保项目建设的最优化管理。

② 泥脱水处理后，不得随处堆放，应统一规划在城镇垃圾填埋场内处理，防止产生二次污染。

③ 对污水处理厂址处进行地质勘探，以便根据实际情况确定地基处理方案，确保污水处理厂建设下一步工作的顺利进行。

④ 委托有资格的单位对项目的环境影响进行评价，提出环评报告。

2.3.2 "AAO+V型滤池"工艺

随着城市化进程，污水处理厂现状服务范围内的污水量不断增加，而目前污水处理厂已经满负荷运行，同时城市化建设也进一步扩大了污水处理厂的服务范围，因此新的污水处理工程的建设是解决城市污水量不断增长的必要措施，也是节能减排工作的需要。以某污水处理厂改造项目为例，研讨合适的污水处理工艺。

F市污水处理厂二期项目工程案例

1 项目建设背景

1.1 城市自然条件

1.1.1 水文条件

该污水处理厂服务区域境内河流纵横，行洪以及排沥河道均属于海河流域南系。

1.1.2 地下水

该区域地下水在自然状态下的流向为西-西南向东-东北。市渠沿岸两侧1000m范围之内的地下水主要赋存于第四系松散地层中，分为四个含水组。

1.2 城市排水规划

1.2.1 规划原则

区域基础设施共享与污水就近处理回用原则统筹考虑，将以往的污水达标排放改变成以污水资源化为目的，建设污水处理及回用设施；将雨水的就近排放改变为雨水利用和以减少雨水管负担为目的，建设雨水排放及利用设施。

1.2.2 污水量预测及污水处理设施

城镇污水总量按给水量的80%计算，工业废水需自行处理，达标后，方可排入污水管道。尽快建设各县污水处理厂、配套再生水回用设施，实现污水资源化。考虑到各县城目前的排水体制均为雨污合流制，污水处理设施规模适度放大。

1.2.3 污水处理厂污水收集管网现状

该污水处理工程设计规模为$12.0\times10^4\mathrm{m}^3/\mathrm{d}$，分为两期实施。整个厂区总体上布置为三大区：生活区、污水处理区及深度处理区。生活区位于整个厂区的东北角，相对独立。污水处理区位于厂区中部及南部，深度处理区位于厂区的西北部。一期工程设计规模为$6\times10^4\mathrm{m}^3/\mathrm{d}$，设计进水水质如表2-21所示。

表 2-21 设计进水水质

项目内容	CODCr	BOD5	SS	TN	NH4+-N	TP
进水水质	300	150	200	70	50	4

一期工程预处理部分（粗格栅、污水提升泵房、细格栅、旋流沉砂池）及生产辅助建筑物（加药间、污泥脱水间、滤池反冲洗部分及综合泵房）构筑物两期合建，土建一次形成，设备分期实施。二期水量增加到$12\times10^4\mathrm{m}^3/\mathrm{d}$时，只增加设备即可。核心处理构筑物（生化池、二沉池、净化系统）二期单独实施。

处理工艺采用 AAO 生物处理＋网格絮凝、斜板沉淀和 V 型滤池的深度处理工艺，污水厂处理流程如图 2-7。

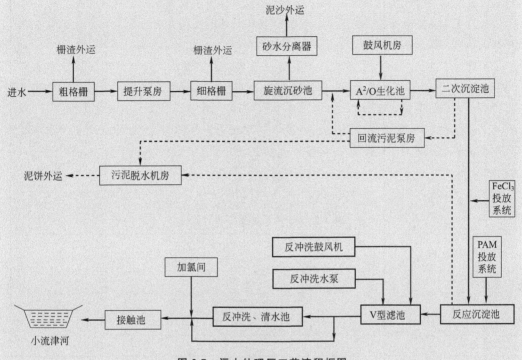

图 2-7　污水处理厂工艺流程框图

根据现场调研：一期工程进水量约为 $6 \times 10^4 \mathrm{m}^3 / \mathrm{d}$，运行情况基本良好，出水水质基本可以达到一级 A 的排放标准。但污泥脱水间运行环境较差，目前污泥脱水间污泥脱水后，由螺旋输送机输送至泥棚后，直接堆积在泥棚中，污泥量达到一定规模后由运泥车外运，这种简单的处理方式不仅耗费大量人力物力，更是使得脱水间的环境遭到威胁，影响污水厂的形象。

2　项目建设规模的确定

2.1　需水量预测

针对实际情况和资料，拟采用"常规分项水量预测法"和"综合用水量指标法"两种方法进行预测。

2.1.1　常规分项水量预测法

城市用水由综合生活用水量、工业用水量、浇洒道路及绿地用水量、管网漏损水量和未预见水量等几个方面组成。

（1）综合生活用水量预测

综合生活用水是指维持居民日常生活的家庭和个人用水以及公共建筑设施用水等。居民生活用水量包括饮用、洗涤、冲洗便器等室内用水。居民生活用水量与居住条件、水资源条件、水价以及室内卫生设施配套水平密切相关，同时受到气候条件、生活水平、生活习惯、供水设施能力等因素影响，一般随着社会经济的发展，用水量将会逐年增加。公共建筑设施用水量与城镇的规模、经济发展状况和商贸繁荣程度以及公共设施的类别、规模等因素有关，主要包括宾馆、饭店、医院、科研机构、公共浴池、商业、学校、机关、写字楼、娱乐场所等用水量。

根据《室外给水设计规范》，人均综合生活用水量标准第二区大城市平均日用水定额130～210L。结合实际情况（该地主城区部分供水管网使用年限较长，管网漏失率较高且居民节水意识淡薄，水量浪费现象较为严重），同时参考规范的要求，确定2020年人均综合用水量标准为190L/d。同时预测主城区2020年的人口为70万人。因此，预计给水水量＝人口数×给水定额，主城区2020年平均给水量＝700000×190/1000＝13.30×10⁴m³/d。

（2）工业用水量预测

根据《城市总体规划（2008—2020年）》，2020年主城区工业用水量预测情况如表2-22。

表2-22　工业用水量预测一览表

工业类别	单位面积用水指标 /[×10⁴t/(km²·d)]	规划用地面积 /km²	2020年用水量 /×10⁴t
一类工业	0.6	13.99	8.39
二类工业	0.9	5.26	4.73
三类工业	1.1	2.85	3.14
合计			16.26

随着城市的发展及工业企业节水意识的提高，同时再生水应用比例不断增大，重复用水量的比例将逐年增加，2020年工业取水量占用水量的比例取值为10%，这样预测2020年主城区工业取水量为1.63×10⁴m³/d。

（3）浇洒道路及绿地用水量预测

2020年道路面积为1090hm²，绿地面积为1062hm²。同时根据《室外给水设计规范》（GB 50013—2006），浇洒道路用水按照浇洒面积2.0L/(m²·d)计算，浇洒绿地用水按照浇洒面积1.0L/(m²·d)计算。计算结果如下：

浇洒道路和绿地用水量＝1092×10⁴×2/1000＋1026×10⁴×1/1000＝3.21×10⁴m³/d

（4）管网漏损水量预测

根据《室外给水设计规范》（GB 50013—2018）及具体情况，管网漏损量按照1～3项水量之和的10%计算。

管网漏损量＝(13.30＋1.63＋3.21)×0.1×10⁴＝1.814×10⁴m³/d

（5）未预见水量预测

根据《室外给水设计规范》（GB 50013—2018）及具体情况，未预见水量按照1～4项水量之和的10%计算。

未预见水量＝(13.30＋1.63＋3.21＋1.814)×0.1×10⁴＝2.00×10⁴m³/d

由上述可知。

2020年F市用水量＝(13.30＋1.63＋3.21＋1.814＋2.00)×10⁴＝21.95×10⁴m³/d

2.1.2　综合用水量指标法

根据《城市总体规划（2008—2020年）》，当时预测的2020年主城区的人均综合用水量指标为450L/d。虽然随着城市的发展，工业企业的不断增多，人均综合用水量逐年增加，但是总体规划中预测的人均综合用水量与现状实际情况相比略有超前，本案例把握适度超前，保有安全供水余量的原则，参考实际发展情况，将人均综合用水量指标取为320L/d。

这样，2020年主城区用水量$=70\times10^4\times320/1000=22.40\times10^4\,m^3/d$。

上述两种方法预测的结果相似，取其平均值为2020年主城区的用水量，即$22.18\times10^4\,m^3/d$。

2.2　污水量预测

2.2.1　折污系数的确定

对用水量和污水量关系产生影响的主要因素有产污率、截污率、地下水渗入系数等。产污率指用户产生的污水量与用水量的比值。产污率与工业性质、城镇卫生设施等因素有关，一般为0.85～0.95，本工程取0.95。截污率又称"污水收集率"，指进入城市污水收集系统的污水量与产生的污水量的比值。截污率与污水收集系统的完善程度等因素有关。随着城市化建设，城市污水收集管网建设将日趋完善，本工程的污水截污率取值为90%。根据现场调研，地下水位较高，地下水下渗情况较为严重，本工程地下水渗入系数采用15%。

综上所述，污水量与平均日用水量相关比值为：

污水量＝日用水量×产污率×截污率×地下水渗入系数＝日用水量×0.95×0.90×1.15＝日用水量×0.98，即污水量与平均日用水量的转换系数为0.98

2.2.2　污水量的预测

根据上述给水量的预测结果可知，主城区2020年的污水量将达到$22.18\times10^4\times0.98=21.74\times10^4\,m^3/d$。目前主城区有2座污水厂，其中污水处理厂设计规模为$10\times10^4\,m^3/d$，F污水处理厂一期工程设计规模为$6\times10^4\,m^3/d$，2020年新增污水处理量为：

$$21.74\times10^4\,m^3/d-10\times10^4\,m^3/d-6\times10^4\,m^3/d=5.74\times10^4\,m^3/d$$

2.3　设计规模的确定

按照总体规划的要求，应对污水处理厂进行扩建，以满足2020年增加的污水量的处理要求，根据以上污水量的预测结果，2020年污水处理厂的扩建规模为$6\times10^4\,m^3/d$，扩建后的总规模达到$12\times10^4\,m^3/d$。

3　进出水水质情况

3.1　进水水质

根据对《污水处理厂经营管理日报表》的分析，污水水质属于水质中度污染的城市生活污水，其中进水 NH_4^+-N 和 TN 含量较高。各主要污染物指标的不同保证率分析图和统计结果如表 2-23、表 2-24 所示。

表 2-23　2014 年 1 月～2015 年 9 月的进水水质统计结果表　　单位：mg/L

项目	进水指标					
	COD_{Cr}	BOD_5	SS	TN	NH_4^+-N	TP
最大值	949.8	305	1176	89.24	102	15.8
最小值	92.4	102	72	31.05	19.9	2.04
平均值	266	136	225	64	50.4	4.14
90%保证率	337	173	292	70.85	62.6	6.74
95%保证率	364	191	386	75	66.1	7.80

设计进水水质的选取，应以一定的保证率为前提，只有这样才能确保出水具有足够的达标保证率。《城镇污水处理厂污染物排放标准》对出水水质要求是日均值全部达标。

通过对实测进水水质的分析可知，污水处理厂现状进水 90%保证率的水质如表 2-24。

表 2-24　90%保证率下的进水水质统计结果表　　单位：mg/L

项目内容	COD_{Cr}	BOD_5	SS	TN	NH_4^+-N	TP
实际进水水质(P=90%)	337	173	292	70.85	62.6	6.74

因此最终确定二期工程设计进水水质如表 2-25。

表 2-25　进水水质指标表　　单位：mg/L

项目内容	COD_{Cr}	BOD_5	SS	TN	NH_4^+-N	P
进水水质	340	180	300	70	65	7

3.2　出水水质

根据污水处理厂一期工程 2014 年 1 月～2015 年 9 月的出水水质日报表数据，各主要污染物指标的统计结果见表 2-26。

表 2-26　出水水质指标表　　单位：mg/L

项目内容	COD_{Cr}	BOD_5	SS	TN	NH_4^+-N	TP
最大值	116	67	38	70.3	62.8	1.79
平均值	41.12	6.00	9.43	38.48	24.85	0.39
最小值	9.6	1.8	6	11.52	0.21	0.19
出水标准值	50	10	10	15	5	0.5

由出水水质曲线图可以看出一期工程出水水质不稳定，尤其在 2015 年 3 月至 5 月，各项出水指标均超标严重，主要是由于在这段时间内，污水厂对部分处理构筑物进行技术改

造，影响了处理构筑物的处理能力，进而导致出水水质不达标。除去 3 月至 5 月，除氨氮及总氮外，污水厂出水其余水质指标基本可以达到一级 A 标准。

同时根据《污水处理工程项目变更报告的复函》可知污水处理工程的出水标准执行《城镇污水处理厂污染物排放标准》（GB 18918—2002）中的一级 A 标准。本工程设计的出水水质指标如表 2-27。

表 2-27　出水水质指标　　　　　　　　　　　　单位：mg/L

项目内容	COD_{Cr}	BOD_5	SS	TN	NH_4^+-N	TP
出水水质	50	10	10	15	5(8)	0.5

4　污水处理工艺方案

4.1　保证一期工程出水稳定达标的技术方案选择

目前污水处理厂出水中 NH_4^+-N 及 TN 指标不能稳定达标，究其原因，主要是由于目前生物池停留时间较短，且生物污泥浓度较低，大约在 3500mg/L，达不到设计的混合液污泥浓度（5000mg/L），导致目前生物池的脱氮能力有限；同时现状污水处理厂进水水质要浓于原设计水质，尤其是 NH_4^+-N 及 TN 浓度较高，导致目前生物池出水 TN 含量较高，图 2-8 为现状生物池图。本工程需对现状生物池进行改造，从而保证一期工程出水稳定达标排放，推荐采用活性污泥-生物膜复合工艺（MBBR）。

图 2-8　现状生物池图

4.2　二期工程工艺方案的选择与确定

污水处理工艺一般包括预处理、二级处理和深度处理三个密切关联的阶段，根据本工程的进水、出水水质要求，污水处理厂对磷、总氮和氨氮的去除有严格要求，所以最终选用的污水处理工艺必须具有脱氮和除磷的功效，才能达到排放的标准。

4.2.1　预处理工艺的选择

预处理就是在一级处理之前去除污水中大块的呈悬浮状或漂浮状的污物、砂砾等，以确保处理系统安全运行。预处理通常包括粗格栅、细格栅、沉砂等工艺。

4.2.2 二级处理工艺的选择

（1）工艺选择原则

污水处理工艺应遵循以下原则：

① 应能满足本工程进水、出水水质的要求，适应污水量变化和水质冲击负荷的影响，确保处理效果。

② 优先采用低能耗、低运行费、低基建费、出水水质好、运行管理方便的成熟处理工艺。

③ 积极、慎重地采用新技术和新工艺。

④ 本期工程应与现状工程合理衔接，更好地发挥投资效益。

（2）五段式改良 AAO 工艺

该工艺由一个厌氧池及两个缺氧/好氧（A/O）工艺串联而成，共有五个反应池，因此称为五段式改良 AAO 工艺，其工艺流程见图 2-9。

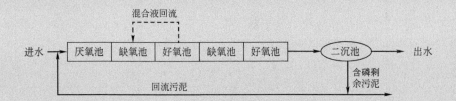

图 2-9 五段式改良 AAO 工艺流程

在第一级 A/O 工艺中，回流混合液中的硝酸盐氮在反硝化菌的作用下利用原污水中的含碳有机物作为碳源在第一缺氧池中进行反硝化反应，反硝化后的出水进入第一好氧池后，含碳有机物被氧化，含氮有机物实现氨化和 NH_4^+-N 的硝化作用，同时在第一缺氧池反硝化产生的 N_2 在第一好氧池经曝气吹脱释放出去。在第二级 A/O 工艺中，由第一好氧池而来的混合液进入第二缺氧池后，反硝化菌利用外加碳源进一步进行反硝化，反硝化产生的 N_2 在第二好氧池经曝气吹脱释放出去，改善污泥在二沉池中的沉淀性能，同时内源代谢产生的 NH_4^+-N 也可以在第二好氧池得到硝化。

五段式改良 AAO 工艺能尽可能充分地利用原水中的碳源，完成第一次反硝化过程，降低成本消耗，同时在第二级 A/O 工艺中，利用高反硝化速率的外加碳源，保证最终出水的 TN 达标。两次反硝化过程，也使得脱氮效率可以高达 90%～95%。

5 污水处理厂方案的设计

5.1 利用一期构建筑物工艺设计

一期工程部分构筑物土建已经按照 12 万 m^3/d 规模实施，本次扩建工程只需在现状构筑物内增设设备。

5.1.1　粗格栅及污水提升泵房

粗格栅及污水提升泵房总设计规模为 $12\times10^4\mathrm{m^3/d}$，考虑污水时变化系数 $K=1.3$，粗格栅及污水提升泵房设计流量为 $1.81\mathrm{m^3/s}$。本次工程新增潜污泵 2 台，与现状一期工程组合，形成 4 用 1 备。

5.1.2　A²/O 生化池

已建生化池处理规模为 $6\times10^4\mathrm{m^3/d}$ 设计，最大日变化系数为 1.1，分两个系列，主要设计参数如下：

① 厌氧池：缺氧池：好氧池停留时间=1.5h：5.89h：8.00h；

② 反硝化速率（以 NO^--N 和 MLSS 计）：0.0278kg/(kg·d)（10℃）；

③ 混合液污泥浓度 MLSS=5000mg/L；

④ 污泥外回流比按 100% 计；污泥内回流比按 $I=200\%$ 计；

⑤ 生化池的泥龄 SRT=11.68d；

⑥ 剩余活性干污泥量：8.56t/d；

⑦ 曝气池的曝气量在国际标准状态下为 320m³/min，气水比为 1：6.98。

改造后，生物池的主要设计参数：

① 厌氧池：缺氧池：好氧池停留时间=1.43h：5.82h：7.66h；

② 反硝化速率（以 NO^--N 和 MLSS 计）：0.024kg/(kg·d)（10℃）；

③ 好氧池及缺氧池混合液污泥浓度 MLSS=6700mg/L；

④ 污泥外回流比按 100% 计；污泥内回流比按 $I=400\%$ 计；

⑤ 生化池的泥龄 SRT=15.00d；

⑥ 剩余活性干污泥量：15.39t/d；

⑦ 曝气池的曝气量在国际标准状态下为 310m³/min，气水比为 1：6.10。

5.1.3　配水井及污泥泵站

配水井和污泥泵站合建为一圆形构筑物。里圈为污泥泵站，外圈为配水井。建构筑物直径 $\varphi=15.2\mathrm{m}$，高度 $h=9.85\mathrm{m}$，里圈泵站直径 $\varphi=9.0\mathrm{m}$。本次工程新增回流污泥泵 2 台，与现状一期工程组合，形成 4 用 1 冷备。新增剩余污泥泵 1 台，作为冷备。

5.1.4　鼓风机房

现状鼓风机房内已有鼓风机 3 台，2 用 1 备，本次工程新增鼓风机 2 台，与一期工程组合，形成 4 用 1 备。

5.1.5　中间提升泵站

中间提升泵站地面以上平面面积为 109.2m²，地面下泵池平面尺寸为 12.48m×11.6m，泵池深为 6.90m。泵站内设 4 台提升泵，近期选用 3 台，2 用 1 备，3 台全部变频。本次工程增加 2 台，其中 1 台冷备。

5.1.6　脱水间

目前脱水间采用离心浓缩脱水一体机进行脱水，土建按照 $12\times10^4\mathrm{m^3/d}$ 规模设计，设备按照 $6\times10^4\mathrm{m^3/d}$ 规模安装，本次工程只需在现状设备基础上安装相应设备。同时对污泥泥棚进行改造,增加污泥料仓及相应设备。

5.1.7 紫外消毒渠

现状污水处理厂出水采用紫外线消毒,土建安装 $12×10^4 m^3/d$ 规模设计,设备按照 $6×10^4 m^3/d$ 规模安装,本次工程只需在现状设备基础上安装相应设备。

5.1.8 巴士计量槽

现状污水处理厂出水采用巴士计量槽计量,设备按照 $6×10^4 m^3$ 规模安装,本次工程需拆除现有计量槽设备,新增计量槽1套,将其规模增至 $12×10^4 m^3/d$。

5.1.9 加药间

现状加药间与热交换站合建,土建按照 $12×10^4 m^3/d$ 规模设计,设备按照 $6×10^4 m^3/d$ 规模安装,本次工程只需在预留空间内安装相应设备。

5.2 新建构建筑物

5.2.1 生物池

生物池选择改良五段式 AAO 工艺(前缺氧段及前好氧段投加填料),包括厌氧段、前缺氧段、前好氧段、后缺氧段及后好氧段五个阶段。

5.2.2 二沉池

二沉池设计2座,同时配套刮吸泥桥设备,具体二沉池构筑物设计参数以及配套设备参数详见表2-28、表2-29。控制方式采用连续运行,现场手动控制开停。

表 2-28 二沉池构筑物

功能	将曝气后混合液进行固液分离,以保证最终出水水质	
类型	钢筋混凝土周进周出圆形沉淀池	
池数	2座	
直径	$D=43m$	
设计参数	单池设计流量 $Q/(m^3/h)$	1625
	设计表面负荷/[$m^3/(m^2 \cdot h)$]	1.12
	有效水深/m	4.6
	池深/m	5.0

表 2-29 刮吸泥桥

设备类型	中心传动单管吸泥机
设备数量/套	2
桥长 D/m	43

5.2.3　高效沉淀池

高效沉淀池设 1 座（2 组），每组高效沉淀池包括 1 个混凝池、1 个反应池、1 个沉淀池，2 组高效沉淀池设 1 个设备间，位于 2 组高效沉淀池中间。高效沉淀池构筑物以及主要设备具体设计参数见表 2-30、表 2-31。

表 2-30　高效沉淀池设构筑物

功能	对二沉池出水进一步处理，去除 SS 及 TP
类型	半地下式钢筋混凝土
池数	1 座(2 组)

表 2-31　高效沉淀池主要设备

设备类型	性能参数	设备数量
混合搅拌器	$N=7.5\text{kW}$	2 套
絮凝搅拌器	$N=11\text{kW}$	2 套
刮泥机	0.75kW	2 台
螺杆污泥泵	$Q=90\text{m}^3/\text{h}, H=20\text{m}, N=18.5\text{kW}$	6 台,4 用 2 备,变频

5.2.4　深床滤池

深床滤池可实现一池多用，同时过滤 SS 和反硝化脱氮，在大部分运行期内，主要去除悬浮固体 SS 和 TP（通过化学加药微絮凝直接过滤）；当二沉池出水 TN 较高时，通过补充碳源及工艺运行调整，实现反硝化功能，同时达到脱氮效果。其反冲洗水由一期工程现状 V 型滤池反冲洗水泵提供，反冲洗气源由新建的反冲洗设备间提供。

5.2.5　反冲洗设备间

为深床滤池提供反冲洗气源，内设罗茨鼓风机 3 台，平面尺寸 $L\times B=19.8\text{m}\times14\text{m}$，主要设备有：

罗茨鼓风机（$Q=4275\text{m}^3/\text{h}, H=8\text{m}, N=135\text{kW}$）3 台，2 用 1 备；

空压机及附属设备（$Q=25.5\text{m}^3/\text{h}, P=0.7\text{MpF}, N=4\text{kW}$）2 套，1 用 1 备；

储气罐（$V=0.5\text{m}^3$）1 个。

5.2.6　乙酸钠投加间

为一期工程及二期新建工程的生物池提供外加碳源，房间平面尺寸 $L\times B=5.25\text{m}\times5.25\text{m}$，主要设备有：

机械隔膜计量泵（$Q=1500\text{L}/\text{h}, H=30\text{m}, N=3\text{kW}$）4 台，3 用 1 备；

卸料泵（$Q=200\text{m}^3/\text{h}, H=16\text{m}, N=15\text{kW}$）2 台，1 用 1 备；

乙酸钠储罐（$D=6000\text{mm}, H=8\text{m}, V\approx200\text{m}^3$），2 套。

△ 2.4 供排水系统工程案例

2.4.1 城市供水工程规划

随着南水北调工程建设，华北等受水区水资源短缺现象有了明显改善。通过分析地貌、气象水文、供水现状及需水情况，在原有的供水系统上结合南水北调工程修建水厂和给水管网来解决供水需求不足的问题，并对该工程后续工程的管理及出水水质、中水回收等做出进一步统筹安排，合理分析工程造价，确保供水工程高效落实。

G 市供水工程规划案例

华北地区已持续多年干旱，缺水形势日趋严峻。与此同时，城市用水、农业用水和生态用水都有增长趋势，缺水问题亟待解决。南水北调工程是一项跨省市、跨流域的特大型调水工程。工程的实施将有利于解决北方地区水资源短缺问题，改变北方严重缺水的状况；有利于提高沿线地区的供水能力，保障经济社会发展对水资源的需求；有利于逐步改善受水区的生态环境，促进经济社会协调发展和可持续发展。

随着南水北调工程的实施，如何保护好、利用好千里之外的水源，已经是河北省城市建设、管理部门（尤其是城镇供水管理单位）面临的主要问题。因此，加快修建与南水北调配套的城市供水工程建设，成为城市建设、管理用好南水北调中线水的迫切需要。

1 总论

1.1 研究目标

① 把南水北调中线工程水源作为受水区城市首选水源、实现城市用水水源置换。
② 积极筹备、实施南水北调工程和配套工程，使城市水资源紧张局面得到缓解。
③ 随着污染防治工程的建设和正常运行，水循环系统失衡状态得到控制。
④ 实行水资源统一管理，自备水源井基本完全关闭或纳入城市集中供水统一管理，城市集中供水企业供水普及率为100%。
⑤ 合理布置、优化城区供水管网，实现保证安全运行的前提下的效益最大化。

1.2 供水工程规划范围

根据《河北省南水北调城市水资源规划报告》和《河北省南水北调配套工程规划》（修订稿），规划范围涵盖该市主城区和开发区。

1.3 G 市城市总体规划中的给排水工程

根据《城市总体规划（2007—2020）》所述：为满足城市经济社会发展的需要，加强城市基础设施的规划建设，逐步提高供水、排水、供电、电信、邮政、环卫、供热、燃气等城市基础设施的发展水平，到规划期末，实现城市基础设施的现代化。

1.3.1　供水规划

积极做好南水北调工程廊坊引水线路、调蓄水库和地表水厂的规划设计及建设工作。大力推行节约用水，提高水资源利用率，关停自备水源井，严格控制耗水量大的项目建设，积极建设节水型城市和节水型社会，2020 年市区综合用水量指标控制在 150m³/(人·a) 之内。

① 2010 年平均日综合用水量指标为 333L/人。2020 年，平均日综合用水量指标 409L/人，给水普及率达到 100%，最高日需水量为 5.3×10^5 m³。规划建设南水北调地表水厂，2020 年设计规模达到 5.3×10^5 m³/d。地下水水源作为城市应急备用水源。

② 为确保城市供水的安全可靠，市区中心管网成环，四周辅以枝状管道，各区之间互相联通。

1.3.2　排水规划

规划排水体制旧城区近期采用截流式合流制，远期实现雨污分流，新建区域排水体制采用雨污分流制，按照雨水就近排放，污水集中处理的原则，逐步完善城市排水系统。

① 2010 年以前城市污水处理率达到 80% 以上，2020 年达到 100%。2020 年新建、扩建污水处理厂 3 座，平均日污水处理总量 3.9×10^5 m³。

② 加快再生水回用工程和相关配套设施建设，促进水资源综合循环高效利用，充分考虑再生水回用于市政浇洒道路、绿地、景观用水、工业冷却用水以及农田灌溉用水。对大型的建筑群、宾馆、饭店、综合性医院及新建的居住区要推行建筑中水设施建设；新上马的工业项目也必须充分考虑中水回用，建设相关配套设施。2010 年再生水利用率达到 40%，年利用量 3.65×10^7 m³，2020 年再生水利用率达到 50%，年利用量 7.3×10^7 m³。

③ 规划雨水排除分为 6 个区域，充分利用现状，结合排涝规划，建设泵站、涵闸等构筑物。

④ 结合城市生态环境建设，采用多种方式，积极进行城市雨水的收集与利用，合理利用水资源，改善城市生态环境。

2　基本情况

2.1　自然条件

2.1.1　地形地貌

受地质构造的影响，该市大部分处于凹陷地区，随着地壳下沉，地面逐渐被第四纪沉积物填平，致使新生界地层沉降厚度较大，全市地貌比较平缓单调，以平原为主，一般高程在 2.5～30m 之间，平均海拔 13m 左右。

该市为冲积平原区，地貌类型平缓单一，总面积 5179km²，占全市总面积的 80% 以上。高程在海拔 2.5～25m 之间，坡度为 1/2500～1/10000。

2.1.2　水文与水资源概况

该市地下水类型分浅层水、中层承压水，地下水流自西北向东南。浅层水一般在—2.2m以下，地下水对混凝土无腐蚀性，地下水水位多层结构。

根据《地下水资源初步评估报告》，市区内浅层地下水资源量为 $6.764 \times 10^7 m^3$，综合污染指数＞90，为严重污染，不能作为生活和工业用水的水源。

地表水资源依据《市区南水北调城市水资源报告》（2001 年 5 月），市区多年平均降水量为 579.2mm。受当地水利工程调度控制，市内地表水多年平均水资源量为 $1989m^3$。

南水北调中线工程 2014 年首期工程通水，可供 $2.5725 \times 10^8 m^3$。

2.1.3　自然资源

该市 98% 的区域为平原，土壤肥沃，适宜多种农作物生长。地下蕴藏着石油、天然气、煤炭、地热、石灰岩、白云石、硬铁矾土等矿产资源，储量丰富，具有较高的开采价值。

2.2　人文历史

该市历史悠久，早在公元前 4300 年，就有人类祖先在这片土地上繁衍生息，聚居耕种，创造和延续着人类的文明。

2.3　社会经济

该市区位优势独特，依托中心城市和空港、海港，依托京津高度密集的人才和科研体系，依托发达便捷的交通网带和庞大的消费市场，是一个充满生机和活力的新兴城市。

近年来，该市的经济建设和社会发展取得了突出成绩，综合实力和经济总量迅速壮大，发展环境明显优化。

3　水资源开发利用现状及供需预测分析

3.1　城市集中供水现状

因水质原因目前主要以开采深层地下水为主。主城区城市供水目前由两部分组成：一是供水总公司集中供水，二是由自备水源单位分散供水。

3.1.1　市区集中供水现状

该市至今已有 6 座自来水厂，总供水能力 $1.936 \times 10^5 m^3/d$，供水管道长度 202km。自来水 2008 年年供水总量 $2.8835 \times 10^7 m^3$，用水人口 54.0 万人。

3.1.2　单位自备水源

1993 年，主城区已有 116 个单位建起了自备水源，共有水源井 174 眼。2008 年供水管道长度 322km，年供水总量 $2.299 \times 10^7 m^3$（$6.3 \times 10^4 m^3/d$）。

3.2　城市用水现状

该市中心区供水管理单位包括供水公司和节水办两套系统，其中市节水办主要负责全市自备水源、企业自备用水量管理，供水公司主要负责全市居民生活用水及其他由供水总公司供水的公共建筑、企事业单位用水。

3.3　自备水源供水系统

据节水办统计，主城区自备水源井经部分关停后还有 96 眼井，年供水量约 $1.5 \times 10^7 \, \text{m}^3$（约 $4 \times 10^4 \, \text{m}^3/\text{d}$）。

3.4　供水管网情况

根据供水公司统计，其下属三个水厂供水范围现有管网情况如下，其中主城区输供水管网状况统计见表 2-32。

表 2-32　主城区输供水管网状况

管网		管长/m	管材
输水管	DN300~DN600	12800	球墨铸铁管
	DN800	18100	球墨铸铁管
供水管	DN800	11450	球墨铸铁管
	DN600	10700	
	DN500	10500	
	DN400	10600	以球墨铸铁管、普通铸铁管
	DN300	32500	为主，部分为钢管、PE 管
	DN200	40200	
	≤DN100	26050	

3.5　存在问题

3.5.1　水资源（略）

3.5.2　供水系统（略）

3.5.3　水价与节水现状（略）

4　需水量分析预测

4.1　预测的原则与依据

4.1.1　预测的原则（略）

4.1.2 预测依据及规范标准（略）

4.2 需水量定额预测法

4.2.1 人口综合用水量指标法

由《总体规划（2007—2020）》可知：2010 年人口为 90 万人，远期 2020 年为 118 万人。在规划期内，各地区人口预测结果如表 2-33 所示。

表 2-33 市区人口预测表

地区	2014 年人口预测/万人	2020 年人口预测/万人
主城区	57.2	68
开发区	26.2	28
新区	17.8	22
合计	101.2	118

《城市给水工程规划规范》（简称《规范》）中所规定的城市用水量指标如表 2-34。

表 2-34 城市单位人口综合用水量指标   单位：$\times 10^4 \, \text{m}^3/(\text{万人} \cdot \text{d})$

分区	城市规模			
	特大城市	大城市	中等城市	小城市
一区	0.8~1.2	0.7~1.1	0.6~1.0	0.4~0.8
二区	0.6~1.0	0.5~0.8	0.35~0.7	0.3~0.6
三区	0.5~0.8	0.4~0.7	0.3~0.6	0.25~0.5

由表 2-35 可知，在规划期内，主城区虽然属于二区大城市范畴，但考虑周边主要为新农村用水和城中村改造，故按中等城市取用水指标。开发区属于二区中等城市，新区属于二区小城市。根据市区实际情况，近几年的数据显示，并参考《规范》中的指标范围，确定各个区单位人口综合用水量指标及需水量预测结果如表 2-35 所示。

表 2-35 单位人口综合用水量指标水量法计算表

地区	指标类别	2014 年	2020 年
主城区	服务人口/万人	57.2	68
	单位人口综合用水指标/[$\times 10^4 \text{m}^3/(\text{万人} \cdot \text{d})$]	0.30	0.45
	规划预测用水量/($\times 10^4 \text{m}^3/\text{d}$)	17.16	30.60
开发区	服务人口/万人	26.2	28
	单位人口综合用水指标/[$\times 10^4 \text{m}^3/(\text{万人} \cdot \text{d})$]	0.30	0.40
	规划预测用水量/($\times 10^4 \text{m}^3/\text{d}$)	7.86	11.0
新区	服务人口/万人	17.8	22
	单位人口综合用水指标/[$\times 10^4 \text{m}^3/(\text{万人} \cdot \text{d})$]	0.25	0.35
	规划预测用水量/($\times 10^4 \text{m}^3/\text{d}$)	4.45	7.70

4.2.2　城市单位建设用地综合用水量指标法预测

根据《城市给水工程规划规范》(GB 50282—98),城市单位建设用地综合用水量指标取值范围如表 2-36 所示。

表 2-36　城市单位建设用地综合用水量指标　　单位:$\times 10^4 \, m^3/(km^2 \cdot d)$

分区	城市规模			
	特大城市	大城市	中等城市	小城市
一区	1.0~1.6	0.8~1.4	0.6~1.0	0.4~0.8
二区	0.8~1.2	0.6~1.0	0.4~0.7	0.3~0.6
三区	0.6~1.0	0.5~0.8	0.3~0.6	0.25~0.5

结合本规划区实际情况,在规划期内,主城区属于二区大城市,开发区属于二区中等城市,新区属于二区小城市。根据实际情况,近几年的数据显示,并参考《规范》中的指标范围,结合相应的规划建设用地面积,则可得出各个区单位建设用地综合用水量指标法预测结果,主城区参考其 2005 年,实际情况详见表 2-37。

表 2-37　单位建设用地综合用水量指标法水量计算表

地区	指标类别	2014 年	2020 年
主城区	用地/km^2	56.34	62.1
	单位建设用地综合用水指标/[$\times 10^4 m^3/(km^2 \cdot d)$]	0.30	0.45
	规划预测用水量/($\times 10^4 m^3/d$)	16.90	27.95
开发区	用地/km^2	27.78	33.2
	单位建设用地综合用水指标/[$\times 10^4 m^3/(km^2 \cdot d)$]	0.30	0.35
	规划预测用水量/($\times 10^4 m^3/d$)	8.33	11.62
新区	用地/km^2	19.78	22.7
	单位建设用地综合用水指标/[$\times 10^4 m^3/(km^2 \cdot d)$]	0.25	0.35
	规划预测用水量/($\times 10^4 m^3/d$)	4.95	7.90

4.2.3　人均综合生活用水量指标法

人均综合生活用水量指标以及单位居住用地用水量指标情况参考表 2-38、表 2-39 进行估算设计。

表 2-38　人均综合生活用水量指标　　单位:L/d

分区	城市规模			
	特大城市	大城市	中等城市	小城市
一区	300~540	290~530	280~520	240~450
二区	230~400	210~380	190~360	190~350
三区	190~330	180~320	170~310	170~300

注:综合生活用水为城市居民日常生活用水和公共建筑用水之和,不包括浇洒道路、绿地、市政用水和管网漏失水量。

表 2-39　单位居住用地用水量指标　单位：$\times 10^4 \, \text{m}^3/(\text{km}^2 \cdot \text{d})$

分区	城市规模			
	特大城市	大城市	中等城市	小城市
一区	1.70～2.50	1.50～2.30	1.30～2.10	1.10～1.90
二区	1.40～2.10	1.25～1.90	1.10～1.70	0.95～1.50
三区	1.25～1.80	1.10～1.60	0.95～1.40	0.80～1.30

城市居住用地用水量应根据城市特点、居民生活水平等因素确定。二区中等城市单位居住用地用水量指标：$1.10 \times 10^4 \sim 1.70 \times 10^4 \, \text{m}^3/(\text{km}^2 \cdot \text{d})$。城市公共设施用地用水量应根据城市规模、经济发展状况和商贸繁荣程度以及公共设施的类别、规模等因素确定。城市工业用地用水量应根据产业结构、主体产业、生产规模及技术先进程度等因素确定。

（1）生活用水量（略）

（2）工业用水量（略）

4.2.4　需水量定额预测法预测结果

现将三种预测结果如表 2-40。

表 2-40　预测结果一览表

地区	指标类别	2014 年	2020 年
主城区	单位人口综合用水量指标/($\times 10^4 \, \text{m}^3/\text{d}$)	17.16	30.60
	单位建设用地综合用水量指标/($\times 10^4 \, \text{m}^3/\text{d}$)	16.90	27.95
	分类估算法/($\times 10^4 \, \text{m}^3/\text{d}$)	20.18	27.28
	平均值/($\times 10^4 \, \text{m}^3/\text{d}$)	18.08	28.61
开发区	单位人口综合用水量指标/($\times 10^4 \, \text{m}^3/\text{d}$)	7.86	11.20
	单位建设用地综合用水量指标/($\times 10^4 \, \text{m}^3/\text{d}$)	8.33	11.62
	平均值/($\times 10^4 \, \text{m}^3/\text{d}$)	8.10	11.41
新区	单位人口综合用水量指标/($\times 10^4 \, \text{m}^3/\text{d}$)	4.45	7.70
	单位建设用地综合用水量指标/($\times 10^4 \, \text{m}^3/\text{d}$)	4.95	7.90
	平均值/($\times 10^4 \, \text{m}^3/\text{d}$)	4.70	7.80

以上三种计算方法的结果相差不大，主城区流动人口比例较大，需水量略有浮动；开发区属于高效用水的工业园区，其工业用水量占大部分，不能简单从一方面考量；新区即将初步建立其结构优化、运转高效的经济架构，人口及建设用地亦会随着经济发展而有所增加，需从两方面考究。故三区各求和平均得出需水量。具体结果如表 2-41 所示。

表 2-41　G 市市区需水量情况一览表　单位：$\times 10^4 \, \text{m}^3/\text{d}$

地区	2014 年	2020 年
主城区	18.08	28.61
开发区	8.10	11.41

地区	2014 年	2020 年
新区	4.70	7.80
合计	30.8	47.82

5　水资源需求分析与南水北调供水水源规划及保护

5.1　水资源需求分析

5.1.1　现状集中供水

市区现有六座水厂，均为地下水水源，其中主城区 3 座、开发区 3 座。规模分别为 $5×10^4 m^3/d$、$1.7×10^4 m^3/d$、$0.8×10^4 m^3/d$、$5×10^4 m^3/d$、$3×10^4 m^3/d$、$3×10^4 m^3/d$。

市区现状水厂最大供水能力合计为 $18.5×10^4 m^3/d$。

5.1.2　现状自备水源

根据节水办统计，2008 年全市自备水源供水量为 $2299.5×10^4 m^3$，主城区自备水源供水量约为 $1460×10^4 m^3$，最大日供水量约为 $4×10^4 m^3$。

随着南水北调工程的实施以及中水回用等其他非传统水资源的开发利用，将逐步关停自备井，使地下水开采量将继续下降，用地表水源取而代之。

5.1.3　需水量分析

具体该市区需水量分析详见表 2-42。

表 2-42　G 市区供需水量表　　　　　　　　单位：$×10^4 m^3/d$

年份	项目	主城区	开发区	万庄区
2014 年	最高需水量	18	8	5
	集中供水厂（地表水）取水量	18	8	5
2020 年	最高需水量	30	12	8
	集中供水厂（地表水）取水量	30	12	8

5.2　可用水资源分析

5.2.1　水源选择原则（略）

5.2.2　水源选择标准

《生活饮用水水源水质标准》（CJ 3020—1993）规定了生活饮用水水源的水质指标、水质分级、标准限值，生活饮用水水源水质分为二级：

一级水源水：水质良好。地下水只需消毒处理，地表水经简易净化处理（如过滤）、消毒后即可供生活饮用。

二级水源水：水质受轻度污染。经常规净化处理（如絮凝、沉淀、过滤、消毒等），水质即可达到 GB 5749 规定，可供生活饮用。

水质浓度超过二级标准限值的水源，不宜作为生活饮用水源。

5.2.3 地表水

由于河流上游修建水库筑坝拦水和降雨量连年减少，流经该市河流基本上常年无水。市区多年平均降水量为 579.2mm。受国家水利工程调度控制，市内地表水多年平均水资源量为 1989m³。

因此，从目前情况分析，近期城市供水没有可以利用的地表水。

5.2.4 南水北调中线工程

根据《南水北调配套工程规划》南水北调中线工程预计 2014 年首期工程通水，可供该市 2.5725×10⁸m³ 供水量。首期市区供水量为 1.4407×10⁸m³，至水厂水量为 5.4m³/s，2030 年 9.2m³/s。南水北调中线来水保证率为 70%，关停所有自备井，水量不能保证时，地下水作为备用水源。近期水源规划，从南水北调中线岗南水库应急调水，借助干渠向水库地表水厂供水。

5.2.5 地下水

该市区内浅层地下水资源量为 6.44327×10⁷m³，综合污染指数＞90，为严重污染，不能作为生活和工业用水的水源。根据《地下水资源初步评价报告》，浅层地下水评价为以市区为中心的面积，为 448km²，其第Ⅲ含水岩组的深层地下水资源量为 1.6095×10⁷m³，即 4.41×10⁴m³/d，水质适用于生活和工业，是城市生活和工业用水的主要含水层。

5.2.6 中水回用

城市中水回用指的是生活和工业污水经过处理后，作为工业、农业或市政用水的水源。城市污水中含有污染物质的水量仅占整个污水量的 0.1%，其余绝大部分是可用清水，而且城市污水就近可得、水量稳定、易于收集，污水处理技术也比较成熟，将城市污水经常规处理后回用于工业是完全可行的。

5.3 饮用水水源分析

5.3.1 现状饮用水源水质

现状饮用水源水质情况见表 2-43。

表 2-43　现状饮用水源监测水质

日期	采样点	色度	肉眼可见物	混浊度	臭和味	pH	总硬度
2009.6.30	一水厂	<5	无	0.26	0 级	8.27	53.5
2009.6.30	二水厂	<5	无	0.28	0 级	8.33	49.5
2009.6.30	三水厂	<5	无	0.38	0 级	8.07	156
2008.12	市区 21 号井	<5	无	0.30	无	8.36	38.4
2008.12	市区 29 号井	<5	无	0.10	无	8.28	38.5

从上述参数看，现状水源总体符合饮用水水源水质标准，原水水质较好，但需要进一步加强原水保护与检测措施。

5.3.2　规划饮用水水源

根据可利用水资源情况分析，规划饮用水源主要有：

南水北调工程即将兴建的水库为该市唯一地表水源水库，主要功能为城市供水水源。

根据《城市总体规划（2007—2020）》近期规划水量预测及《新水源地扩大供水能力分析报告》，截止到 2010 年需在新水源地现有规模的基础上新增开采地下水 $7.5 \times 10^4 \, m^3/d$。

6　水厂规划

6.1　城市各区需水量预测（略）

6.2　水厂布置原则（略）

6.3　水厂规划（略）

6.4　水厂工艺规划

6.4.1　规划水厂设计原则（略）

6.4.2　处理工艺方案选择

市区采用"南水北调"中线工程长江水，供水水质由于水源区环境保护措施得当，水土流失得到有效控制，但是由于长距离输水的不确定性，所以水质还不能完全确定。在地表水厂建设时，工艺选择要充分考虑水质在长距离输水过程中产生的污染问题。

确定新建水库地表水厂处理工艺见图 2-10。

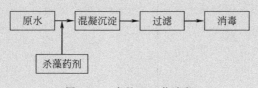

图 2-10　水处理工艺流程

6.5　水厂供水水质规划

6.5.1　现状出厂水质

根据国家城市供水水质监测网对出厂水的水质监测结果，参照现行国家《生活饮用水卫生规范》，市区内供水厂出厂水的各项水质指标基本合格。

6.5.2 出厂水质目标

规划水质目标：通过技术改造和近期建设，使城市集中供水水质达到或优于《生活饮用水卫生标准》(GB 5749—2006)。

6.6 管网水压目标（略）

7 给水管网

7.1 输水工程

7.1.1 管渠线路选择原则（略）

7.1.2 输水管线布置（略）

7.2 配水管网规划

7.2.1 管网布置原则（略）

7.2.2 管网布置（略）

7.3 消防设施规划（略）

7.4 城市管网敷设（略）

7.5 管材选择（略）

8 思考问题

① 该市供水所存在的问题。

② 针对该地区的地形你还有更好的水厂规划方案吗？

③ 管网铺设时要考虑的问题。

④ 简述中水回收过程。

2.4.2 县城供水管网设计

结合国家及地方有关法规，对某规划区发展和居民生活水平提高所需水量进行预测，对该规划区的供水规模与水资源需求量优化计算，供水水源和供水管网进行初步设计，结合该城区供水事业实际情况，做出科学的规划与预测，同时对近期给水项目建设计划提出了指导意见。

H 县城供水管网设计案例

给水工程的建设将促进城镇总体规划的协调发展，该工程实施后，对改善当地生活环境，提高当地居民生活水平和卫生水平，将产生重大影响，同时将大大改善投资环境和旅游环境，吸引更多的外资和游客，促进经济的发展。另外，加强了地下水资源的统一管理，进行了合理的开发和利用，对整个区域的水资源及生态环境保护有着深远意义。

1　项目概括

为配合县城总体规划的实施，推进城区供水事业的发展，依据某县总体规划，对该县城区发展所需的水量进行预测，并对供水水源和供水管网进行初步设计。编制城区供水主干管初步设计，必须根据县城总体规划确定的原则，在与其他专业规划相协调的基础上，结合城区供水事业实际情况，做出科学的规划与预测。通过对设计区的供水规模与水资源需求量优化计算，提出集中供水设施的建设与改造方案。

1.1　设计原则

① 对水资源统一规划，远期、近期相结合，对今后水资源更新留有余地。

② 考虑供水区的现状和发展情况，对居民生活用水和工业用水贯彻节水精神，设计供水量应尽量符合实际用水量。

③ 保证安全供水，包括足够的设备备用率，保证供电的可靠性。

④ 发展和推广新设备、新工艺、新材料。

⑤ 贯彻节能方针，力求取得良好的社会效益。

⑥ 保护水源、输水沿线及水厂的环境，制定保护水质的措施，供水水质符合国家生活用水水质标准。

1.2　某县概况

（1）地貌

地貌类型主要为冲洪积扇，以及若干扇间洼地。河间洼地和古河道自然堤形成的缓岗地貌，唐河两岸地表呈现凹凸不平的微型地貌。

（2）气候

该县地处华北平原西部，属大陆性季风气候，四季分明，年平均温度 11.8℃，绝对最高气温 41.1℃，绝对最低气温 −26.8℃。主导风向，夏、冬两季多为东北风，最大风速 24m/s，年平均降水量 476.8mm，主要集中在七八月份，其中最大降雨量 1529mm，年最小降雨量 196mm，最大冻土深度 497mm，最大一次积雪厚度 260mm，无霜期 189天，日照时间 2302h，最高洪水位海拔 46.5mm。

（3）水资源及水文地质

1）地表水

据水文资料，1971～1989 年各河水多年平均径流量为 $1.582 \times 10^7 \text{m}^3$，降水自产径流量 $1.799 \times 10^8 \text{m}^3$，地下水资源总量 $1.96 \times 10^8 \text{m}^3$，多年平均可利用量为 $6.6 \times 10^7 \text{m}^3$。由于

水利工程设施的限制，地表水利用率较低，仅为33%。

2）地下水

地下水赋存良好，广泛分布着潜水和承压水。目前开采的地下水含水层属第一、二含水组，相当于 Q_3、Q_4 地层。

第一含水组底板埋深小于70m，其中西部含水层岩性以卵砾石、粗砂砾石为主，东部和东南部以粗砂为主，卵砾石为次。单位涌水量为 $30\sim50m^3/(h \cdot m)$。

第二含水组底界埋深一般在150m以内，其含水层中西部以粗砂、砾石为主，东部、东南部以中粗砂为主，单位涌水量为 $50\sim100m^3/(h \cdot m)$。第二含水组含水层总厚度在 $20\sim80m$ 之间，水力联系密切，动态规律基本一致，可视为同一含水体。

全县地下水位深埋多年平均为5.7m，以铁路为界又有不同，以西最小埋深2m，以东最大埋深9.3m。

1.3 城市总体规划简述

1.3.1 人口预测

该县城城区现有人口 6.35×10^4 人。依据该县总体规划中提供的数据，人口综合增长率控制在65‰。推算人口规模采用综合指数法，工程近期（2005年）服务人口为：2015年是 8.7×10^4 人。

1.3.2 需水量预测

根据该县国民经济和社会发展指标及国家相关用水定额进行水量计算。

（1）生活用水量

依据《室外给水设计规范》（GB 50013—2006），2015年每人综合生活用水量标准是160L/d（最高指标）。市政、绿化用水量近期按综合生活用水量的15%计。由此推算，近期生活用水量为 $1.60\times10^4 m^3/d$。

（2）工业用水量

据调查，该县工业增长率近期为10%。由此预测近期2015年工业产值：12亿元；考虑到该县目前经济技术相对滞后，同时参考类似县城的技术参数，从而确定35m³/万元。预测出远期工业用水量 $1.15m^3/d$。未预见用水量及管网漏失量按城区总用水量的20%计。自来水普及率考虑到目前县城供水全部采用自备井，2015年达到91%。

（3）消防用水量

根据《建筑设计防火规范》（GB 50016—2006），县城同时火灾次数按2次考虑，一次灭火用水量为35L/s，延续时间2h。按上述指标计算，县城日消防总用水量为504m³。消防用水在管网消防校核时和给水厂清水池设计时使用。

1.4 供水现状及规划

1.4.1 供需平衡

根据提供的南水北调的用水计划（2015年），2015年分配给该县的计划为 $1.009\times10^7 m^3/a$，地下水可采量为 $1.248\times10^7 m^3/a$，合计 $2.257\times10^7 m^3/a$。县城2015年需水3.3×

$10^4 m^3/d$，取日变化系数 1.4，因此年需水量为 $8.6 \times 10^6 m^3$，可见远期用水需求是有保证的。本着保护地下水的原则，2015 年水厂优先使用地表水作为供水水源，地下水水源作为补充。根据总体规划，远期地表水厂与近期地下水厂位置一致。过期南水北调水自现在的规划水厂的西侧引入，为此水厂北侧预留远期处理地表水的设施用地（远期预留地不包含在本次工程投资内）。

1.4.2　供水规模

现水厂供水规模：$2.0 m^3/d$。2015 年通过扩建形式使规模达到 $3.0 m^3/d$。管网建设服务范围按近期规模考虑，供水管网的管径按 2015 年 $3.0 \times 10^4 m^3/d$ 规模设计，进行平差计算。

1.4.3　水质及水压要求

（1）水质要求

县城供水工程供水水质应满足国家《生活饮用水卫生标准》（GB 5749—2006）的要求。

（2）出厂水压

根据某县总体规划，城中心建筑物层数多为 5 层，管网最小自由水头为 24m。经管网平差，远期管网最小自由水头可达到 24m，现状复合管网最小自由水头为 27m。若个别地方出现高层建筑，不能满足使用要求，可考虑增设局部加压设施，以满足生产和生活及消防的要求。城区消防采用低压制，最不利点消火栓的自由水头不小于 10m。

1.4.4　供水存在的问题

由于公共供水能力不足，各用水单位自备水源井随意开采，现有供水设施与城市现状建设和城市发展不相适应，同时不利于水资源统一管理和综合利用，主要存在以下几个方面的问题。

（1）自备水源井供水不能保证生活饮用水水质

现状各自备水源供水均无消毒措施，生活水质得不到保证；水源井水量较多，布置分散，其卫生防护得不到保障，且部分水源井及其设备老化，水量、水质和水压均不能满足生活用水的需求。

（2）水资源利用不合理

由于集中供水严重不足，城区用水主要靠各单位自备井的分片供水，各单位自打水井，盲目开采，用水无计划，供水无保障，得不到统一管理，造成水资源的严重浪费。

（3）由于长期无序开发、超采地下水，给居民生活和生命财产带来隐患。

2　工程设计

2.1　供水管网设计

本项目采用最高日最高时流量进行模型计算。最不利点自由水头按 24m 控制，其余大部分管网节点的出水水头能满足五层建筑用水的要求。

按"最高日最高时流量＋消防流量"进行消防校核。按最高日最高时流量的 75% 进行事故校核。

2.2　管道布置

　　流量分配按现状和规划用地性质确定面积比流量。根据用水量大小及位置进行管道布置，考虑管道维修，设置一定数量的阀门及泄水、排气阀。阀门采用管网伸缩蝶阀。管道中心埋深为地面以下1.4m，管材选用PVC-M。根据《建筑设计防火规范》，沿主管道布置消火栓，消火栓在管道直线段上间距不大于120m，主要道路交叉口必须设置。消火栓采用地下式。

　　经初步水力计算，本项目需新铺供水主管长31.898km，供水主管管材采用高抗冲派克管（PVC-M）。

2.3　管道施工

　　根据多年城市基础设施的建设经验，工程建设要统一规划，协调配套，统一组织，坚持先地下后地上的施工原则，避免反复刨槽。

　　供水管道中心埋深1.2m。供水管道采用明槽形式。开槽形式及开槽边坡比均参照望都县以往工程施工情况确定，下一步设计按地质报告情况经进一步核算后再进行调整。暂定开槽形式及边坡如下：管道基坑在开挖之前，应先对地下管线进行复测，并做好现状管线的保护工作，并在确定设计管线顺利接入现状管线或现状管线顺利接入设计管线后，方可开挖。管道基坑采用人机配合，当采用机械开挖至设计管基标高以上0.2m时，即应停止机械作业，改用人工开挖至设计标高。基坑开挖期间还应加强对其标高的测量（基坑底标高＝管内底标高－管壁厚度－管基厚度－0.2m碎石），可用水平管抄平，以防止超挖。钢板桩支撑槽开挖，应边挖土边支撑，严禁先挖后支的现象出现，同时支撑必须牢固。基坑开挖支撑时，应考虑检查井的砌筑位置，提前预留检查井砌筑工序的工作量，避免造成由于支撑原因，检查井无法施工。开槽所挖土方均外运置于1m以外处堆放，以减少坑壁荷载，避免对坑壁的扰动，保证基坑稳定。

2.4　管材选择

　　在供水工程中，管道投资占工程投资的比例很大，且因管材选择不当造成事故或增加不必要的投资的实例也较多，所以，在管材选择上，必须结合工程实际情况，综合考虑管材的技术性能及主要特性，根据国内的生产、使用情况、供水安全性、经济合理性、维护管理方便等因素进行分析确定。目前，国内使用较多且可适用于本工程的几种管材为钢管、球墨铸铁管、预应力钢筋混凝土管、玻璃钢夹砂管和绿色无铅饮用水用高抗冲派克管（PVC-M）以及PVC-U、PE等多种新兴的塑料管材，但在众多的塑料管材中，高抗冲派克管（PVC-M）是新型改性的塑料管材，它具有抗冲击能力强并且安装便利、承插胶圈接口等特性，优于其他的塑料管材，所以我们以高抗冲派克管（PVC-M）作为塑料管的代表，参考已建工程管材比选的特点以及各种管材在望都县的应用情况，对五种管材进行技术比选，具体详见表2-44。

表 2-44　管材性能表

管材 DN150～DN800	耐腐蚀性	疏水性能（糙率）	使用寿命/年	承载力	施工要求	运行维护工作
钢管	一般	0.012	20～50	较高	较严格	较复杂
预应力钢筋混凝土管	强	0.014	50	高	一般	简单
球墨铸铁管	较强	0.014	50～100	较高	一般	简单
夹砂玻璃钢管	强	0.009	50～100	较高	严格	复杂
高抗冲派克管(PVC-M)	很强	0.0084	50～100	一般	一般	简单

(1) 钢管

优点是强度高，耐振动，质量轻，接头少和加工接口方便，不漏水、不爆管等。缺点是不耐腐蚀，当用作供水管道时，必须做好内外防腐，接口为现场焊接和法兰盘连接等，施工较简单，易结垢，对水质有影响。采用钢管突出的问题之一是管道腐蚀及其防护。一般在进行内外防腐处理时，还应采取必要的电化学防腐措施，才能更安全可靠，因此造价高。此外，钢管本身价格也较高，除非在特殊的情况下，否则建议尽可能减少钢管的使用。钢管一般不用于埋地管，只用于内压高、穿越铁路、河谷的管线以及地震烈度较高的地区。

(2) 球墨铸铁管

球墨铸铁管的生产工艺是以镁或稀土镁合金球化剂加入到铸造的铁水中，使之石墨球化，这样集中应力降低，管材可具有更高的强度及延展性。该种管材具有抗拉强度大、抗弯强度大、延伸率大、耐腐蚀性强等优点，即兼有钢管的强度与韧性及普通铸铁管耐腐蚀的特点，因而是一种很有前景的管材。在国内其价格与会口铸铁管基本相当，但比同规格的钢管要低。现在已经普遍应用于城市供水管网中。接口一般为橡胶柔性承插接口，施工简单。管道需做内外防腐。

(3) 预应力钢筋混凝土管

该种管材过去使用比较多，目前的使用率呈下降的趋势。优点是价格较低，不易结垢，对水质无影响，主要用于长距离疏水工程；缺点是自重大，如运输距离长，将增加运输费用及管材的损失率。配套管件不全，不可承受高压，且接口尺寸不精确，可造成一定的渗漏，不宜应用于城市配水管网。

(4) 夹砂玻璃钢管

夹砂玻璃钢管是近几年发展起来的新型管材，由于其防腐性能优越和管材价格较低的优势，市场占有率在逐年攀升。该种管材刚度较低，为了避免管道在埋设过程中径向变形，要求其按安装规范制作管道基础和管道两侧同步回填，分层夯实。大口井（一般在 DN800 以上）管道在铺设时要求其两侧有一定高度的砂层。回填土中不能含有碎石、冻土块和砖头等类似物体，以免损坏外层玻璃钢管。主要优点为无需进行内外防腐，使用寿命长，日常维护费用低；质量轻，密度为 $1.65～1.95t/m^3$，在同等条件下，是钢管的 40%，是预应力钢筋混凝土管的 20%，运输方便；长期输水不结垢，管材本身防腐性能好，内表面光滑，n 值仅为 0.008~0.009；关键可灵活制作，连接方便，同时具有不漏水、不爆管的优点。缺点是该管材价格较贵，同时回填要求特别严格，必须确保管道基础处理及采用砂土或砂砾土进行回填。

（5）给水聚乙烯

管材是由聚乙烯（PE）树脂为主要原料材料，它是一种高分子的有机合成材料。其分子式为 $\leftmoon CH_2—CH_2 \rightmoon_n$，PE 管道一般采用中密度和高密度聚乙烯材料，可耐多种化学介质的侵蚀，不需防腐保护，管道内壁光滑，流动阻力小，不结垢。聚乙烯管与其他塑料相比，抗紫外线和耐低温能力强，并具有良好的抵抗快速裂纹传递能力。使用寿命长，耐磨损程度为钢管的 4 倍。质量轻，仅为金属管道的八分之一，便于运输与安装，节省安装成本。接口采用热熔连接，简单方便，漏失率几乎为零。

（6）高抗冲派克管（PVC-M）管道系统的特点

① 优异的韧性和抗冲击性能：高抗冲派克管（PVC-M）在保持普通管材的强度的同时，提高了管材的柔韧性，其韧性与 PE 相近，良好的韧性提高了管材抗冲击性能。

② 优异的耐点载荷和外力破坏能力：能有效抵抗安装和运输过程对管材的外力冲击，高抗冲派克管（PVC-M）抗外力冲击性能与 PE 管不相上下。

③ 优异的抗开裂性能。

④ 优异的抗水锤能力：由于高抗冲派克管（PVC-M）管道具有较高的韧性和较薄的壁厚，与相同规格的 PVC-U、PE 管道相比，高抗冲派克管管道的抗水锤能力最为优异。

优异的接口密封性：密封圈是采用整模硫化成型，整体性能好，没有接头，不存在拼接所带来的脱开或裂隙纹问题。生产的最大胶圈为直径 800mm 管材用胶圈。对橡胶密封圈的结构做了较大的改进，由燕尾型取代了"B"型胶圈。燕尾型胶圈在输水后，随着压力的升高，门密封压力会越来越大。

⑤ 保证管道连接安全性：大口径高抗冲派克管（PVC-M）的连接方式主要为弹性密封圈连接。该连接方式施工工艺简单，易于掌握。管道安装无需专业人员。PE 管道施工工艺复杂，每一个环节都影响到焊接质量，必须严格按规定操作。PE 管道焊接人员需经过专业培训，具备一定的焊接水平后才能操作安装。我国尚未实行焊接人员持上岗证操作制度，焊接质量不易保证，易产生运行安全隐患。

⑥ 恶劣环境下施工安全性：在施工现场，采用柔性橡胶圈接口，施工可以不受环境和季节性变化影响，甚至可以在管槽内有积水的情况下施工；适应弯曲变形能力强，适宜在地势起伏不平和地基不良、地下水位较高的地区应用，是一种可靠的管道工程施工工艺。

⑦ 管道维护及抢修安全性：PVC 管道在我国经过多年的应用和发展，管配件发展成熟，管配件齐全，可在带水环境下完成管道的抢修。

⑧ 施工工艺容易掌握、施工工具简单、施工速度快捷、适应各种工程现场环境、对施工人员素质要求不高、管配件齐全，维修方案完善。

因此，我们确定适合本次工程管材为 PVC-M 管，橡胶圈承插接口。在管道穿越铁路、公路、过河或特殊地段时，采用钢管。

2.5　征地、拆迁范围和数量（略）

3　环境和生态影响保护

3.1　环保方案设计原则（略）

3.2　环境质量状况

3.2.1　环境质量现状（略）

3.2.2　主要环境保护目标（略）

3.3　施工期环境影响分析（略）

3.4　环评结论与建议（略）

4　劳动保护与安全生产（略）

5　消防设施（略）

6　节能方案（略）

7　人员编制及经营管理（略）

8　思考问题

① 阐述该方案解决 H 市供水问题可行性。

② 使用管材选择管材应该考虑哪些方面?

③ 该方案人员安置是否合理?

◣ 2.5　单位供排水工程案例

2.5.1　医院污水处理方案

医院在理疗过程中产生大量医疗废水,医院所排污水必须经处理后达到国家环保一级标准方可排放。以某医院污水处理项目为例,介绍了该医院污水处理水量、水质、处理工艺设计、环境影响分析、经营管理、工程投资等情况。针对该医院的具体污水水质的特点，本方案主体工艺采用常规的"A/O生物接触氧化"工艺，出水水质指标均达到《污水综合排放标准》（GB 8978—1996）中的一级排放标准。主要设备采用优质的钢结构的箱体，工程结构为全埋地式结构。根据建筑结构工程特点，分别对该工程安全、卫生、运行成本等进行分析。

I市医院污水处理方案

医院在理疗过程中产生大量含有害病菌的医疗废水。根据国家环保总局及地方环保部门有关文件的规定，医院所排污水必须经处理后达到国家环保一级标准方可排放，以避免影响周围环境。

为严格遵守有关环境法规，保护环境，本着经济发展、城市建设和环境保护同步进行的"三同时"原则。根据初步调研情况和多项医院污水处理成功的实践经验，编制该医院内医院污水设计方案，供有关部门决策、实施。

1 工程概况

针对该院医院区的具体污水水质的特点，本方案拟采用常规的"A/O生物接触氧化"工艺，该处理工艺较为简单，操作运行方便，日常费用低廉，出水稳定，主要设备采用优质的钢结构的箱体，考虑到院区内周边环境和卫生问题，故该医院污水处理工程决定采用全埋地式结构，上部覆土，可种植花木、草坪，进一步美化环境。

2 设计基础

2.1 设计依据及规范

① 业主提供的有关资料；
②《污水综合排放标准》（GB 8978—1996），一级排放标准；
③《医院污水处理设计规范》（CECS07：88）；
④《医院污水处理技术指南》（环发〔2003〕197号）；
⑤《室外排水设计规范》（GBJ 14—87），1997版；
⑥《环境工程设计手册》；
⑦《医院污水污物处理》（化学工业出版社）；
⑧《医院污水处理技术及工程实例》（化学工业出版社）；
⑨ 给水排水工程和污水处理工程建设有关技术规范。

2.2 设计范围

污水处理站的总体设计包括污水的处理工艺、土建设施、电气设备的设计。污水处理站的设计主要分为污水处理和污泥处理及处置两大部分。

污水处理根据调查研究污水的水质水量变化情况，选择技术成熟、经济合理、运行灵活、管理方便、处理效果稳定的方案。

通常小型的污水处理站污泥处理有两种方法：一是污泥浓缩机械脱水处理；二是污泥干化处理。考虑污泥浓缩机械脱水处理业主投资大，而污泥浓缩干化处理对周围卫生有影响。由于本工艺中设有污泥消化系统，产生污泥量极少，为此，本工程产生的污泥进入污泥浓缩池只作简单的浓缩处理后，采用粪车抽吸外运作农肥。

2.3 设计原则

本设计方案严格执行有关环境保护的各项规定；

污水处理各项出水水质指标均满足《污水综合排放标准》（GB 8978—1996）中的一级排放标准。

针对本工程的具体情况和特点，采用简单、成熟、稳定、实用、经济合理的处理工艺，以达到节省投资和运行管理费用的目的。

处理系统运行有一定的灵活性和调节余地，以适应水质水量的变化。管理、运行、维修方便，尽量考虑操作自动化，减少操作劳动强度。

在保证处理效率的同时，工程设计紧凑合理、节省工程费用，减少占地面积，减少运行费用。

3 设计水量与水质

3.1 设计水量

该医院污水排水量为 $72m^3/d$，由于医院污水水质、水量变化相当大，设计必须考虑水质、水量的均衡措施。污水处理站 24h 自控运行，最终确定设计处理量为 $Q_d=3m^3/h$。

3.2 设计水质

根据普通医院污水的水质情况，设计污水水质见表 2-45，其中设计出水水质采用《污水综合排放标准》（GB 8978—1996）中的一级排放标准。

表 2-45 设计水质一览表

序号	项目	进水水质	出水	平均去除率/%
1	COD_{Cr}	400mg/L	<100mg/L	≥75.00
2	BOD_5	200mg/L	<25mg/L	≥87.50
3	SS	200mg/L	<70mg/L	≥65.00
4	NH_4^+-N	30mg/L	<15mg/L	≥50.00
5	动植物油	35mg/L	<10mg/L	≥72.00
6	大肠菌群	$35×10^4$个/L	≤500 个/L	≥99.9
7	pH	6~9	6~9	—

4 处理工艺的选择

4.1 污水水量与水质情况分析

本项目污水来水不均匀程度较高，水质、水量变化较大（$K_z = 2.0$），由于水量与水质具有较大的不均匀性，因此必须考虑设置均质均量的调节池。本类废水 BOD/COD 值约0.5，可生化性较高。排放要求中对病毒指标有要求。

根据环保部门对医院污水排放的要求，本污水处理工艺除了去除有机物外还应能去除氨氮，使出水达到排放要求。

4.2 污水处理技术比选

4.2.1 拦污设施

本工程原水中固体杂质含量较高，为确保提升泵等设备正常工作和保证后续处理构筑物正常运行，拟在处理主体工艺的前段设置拦污设施。

4.2.2 生物处理

通常的污水处理站一般采用以下几种生物处理方法。

（1）生物接触氧化法

生物接触氧化法属于生物膜法，具有以下优点和特点：

生物接触氧化法生物池内设置填料，由于填料的比表面积大，池内充氧条件好，生物接触氧化池内单位容积的生物体量都高于活性污泥法曝气池及生物滤池，因此生物接触氧化池具有较高的容积负荷；

由于相当一部分微生物固着生长在填料表面，生物接触氧化法可不设污泥回流系统，也不存在污泥膨胀问题，运行管理方便；

由于生物接触氧化池内生物固体量多，水流属于完全混合型，因此生物接触氧化池对水质水量的骤变有较强的适应能力；

由于生物接触氧化池内生物固体量多，当有机物容积负荷较高时，其 F/M（F 为有机基质量，M 为微生物量）比可以保持在一定水平，因此污泥产量可相当于或低于活性污泥法；

因装载填料，生物接触氧化池单位制造成本略高，一般适用于中小型（$Q_d \leqslant 2500 \text{m}^3/\text{d}$）污水处理站。

（2）常规活性污泥法

活性污泥法在大中型污水处理中是一种应用最广的废水好氧生物处理技术。活性污泥处理系统有效运行的基本条件和特点是：

废水中应有足够的可溶性易降解物质，作为微生物生理活动必需的营养物，一般活性污泥法必须定期投加按一定配比的营养物质，这样就增加了运行费用和管理难度；混合液必须含有足够的溶解氧；活性污泥在池内应呈悬浮状态，能充分与水接触和混合；活性污泥连续回流，及时排除剩余污泥，使混合液保持一定的活性污泥浓度；活性污泥生长周期长，对温度、水质和水量的骤变适应能力差；

正因为有以上的必要条件和特点，所以活性污泥法运行管理比较专业。另外活性污泥法易产生污泥膨胀，处理负荷较低，不易控制管理，故近年来在中小型污水处理站中的使用越来越少。

（3）SBR 法

SBR 法是近年发展起来的一种较为先进的活性污泥处理法，该处理工艺集曝气池、沉淀池为一体，连续进水，间歇曝气，停气时污水沉淀，撤除上清液，成为一个周期，周而复始。SBR 法不设沉淀池，无污泥回流设备，但 SBR 法为间隙运行，需设多个处理单元，进水和曝气相互切换，使得控制较为复杂。为了保证溢流率，SBR 法对滗水器设备制造要求高，制作时必须精益求精，否则极易造成最终出水水质不达标。国内目前还没有质量较好的滗水设备，进口设备采购麻烦，且价格昂贵，同时今后维修费用也高。SBR 法池内污泥浓度由浓度仪测定以便控制排出多余污泥量，目前国内浓度仪质量不过关，造成污泥排放控制较困难。

由于存在较高的技术性问题，活性污泥池和 SBR 池一般只能露天设置，这样局部影响环境美感（埋地设置时土建投资将大大增加）。接触氧化工艺各池体可采用埋地设置，设备上方可设置道路或绿化带，总体布置美观大方。

综上所述，本工程生物处理拟采用 A/O 生物接触氧化法。

采用 A/O 生物处理工艺是近几年来国内外环保工作者用以解决污水脱氮的主要方法，该方法具有如下特点：

① 利用系统中培养的硝化菌及脱氮菌，同时达到去除污水中含碳有机物及氨氮的目的，与经普通活性污泥法处理后再增加脱氮三级处理系统相比，基建投资省、运行费用低、电耗低、占地面积少。

② A/O 生物处理系统产生的剩余污泥量较一般生物处理系统少，而且污泥沉降性能好，易于脱水。

③ A/O 生物法较一般生物处理系统，其耐冲击负荷高，运行稳定。

④ A/O 生物处理系统因将 NO_2-N 转化成 N_2，因此不会出现硝化过程中产生 NO_2-N 的积累，而 1mg/LNO_2-N 会引起 1.14mgCOD 值，因此只硝化时，虽然氨氮浓度可能达标，但 COD 浓度却往往超标严重。采用 A/O 生物处理系统不仅能解决有机污染，而且还能解决氮和磷的污染，使氨氮的出水指标小于 15mg/L。

总之，经过本工艺流程，出水的各项指标均能达到市环保部门规定的水污染一级排放标准。

4.3　推荐方案

（1）污水处理工艺流程

经过上述工艺比较，本污水主要工艺过程设计如下：医院污水通过人工格栅拦污后的污水直接进入调节池，在调节池底布有穿孔曝气管，采用间隙曝气。

本工程污水中有机成分较高，$BOD_5/COD_{Cr}=0.5$，可生化性较好，因此采用缺氧好氧 I/O 生物接触氧化工艺，即生化池需分为 A 级池和 O 级池两部分。调节池内污水采用污水提升泵提升至 A 级生化池，进行生化处理。在 A 级池内，由于污水中有机物浓度较高，微生物处于缺氧状态，此时微生物为兼性微生物，它们将污水中有机氮转化为氨氮，同时利用有机碳源作为电子供体，将 $NO_2^- \text{-} N$、$NO_3^- \text{-} N$ 转化为 N_2，而且还利用部分有机碳源和氨氮合成新的细胞物质。所以 A 级池不仅具有一定的有机物去除功能，减轻后续 O 级生化池的有机负荷，以利于硝化作用进行，而且还依靠污水中的高浓度有机物，完成反硝化作用，最终消除氮的富营养化污染。经过 A 级池的生化作用，污水中仍有一定量的有机物和较高的氨氮存在，为使有机物进一步氧化分解，同时在碳化作用趋于完全的情况下，硝化作用能顺利进行，特设置 O 级生化池。

A 级池出水自流进入 O 级池，O 级生化池的处理依靠自养型细菌（硝化菌）完成，它们利用有机物分解产生的无机碳源或空气中的 CO_2 作为营养源，将污水中的氨氮转化为 $NO_2^- \text{-} N$、$NO_3^- \text{-} N$。O 级池出水一部分进入沉淀池进行沉淀，另一部分回流至 I 级池进行内循环，以达到反硝化的目的。在 A 级和 O 级生化池中均安装有填料，整个生化处理过程依赖于附着在填料上的多种微生物来完成。在 A 级池内溶解氧控制在 0.5mg/L 左右；在 O 级生化池内溶解氧控制在 3mg/L 以上，气水比 12：1。

O 级生化池一部分出水回流进入 I 级池，回流比为 2：1；一部分流入竖流式沉淀池，进行固液分离。

沉淀池固液分离后的出水即可直接排放。

沉淀池沉淀下来的污泥由污泥泵，一部分提升至 A 级池，进行内循环，一部分提升至污泥浓缩池；污泥浓缩池内浓缩后的污泥采用粪车外运作农肥处理。

（2）污泥处理工艺

通常小型的医院污水处理站污泥处理有两种方法：一是污泥浓缩机械脱水处理；二是污泥干化处理。考虑污泥浓缩机械脱水处理业主投资大，而污泥浓缩干化处理对周围卫生有影响，又由于本工艺中设有污泥消化系统，产生污泥量极少，为此，本工程产生的污泥进入污泥浓缩池只作简单的浓缩处理后，由人工每年清理外运作农肥。

5 处理工艺设计

5.1 格栅

格栅井设置于调节池内污水源头进水一端，设计考虑节约用地和投资。

格栅井内设置机械格栅，格栅的安装角度为 75°，栅条间隙 3mm，宽度 300mm。通过机械格栅拦截去除医院污水中较大的悬浮物固体、纸屑，保护水泵及后续管路系统不被堵塞。采用不锈钢机械格栅，格栅井尺寸为长×宽：1000mm×400mm。

5.2 调节池

由于医院污水来水不均匀，造成污水水质、水量波动很大，因此设置足够的调节池容量，保证进入生化处理的水质、水量稳定。污水经过机械格栅后，进入调节池，并在池底设置穿孔曝气管，一则可防止池中颗粒沉淀，二则可起到预曝气作用。调节池设有旁通，以备检修等状态下使用。

调节池中设置水泵二台，一用一备，污水由泵以 3.0m³/h 定量抽入缺氧池。

5.3　A 级生化池

由于污水中的有机成分较高，$BOD_5/COD_{Cr}=0.5$，可生化性好，且医院污水中有机氮含量高，因此在接触氧化池前加缺氧池，缺氧池可利用回流的混合液中带入的硝酸盐和进水中的有机物碳源进行反硝化，使进水中 NO_2^-、NO_3^- 还原成 N_2 达到脱氮作用，在去除有机物的同时降解氨氮值。

5.4　O 级生化池

生物接触氧化池为一种以生物膜法为主，兼有活性污泥法特点的生物处理装置。在该种装置污水中有机物被吸附降解，使水质得到净化。生物接触氧化池分为二级，采用新型立体弹性填料，该填料除具有比表面积大、使用寿命长等优点外，还具有挂膜容易、耐腐蚀、不结团堵塞、投加方便等特点。曝气方式采用微孔曝气。

5.5　沉淀池

污水经 O 级生化池处理后，水中含有大量悬浮固体物（生物脱膜），为了使出水 SS 达到排放标准，我们采用平流式沉淀池来进行固液分离。沉淀池共设置 1 座，表面负荷为 $1.00m³/(m²·h)$，有效面积为 $3.0m²$。沉淀池污泥采用污泥泵一部分提至污泥池，一部分提至 A 级生化池进行污泥回流，增加 O 级生化池中的污泥浓度，提高去除效率。

5.6　污泥池

沉淀池产生的污泥通过泵提至污泥池，污泥池内设置曝气管及溢流管，曝气管曝气，可防止污泥发酵，并使微生物自身氧化，从而减少污泥量。溢流管可保证污泥不溢出地面。浓缩后的污泥采用粪车抽吸外运。污泥池有效容积为 $3.5m³$。

5.7　鼓风机

污水处理站充氧设备采用低噪声回转式鼓风机供给氧化池气源。

6　主要技术参数

6.1　调节池

停留时间：8h；有效容积：$24m³$；外形尺寸：$4000mm×3000mm×2500mm$（有效水深 1.5m）。

6.2　缺氧池

停留时间：3h；有效容积：$9m³$；外形尺寸：$1400mm×2500mm×2600mm$；溶解氧含量：0.5mg/L。

6.3 接触氧化池

停留时间：6h；有效容积：18m³；外形尺寸：3000mm×2500mm×2600mm；气水比：15∶1。

6.4 二沉池

停留时间：2.5h；有效水深：2.5m；外形尺寸：1200mm×2500mm×2600mm；表面负荷：1.00m³/(m²·h)。

6.5 消毒池

停留时间：90min；有效容积：4.5m³；外形尺寸：1400mm×1250mm×2600mm。

6.6 污泥池

有效容积：4.0m³；污泥含水率：97%；排泥周期：1年左右。

7 污水处理设施布置

根据工程主体设计意图，基地总平面情况因地制宜，合理布局。着重从工艺流畅性、污泥出路、对外环境影响及保养维修几点出发。

污水处理设施主体全埋于地下，为便于格栅清污及施工方便，调节池、缺氧池、接触氧化池、沉淀池、消毒池、污泥池均为钢结构。为了防止止噪声污染，风机房内设置通风、隔音系统。

本污水站总平面面积约为70m²，而且本污水站不占地表面积，上部覆土以150mm左右为宜，可种植草皮等植物。

8 环境影响分析

8.1 污泥处理

本污水处理站每天可减少COD_{Cr}：21.6kg；BOD_5：12.6kg。

污泥池中的污泥通过好氧消化后，定期由环卫部门统一处理，周期一般为1~2年，也可根据具体的水质、水量和运行情况来定。

8.2 防渗措施（略）

8.3 降噪措施（略）

8.4 除臭系统（略）

9 经营管理

9.1 人员编制（略）

9.2 动力计算（略）

10 方案特点

医院污水处理系统工艺成熟，保证出水效果稳定、良好，并采用自动化控制，劳动强度低。

由于医院污水中有机成分较高，$BOD_5/COD_{Cr} \leqslant 0.5$ 可生化性好，因此设计采用生物膜法处理。因为医院污水中有机氮含量较高，在进行生物降解时会以氨氮形式表现出来，排入水中氨氮指标会升高，而这也是一个污染控制指标，因此采用 A/O 工艺在去除有机物的同时降解氨氮值。缺氧池的溶解氧控制在 0.5mg/L 左右。通过对二沉池表面负荷、有效深度和滑泥斗倾角等设计参数合理选择，提高了固液分离效果。

采用新型填料，不易堵塞，接触面大，易挂膜，使用寿命长，投加方便。

二沉池污泥大量回流，污泥量很少。并充分考虑可靠造成二次污染的因素，加以防治。

对水质、水量变化作充分考虑，并采用旁通措施，以备应急使用。设施采用耐酸碱防腐，使用寿命可达二十年左右，维修方便。

管线均采用 ABS 工程塑料，该管具有安装方便、永不腐烂的优点。

11 工程投资估算（略）

12 思考问题

① 简要阐述 A/O 方案，并说出此方法对于本案例的优点。

② 设计污水处理站要考虑哪些方面的问题？如何解决遇到的困难？

③ 指出本案例的缺点与不足。

2.5.2 建筑供排水节能案例

随着科学技术的发展，建筑的建造和运行均是以消耗大量的自然资源以及造成环境负面影响为代价的。以建筑全寿命过程用水为例，在开发和维护、使用过程中，其消耗水资源的量是相当惊人的，约占水资源量的 50%。为了缓解建筑与能源环境之间的矛盾，人们提出绿色建筑。以某建筑为例，利用规划设计应结合当地水资源、气候、降水、天气等客观条件展开分析，并制定水系统规划方案，合理提高水资源循环利用率，减少传统水资源使用量和雨水排放量。

G 建筑供排水节能案例

发展是人类社会永恒的话题。建筑建造和运行均是以消耗大量的自然资源以及造成环境负面影响为代价的。为了缓解建筑与能源环境之间的矛盾，人们提出、发展并实践了绿色建筑。为了实现绿色建筑，节水及水资源利用是必不可少的重要内容。以往，给排水设计在整个建筑设计中只居从属地位，而绿色建筑要实现节水及水资源的合理利用，给排水设计与建筑设计只有同步发展才可能达到绿色建筑评价的理想效果。

1 项目概况

该绿色建筑项目 1.8 万 m^2，场地东侧是一个单层面积为 6000m^2 的工业厂房。厂房生产区层高 8.4m，局部办公区二层。东西长 90m，南北长 70m。本项目用水节点要求涉及办公卫生间、厨房餐饮、绿化浇灌、景观补水及洗车用水。

该项目所处地区水资源呈现"降雨量较为充沛但时空分布不均、水资源总量较丰富但人均水资源缺乏"的特点。多年平均总降雨量为 1086.3mm，雨量主要集中在 7～8 月，暴雨期普遍出现在 3～9 月。当地地表水等传统水资源开发利用率达到了 37.6%，已接近国际公认的警戒线。

2 建筑水系统规划

2.1 水系统规划方案

绿色建筑的水资源利用规划设计应结合当地水资源、气候、降水、天气等客观条件展开分析，并制订水系统规划方案，合理提高水资源循环利用率，减少传统水资源使用量和雨水排放量。

《绿色建筑评价标准》（GB/T 50378—2019）设置的控制项为绿色建筑对水系统的必备条件，绿色建筑节水和水资源利用工程必须达到控制项的全部要求。对于不同星级的绿色建筑都要达到相应的项数要求。

水系统规划方案包括用水定额确定、用水量估算及水量平衡、给水排水系统设计、节水器具、污水处理、再生水利用等内容。

在分别对建筑内部给排水系统、再生水处理及回用系统、雨水收集及利用系统、绿化及景观用水系统以及节水器具与设施进行规划后，最终提出住宅建筑或公共建筑水资源总体规划方案。水系统规划方案要结合当地水资源状况、气候特征、建筑类型等实际情况，因地制宜地制订，保证方案的经济性和可实施性。图 2-11 和图 2-12 表示为两种较为完整的绿色建筑水资源规划方案思路。其中，图 2-11 表示了在建筑内部实现冲厕污水分开排放时，优先利用淋浴、盥洗、厨房等杂排水作为再生水水源的情形；在大气沉降较严重或雨水收集面污染较重时，对初期雨水进行弃流的情形。

图 2-12 表示，出于建筑成本控制和建筑空间限制考虑，在建筑内部污水合流排放时，将建筑排水作为再生水水源的情形；在初期雨水清洁或不易实现弃流或弃流后剩余雨水量不足的条件下，将雨水全部处理回用情形。

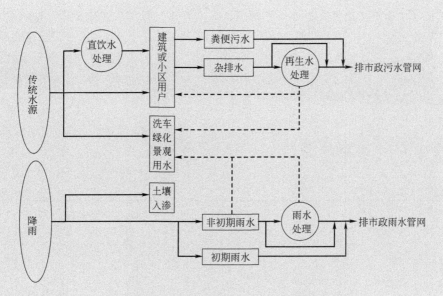

图 2-11 完全分流的水资源规划方案

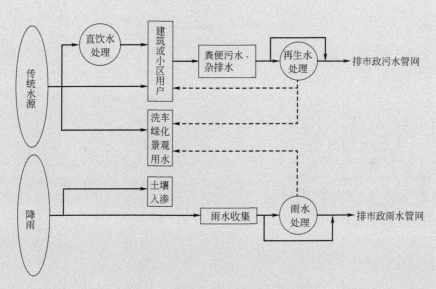

图 2-12 完全合流的水资源规划方案

2.2 用水定额和用水量确定

对于绿色建筑中所采用的用水定额,是衡量绿色建筑用水多少的一种数量标准,是指在一定的社会经济条件下,单位个体在单位时间内所规定的合理用水的水量标准。它一般随着生活水平的提高而相应增加。用水定额作为一种标准,是在经济、技术、科学及管理等社会实践中,对重复性事物通过制定、发布和实施标准达到统一,以获得最佳秩序和社会效益。

用水定额取值应参照《城市居民生活用水量标准》(GB/T 50331—2002)和其他相关

用水标准加以确定，并结合当地经济状况、气候条件、用水习惯和区域水专项规划等，根据实际情况科学、合理地确定，必要时需要实地踏勘。

本项目水系统规划内容包括室内水资源利用、给排水系统以及室外雨污水的排放、非传统水资源利用、绿化用水、景观用水等问题，在进行绿色建筑规划设计前结合区域的给排水、水资源、气候特点等客观环境状况对绿色建筑水系统进行规划，制订水系统规划方案。用水量及水量平衡分析见图 2-13。

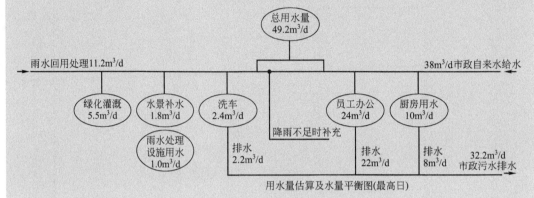

图 2-13　用水量估算及水量平衡图

① 办公：40L/（d·人）×600 人＝24m³/d；餐饮：20L/（d·人）×500 人＝10m³/d。

② 绿化用水：5600m²×3L/（d·m²）＝16.8m³/d［绿地面积 4300m²；植草砖面积 2657m²，考虑按全年平均 120 天浇洒天数及道路地面浇洒用水等因素，取 3L/（d·m²）上限值］。

折合全年 365 天日绿化用水量：16.8m³×120÷365＝5.50m³。

③ 汽车冲洗：60L/（辆·d）×40 辆＝2.4m³/d（汽车总量按 250 辆）。

④ 水景补水：$Q_E + Q_S$＝180m²×0.0024m＋72m³×2%＝1.8m³/d（景观水体面积 180m²，体积 60m³/d，水面蒸发水量与池体渗透水量之和）。

⑤ 雨水处理设施日用水量（估）：1.0m³。

合计：44.7m³/d。

未预料用水量为：44.7m³/d×10%＝4.5m³/d，则最高日用水量 Q_d＝49.2m³；

取日变化系数 1.25，平均日用水量为：49.2m³÷1.25＝39.4m³；

设计年度总用水量：W_t＝39.4m³/d×365d＝14381m³；

其中水景补水、洗车用水、绿化用水可以利用雨水回用非传统水源为：Q_u＝（5.5＋2.4＋1.8＋1.0）m³×1.1÷1.25＝9.4m³（平均日）。

实际全年雨水利用量为：W_u＝9.4m³/d×365d＝3431m³/年。

2.3　水系统设计

2.3.1　绿色建筑给水系统原则

绿色建筑给水系统要合理分区。为满足绿色建筑所提倡的最大限度的节能要求，应当充分利用市政管网的压力向低区供水，在高区采用分区供水的同时还要采取减压限流的节水措施。

给水系统要满足国家或行业的相关水质标准。盥洗、沐浴、生食品洗涤、烹饪、衣物洗涤、家具擦洗等用水水质应符合现行《生活饮用水卫生标准》（GB 5749—2006）和《城市供水水质标准》（CJ/T 206—2005）要求。当采用二次供水设施保证住宅正常供水时，二次供水设施的水质卫生标准应符合现行国家标准《二次供水设施卫生规范》（GB 17051—1997）的要求。生活热水系统的水质要求与生活给水系统的水质要求相同。管道直饮水水质必须满足《饮用水净水水质标准》（CJ 94—2005）的要求。生活杂用水可以采用雨水或再生水，水质标准应符合《城市污水再生利用　城市杂用水水质》（GB/T 18920—2002）《城市污水再生利用　景观环境用水水质》（GB/T 18921—2019）和《生活杂用水水质标准》（CJ/T 48—1999）的相关要求。

给水系统所采用的管材、管道附件以及设备等的选取和运行均不能对供水系统造成再次污染。绿色建筑有直饮水时，直饮水系统应当采用独立的循环管网供水，并要设置安全报警设施。

各供水系统必须保证足够的水量和水压，能向用户持续提供符合相应卫生要求的用水。

2.3.2　绿色建筑排水系统原则

在符合国家相关标准、规范的前提下，应列出绿色建筑排水系统的排水条件、排水系统的选择以及排水体制、污废水排水量等内容。

绿色建筑应具备完善的污水收集和排放设施，冲厕污水宜与其他排水分开收集、排放，有利于降低污水就地再生难度，也利于减少市政排水工程量和市政污水处理量。

室外排水系统应进行雨污分流，雨污水的收集、处理和排放系统不能对周围的人和环境产生不良影响。

2.4　节水器具设备

绿色建筑水系统所使用的管材、管道附件及设备等供水设施不应对供水水质造成二次污染，而且要优先选用低耗节能的器具。设备、器材和器具应优先在中华人民共和国国家经济贸易委员会 2001 年第 5 号公告《当前国家鼓励发展的节水设备》（产品）目录中选择。所有的用水器具应满足《节水型生活用水器具》（CJ/T 164—2014）及《节水型产品技术条件与管理通则》（GB/T 18870—2016）的要求。

2.5　非传统水资源利用

绿色建筑水系统规划时，必须对雨水、再生水等非传统水资源利用进行可行性、经济性和实用性分析说明，根据实际情况，依据水质条件进行水量平衡分析，确定雨水及再生水的最佳回收利用方案、规模以及处理工艺。

雨水、再生水等非传统水源在储存、输配等过程中要有足够的消毒杀菌能力且确保水质不能下降，以保障回用安全。供水系统应设有备用水源、溢流装置及相关切换设施等，以保障水量安全。非传统水资源利用系统的处理、储存、输配等环节中要采取安全保护和监测控制措施，符合《城镇污水再生利用工程设计规范》（GB 50335—2016）及《建筑中水设计规范》（GB 50336—2018）的相关要求，以保证卫生安全，避免人体健康和周围环境产生不利影响。

3 建筑雨水利用

绿色建筑雨水系统规划设计应贯穿项目方案及设计阶段，并与规划、建筑、结构、通风与空气调节、电气与智能等各专业相互配合，综合考虑建筑全寿命周期的技术与经济特性，采用有利于促进建筑与环境可持续发展的雨水利用技术与设备。

雨水系统分为土壤入渗系统、收集回用系统和储存排放系统。土壤入渗系统由雨水收集、入渗设施等组成；收集回用系统由雨水收集、贮存和处理、回用供水管网等组成；储存排放系统由雨水收集、贮存设施和排放管道等组成。

绿色建筑雨水利用设计应结合技术与经济因素，对设计方案进行验证与优化调整，在全寿命周期成本合理的前提下进行雨水利用设计，有效控制工程造价。绿色建筑中雨水利用设计应结合项目特征，在设计方法、新技术利用与系统整合等方面进行创新。

绿色建筑雨水利用规划设计前期应进行前期调研、项目定位与目标分析、雨水利用设计技术方案与实施策略分析、雨水利用措施的经济技术可行性分析等方面工作。

3.1 雨水资源利用技术

3.1.1 雨水弃流设施

一般认为，初期雨水水质较差，为了降低雨水回用时的处理成本，少建或不建雨水处理设施，应对初期雨水进行弃流。

目前常用的雨水弃流井主要是"砖砌井"（由黏土砖和水泥修建而成），由井盖、井盖座、井筒、井室等部分组成。井筒及井室壁设有供维修人员上下的踏步，井室体设置进、出水支管接口。虽然"砖砌井"具有结构简单、成本较低的优点，但存在较多问题。一方面，从结构材质上看，砖砌井主要是由黏土烧制的砖修建而成，易出现缝隙间砂浆不密实等现象，这就导致了两方面的问题：一是初期雨水渗漏会污染土壤甚至地下水，二是后期大量雨水造成浪费。并且一般井体建成后的1～2年就易出现沉降、塌陷，对截流能力造成影响。另一方面，从形式上看，堰式、跳跃式、槽式和槽堰结合式等都存在一定缺陷：①堰式截流井在雨量大时对雨水排放不利；②跳跃式截流井对雨水接收水位的要求较高；③槽式截流井容易发生初期雨水外泄的情况；④槽堰结合式截流井构造较为复杂，工程造价高。

针对上述问题，进行了雨水弃流井材质和形式上的研究。

（1）构成材料上的改进

近几年，随着塑料管材在本地室外雨水系统中的推广运用，塑料雨水管已成为雨水管网中的主流管道，对室外雨水工程质量的提升起到了很大作用。塑料检查井以其绿色、环保、节能、节地等诸多优势成为替代砖砌检查井的主要产品之一。为此，将塑料检查井技术应用到雨水弃流井上，进而解决雨水弃流井构成材料上现存的缺点。

新型雨水弃流井利用高分子树脂材料，可以在实现雨水弃流的前提下，解决传统砖砌井渗漏问题,既杜绝了二次污染,又可以减少后期雨水的损失,充分利用雨水资源;井壁光滑、粗糙系数低,有出色的水力学性能和输水能力,排放效率是传统砖砌井的 1.5倍,可以保证后期洁净雨水顺利利用;特别是在管道进出口与井口的密封上,能有效地防止接口处的渗漏;安装方便,实践证明塑料井不需要额外的保养期,缩短了施工周期;在空间狭小的地方,因体积小等优点更便于安置。

(2) 结构形式上的改进

为了改进常用弃流井存在的缺失,有效利用雨水资源,研究开发出一种新型雨水弃流井,其原理如图 2-14 所示。

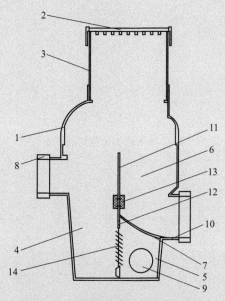

图 2-14　新型雨水弃流井结构原理

1—井体;2—井盖;3—检查口;4—进水腔;5—排水腔;6—溢流腔;7—隔离板;
8—合流管;9—截流管;10—溢流管;11—溢流堰;12—泄水孔;13—浮子;14—百叶式阀门

新型雨水弃流井相比一般的截流,区别在于设计了带浮力控制装置的百叶式装置。在溢流堰的两侧设置有浮子,浮子可在溢流堰上沿竖直方向上下移动。百叶式阀门包括柔性绳、挡板和转动轴,挡板有多个,横向均匀分布在溢流堰上。挡板的两端设置有转动轴,转动轴未与挡板相连的一端安装。在溢流堰上,转动轴相对于溢流堰可自由转动。柔性绳缠绕在转动轴上,从而将所有转动轴串联起来,柔性绳的上端与浮子连接,装置详图如图 2-15 所示。

当初期雨水水流量较小时,初期雨水通过合流管进入进水腔,由于水位较低,浮子位于较低的位置,百叶式阀门处于开度较大的状态,所以初期雨水通过百叶式阀门进入排水腔,再通过截流管流入污水处理厂。

随着雨水量不断增大,进水腔内的水位会增高,同时浮子随水位上升,使百叶式阀门处于开度较小的状态,减小流入排水腔内的雨水流量,避免过多的雨水通过排水腔及截流管进入污水处理厂;进水腔中的水位上升至溢流堰的上端时,进水腔内的雨水会溢过溢流堰,流入溢流腔中,这时由于百叶式阀门的开度很小,所以绝大部分雨水会溢过溢流堰流入溢流腔中,并通过溢流管排入回用储水池中。

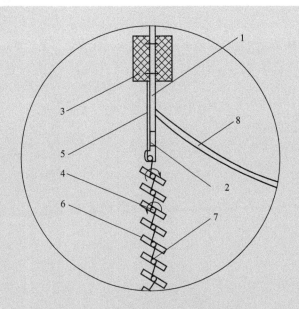

图 2-15　浮力式百叶窗控制系统详图

1—溢流堰；2—泄水孔；3—浮子；4—百叶式阀门；5—柔性绳；6—挡板；7—转动轴；8—隔离板

3.1.2　雨水收集技术

雨水收集是雨水资源利用的起点，在土壤入渗系统、收集回用系统以及储存排放系统中都是重要的环节，除了利用绿地直接入渗对雨水的利用，在雨水的收集以及雨水收集面中，依据水量平衡，优先收集清洁雨水，然后再考虑是否收集其他雨水。

（1）屋面雨水收集

屋面采用环保的材料。屋面雨水收集宜采用半有压式屋面雨水收集系统；大型屋面宜采用虹吸式屋面雨水收集系统，并应有溢流措施。屋面雨水系统中设有弃流设施时，弃流设施服务的各雨水斗至该装置的管道长度宜相近。

屋面雨水集水应优先考虑集水沟。集水沟排水能力应经过水力计算确定。屋面集水沟的深度应包括设计水深和保护高度。檐沟沟底宜水平或具有不大于 0.003° 的坡度，并具有自由出流的雨水出口。

屋面雨水收集系统应独立设置，不得与室内污废水系统连接，不得在室内设置敞开式检查口或检查井。一个立管所承接的多个雨水斗，其安装高度应在同一标高层。雨水斗应设有格栅。格栅的进水孔有效面积，应等于连接管横断面积的 2～2.5 倍。在不能以伸缩缝或沉降缝为屋面雨水分水线时，应在缝的两侧设雨水斗。

雨水立管的底部应设检查口，屋面雨水收集系统的室外输水管道可按雨水储存利用设施的降雨重现期计算。输水管上应设检查井。室内雨水管道宜采用钢管或给水铸铁管。当采用非金属管材时，管道和接口应能承受灌水试验水压，屋面雨水收集系统的溢流排水能力可根据重力供水管道水力计算原理进行复核。

屋面溢流设施的溢流量应为 50 年重现期的降雨径流量减去设计重现期的降雨径流量。溢流雨水出口的设置高度应采用最大时的积水厚度减去对应雨水斗的实际排水能力排除厚度的差值。溢流口一般设置在天沟的两端，雨水从溢流口流出会污染建筑物立面，故不采用溢流口。溢流系统也就相当于独立的虹吸系统，需单独排出室外。

(2) 地面雨水收集

地面雨水收集口宜设在汇水面的低洼处，顶面标高宜低于地面 1~2cm。雨水口担负的汇水面积不应超过其集水能力，且最大间距不超过 40m。雨水收集宜采用成品雨水收集口，成品雨水收集口应具有拦污截污功能。雨水收集系统当设有集中式雨水弃流时，各雨水收集口至弃流装置的连接管长度宜相近。

3.1.3　土壤入渗技术

土壤入渗可采用地面入渗、浅沟入渗、洼地入渗、入渗池、渗透管沟、渗透-排放一体设施等方式。渗透系统应设有储存容积，其有效容积宜能储存产流历时内的径流总雨量。入渗池的有效容积宜能储存日降雨径流总雨量。土壤入渗设施选择时应优先采用绿地、透水地面等地面入渗方式。当地面入渗不能满足要求时，可采用其他入渗方式或入渗方式的组合。绿地雨水应就地入渗。非重型车道、硬质地面应采用透水地面。屋面雨水入渗方式应根据现场条件，经技术、经济和环境效益比较确定。

3.1.4　雨水储存技术

雨水利用系统应设置雨水储存设施，设置规模宜使自来水替代率不小于 4%，并不应小于集水面重现期 1 天的日降雨净产流量；雨水可回用水量宜按雨水收集水量的 90%~95% 计。

雨水储存设施必须设有溢流排水措施。溢流排水措施宜采用重力溢流。当室内蓄水池的溢流口低于市政道路路面时，应设置自动提升设备排除溢流雨水。室内地下蓄水池上游的雨水收集管道上应设置超越管，并确保超越管能重力流排放到室外。雨水储存设施的排水能力应满足如下要求：①溢流管管径应比进水管管径大一级；②室内溢流提升设备的排水标准应按 50 年降雨重现期 5min 降雨强度设计，并不得小于集雨屋面设计重现期降雨强度。当采用再生水清水池接纳处理后的雨水时，清水池应有容纳雨水的容积。

(1) 雨水池

雨水蓄水池可设置在屋面、地面、室外和室内，宜根据防冻、防晒要求而定。小型建筑宜采用屋面、地面蓄水池。气候炎热多雨地区，且防水等级为Ⅲ级的建筑可采用蓄水屋面。蓄水池的进水应均匀布水，出水应防止水流短流。当不具备设置排泥设施或排泥有困难时，应设搅拌冲洗管道，搅拌冲洗水源宜采用池水，并与自动控制系统联动。溢流管和通气管应设防虫措施。蓄水池宜采用耐腐蚀、易清洁的环保材料。当采用自来水补水时，应采取防污染措施。回用水供水管道和补水管道上应设水表计量。

室内雨水储存设施必须设有溢流排水措施，且溢流设施必须设在室外。雨水收集池应满足收集水量的要求，并且保证 10 日的回用用水量。雨水收集池可采用混凝土水池，也可采用埋地式蓄水模块，一般可设置在室外地下。雨水收集池可兼做沉淀池，进水和吸水应避免扰动池底沉积物。池体设计科参照《室外排水设计规范》（GB 50014—2006）中的有关规定。雨水调蓄池布置形式可采用溢流堰式和底部流槽式。调蓄池的排空时间不宜超过 12h，且出水管管径不应超过市政管道能力。在排水下游或有条件建人工湖区域，可建成集雨水集蓄利用、调控排放、水体净化和生态景观为一体的多功能生态水体。

（2）雨水蓄水箱

雨水蓄水箱是在雨水收集系统中的一种储水的工具和材料，分为蓄水模块、不锈钢水箱、玻璃钢水箱、混凝土水箱及蓄水水板等种类。

蓄水模块一般为 PP 材质，不锈钢一般采用钢铁，玻璃钢的材料当然就是玻璃，蓄水水板平时采用的很少，一般雨水收集利用系统中，首选材料为蓄水模块，因为其施工简单，还可以有自动净化水的作用，另外就是不锈钢水箱和混凝土水箱蓄水。

（3）雨水调蓄

在管渠沿线附近有天然洼地、池塘、景观水体，可作为雨水径流高峰流量调蓄设施，当天然条件不满足时，可建造人工调蓄池。

人工调蓄池应设于室外，宜布置在雨水干管中游、大流量管道的交汇处、新开发区域或拟建雨水泵站前端等处。

调蓄池布置形式可采用溢流堰式和底部流槽式。储存排放系统的设计标准应高于外部市政管线的排水标准。调蓄池的排空时间宜不超过 24h。出水管管径可根据排空时间确定，也可根据调蓄池容积进行估算。

3.2 雨水水质分析及控制

3.2.1 总体情况

在 2013 年、2014 年对监测点的水质情况进行跟踪监测，对其水质监测结果进行了系统分析，得到了翔实的资料。各项水质指标波动范围见表 2-46。

表 2-46 雨水污染物浓度

污染物名称	污物浓度			
	平均值	低值	中值	高值
COD/（mg/L）	176	76	197	297
总固体/（mg/L）	356	270	444	563
TN/（mg/L）	4.3	0.7	6.6	7.7
TP/（mg/L）	0.14	0.07	0.19	0.25
离子型表面活性剂/（mg/L）	0.29	0.14	0.3	0.89

3.2.2 污染物初期冲刷效应分析

初期冲刷效应（first flush effect）是指径流初期与初期径流量不成比例的、大量的污染物被冲刷进入地表水体的现象。大量文献记述关于雨水径流初期冲刷效应的示例，描述其特征、程度，但这也受到一些质疑，污染物初期冲刷效应的性质和显著程度值得深入研究和讨论。

在本研究所选的汇水区域内污染物浓度的初期冲刷效应不明显。一些降雨历时比较

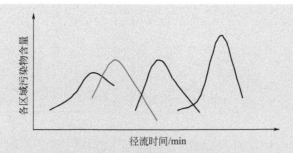

图 2-16　汇流区域影响示意
沿箭头方向的四条曲线分别为来自不同区域的
径流污染物浓度随径流时间的变化过程

短的降雨，不存在初期冲刷效应；究其原因，区域中的若干小区域汇水时间不一，造成各个小区域的污染物浓度峰值相继到达监测点（如图 2-16），这势必延长污染物浓度在较高水平的维持时间。

通常意义上讲，一般认为雨水初期径流污染物浓度比较高，需要初期弃流，对弃流量的理论计算也有文献记述。从经验角度讲，弃流量一般选择降雨初期几毫米的降雨量为弃流量，或者以径流产生开始后的几分钟作为弃流时间。上述雨水的初期弃流方式也受到一些专家的质疑，关于雨水是否应该初期弃流的讨论至今没有停止。本研究对于初期弃流的选择做以下分析：

在 2013 年度和 2014 年度分别监测了 5 次降雨，对每次降雨前 15min 主要污染物总量及降雨全程污染物总量进行分析计算，取平均值后的比例见表 2-47。

表 2-47　初期弃流雨水污染物量占次降雨污染物量的比例

项目	2013 年平均	2014 年平均
TN	0.15	0.22
TP	0.15	0.16
活性剂	0.19	0.21
COD	0.19	0.10
NH_4^+-N	0.16	0.09
TS	0.16	0.12

由表 2-47 可知，初期径流中的污染物量占次降雨的污染物量的比例并不大，在本项目所监测情况下弃去初期 15min 的径流达不到控制污染的目的，大部分的污染物会随中后期的雨水径流流入水体。若采用弃流的方式势必需要更大的弃流量，占次降雨雨量的比例非常大（甚至达到 45% 以上），这意味着对水资源的浪费，是与雨水资源化的初衷相违背的。同时采用物理处理方法对原水水质的适应能力强，可接纳不经弃流的雨水。因此不宜对初期雨水进行弃流处理。

3.2.3 雨水生化性分析

对 BOD$_5$/COD 的数值进行列表分析，见表 2-48 可知：雨水 BOD$_5$/COD 的数值不高于 0.26，说明了雨水的生化性差这一特征。

表 2-48　雨水生化性分析表

数据编号	BOD$_5$/(mg/L)	COD/（mg/L）	BOD$_5$/COD 值
1	47	297	0.16
2	38	248	0.15
3	40	248	0.16
4	32	230	0.14
5	33	213	0.15
6	20	197	0.10
7	22	126	0.17
8	44	170	0.26
9	42	165	0.25
10	39	201	0.19
11	27	174	0.16
12	20	90	0.22
13	19	76	0.25

3.2.4 雨水水质控制技术

（1）处理工艺选择

根据前文水质分析，雨水生化性差，同时考虑本地降雨分布不均，降雨存在季节性，且在雨季也有连续多日不降雨的情况，处理工艺不能采用生化处理的方法。因此，宜采用物理处理方法，其适应性强、高效、经济。

物理净化工艺中通常是优先考虑弃流、沉淀、过滤，将沉淀和过滤作为净化工艺方案。方案对比见表 2-49，从分析对比来看沉淀工艺优于过滤工艺。

表 2-49　物理净化工艺对比

净化方案	主要材料	处理效果	运行管理	造价	综合评价
沉淀	混凝土池、排泥管、絮凝剂等	一般	易	低	好
过滤	混凝土池、滤料、排泥管、反冲洗装置、配水装置等	较好	较难	较高	一般

（2）自然沉淀效果试验

进一步通过试验研究雨水自然沉淀性能。试验首先研究分流制集流中期雨水的自然沉淀性能，沉淀试验结果见表 2-50。

表 2-50　沉淀试验结果

取样时间 t /min	悬浮浓度 C_i /(mg/L)	去除率 $1-P_0$	沉速 U_t		剩余量 $P_0 = C_i/C_0$
			mm/s	m/min	
0	493	0	0	0	1
5	382	0.23	5.00	0.30	0.77
10	354	0.28	2.50	0.15	0.72
15	346	0.30	1.67	0.10	0.70
30	328	0.33	0.83	0.05	0.67
45	293	0.41	0.56	0.03	0.59
60	272	0.45	0.42	0.03	0.55
90	248	0.50	0.28	0.02	0.50
120	228	0.54	0.21	0.01	0.46

由以上分析得知，雨水自然沉淀过程颗粒沉速比较慢，初期雨水的沉淀性能比中期雨水的沉淀性能差。因此，雨季雨水量大，要通过短时间的自然沉淀方式去除其污染物几乎是不可能的，或者处理构筑物的占地面积会很大；因此，水量较大时考虑采用投加絮凝剂来提高沉淀速度和改善去除效果。

（3）混凝沉淀试验效果

由于降雨主要集中在夏季，故雨水水温比较稳定，可不考虑其对沉淀效果的影响，采用 $Al_2(SO_4)_3$ 作为絮凝剂。试验研究对象为雨水水样，其悬浮物主要成分为收集面冲刷污染物和管道沉积污染物。搅拌强度以不破坏絮体、使水样充分混合为原则，先快速搅拌（300r/min）1min，后慢速搅拌（100r/min）1min，再将水样静置20min，测定上清液的浊度。每1L水样投加 $0.04 \sim 0.05$g $Al_2(SO_4)_3$ 药剂，试验结果最好。

（4）沉淀设备工艺参数确定

本试验目的是确定沉淀设备的三个重要参数：表面水力负荷、沉淀时间和有效深度。

试验方法：将已知悬浮物浓度为 C_0 的雨水投加适量絮凝剂后迅速注入沉淀试验柱内并开始记录时间。6 根沉淀柱的沉淀时间分别为 5min、10min、15min、20min、25min、30min。当各沉淀柱达到其沉淀时间时，在每根沉淀柱上，自上而下地依次取水样 100mL，之后采用式（3-1）测定雨水水样的悬浮物浓度 C_{t_j} 和 E_{t_j}。

$$E_{i\cdot j}=1-\frac{C_{i\cdot j}}{C_0} \tag{3-1}$$

式中　$C_{i\cdot j}$——取样点的悬浮物浓度；

　　　C_0——原水样的悬浮物浓度；

　　　$E_{i\cdot j}$——取样点的去除率。

在混凝试验中，不同悬浮物浓度的水样沉淀效果不同。现以悬浮物浓度为 150mg/L、280mg/L、400mg/L 的水样为代表做试验，记录各取样点去除率如表 2-51、表 2-52、表 2-53。通过作图法（如图 2-17～图 2-19）确定达到要求去除率的颗粒沉速（表面水力负荷），同时确定供参考的有效深度和沉淀时间。

表 2-51　150mg/L 各取样点的去除率

有效深度/mm	5min	10min	15min	20min	25min	30min
500	35％	61％	83％	89％	93％	95％
1000	30％	56％	79％	83％	88％	91％
1500	21％	51％	77％	82％	84％	87％
2000	18％	49％	74％	80％	82％	83％

表 2-52　280mg/L 各取样点的去除率

有效深度/mm	5min	10min	15min	20min	25min	30min
500	34％	59％	77％	80％	83％	85％
1000	28％	52％	70％	72％	74％	76％
1500	22％	47％	69％	70％	72％	72％
2000	15％	38％	57％	60％	66％	68％

表 2-53　400mg/L 各取样点的去除率

有效深度/mm	5min	10min	15min	20min	25min	30min
500	38％	81％	90％	86％	90％	90％
1000	24％	22％	79％	86％	85％	90％
1500	17％	22％	24％	76％	77％	88％
2000	16％	20％	24％	27％	45％	78％

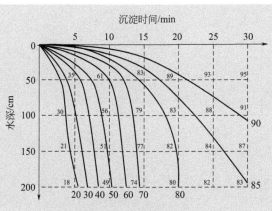

图 2-17　沉淀曲线一

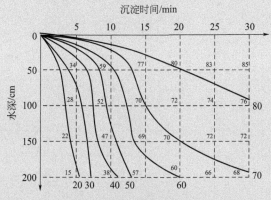

图 2-18　沉淀曲线二

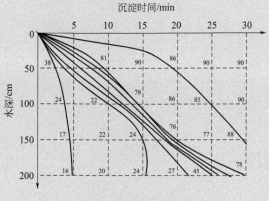

图 2-19　沉淀曲线三

　　根据以上分析，在沉淀 20min 后其去除率均能到 70％，出水基本能满足要求，沉淀设备工艺参数的计算过程如下：

$$q_0 = u_0 \qquad\qquad (3\text{-}2)$$

$$q_0 = \frac{h}{t} \qquad\qquad (3\text{-}3)$$

式中　q_0——沉淀设备的表面水力负荷，$m^3/(m^2 \cdot h)$；

　　　u_0——达到规定去除率的颗粒沉速，m/min；

　　　h——有效水深，m；

　　　t——沉淀时间，min。

根据式(3-2)可得，其表面水力负荷为$q_0 = 4.5 m^3/(m^2 \cdot h)$。因此拟定选取以下参数：有效深度$h = 1.5 m$，沉淀时间$t = 20 min$。

3.2.5 建筑雨水利用总体安排

该项目主体建筑屋面雨水收集后经早期弃流、直接沉淀、澄清后由变频泵加压再经过滤用于水景补水、洗车用水、绿化喷灌及微灌滴灌用水。雨水收集水池及雨水回用水出水均采用加药消毒处理。设置高位自来水水箱作为备用水源，屋面面积约为$5000 m^3$，当地年降雨量约为1150mm，考虑到实际雨水径流及早期弃流等因素，雨水收集利用率取75%，则按全年计算可收集雨水量为$4312 m^3$。当地按月份降雨情况见图2-20。

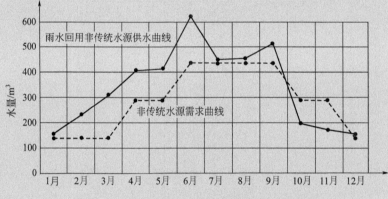

图 **2-20** 降雨及非传统水资源需求曲线图

项目的水景补水、洗车用水、绿化用水等可以利用雨水供给。其中，洗车用水及水景补水取年平均；绿化用水则参照气温降雨因素变化，按6～9月每月20天浇洒，4月、5月、10月、11月每月10天天数，其中10月、11月存在雨水回收量不足，合计不足量约为$200 m^3$，则实际全年雨水利用量为：

$$W_u = 3431 - 200 = 3231 m^3$$

4　建筑再生水利用

4.1　概述

本项目设置雨水回用系统，利用雨水回用非传统水源，主体建筑屋面雨水收集后经早期弃流、直接沉淀、澄清后由变频泵加压再经过滤用于水景补水、洗车用水、绿化喷灌及微灌滴灌用水。雨水收集水池及雨水回用水加消毒处理。设置高位自来水水箱作为备用水源，非传统水用水即雨水回用与相应使用对象进行了水量平衡评估及计算，保证非传统水源利用率不低于20%的要求，使投资适当并效果良好。

4.2　污水再生常用技术

4.2.1　技术比较

目前，常用的污水再生技术见表 2-54，各单元技术的处理效果见表 2-55。

表 2-54　非传统水源利用主要单元技术

生物除碳法	物化除 SS 法	物化除 DS 法	消毒
①生物接触氧化； ②曝气生物过滤	①快滤； ②混凝沉淀； ③混凝过滤	①活性炭吸附； ②臭氧氧化； ③微滤、超滤、纳滤、反渗透	①氯； ②二氧化氯； ③臭氧； ④紫外线

表 2-55　非传统水源利用单元技术的处理效果　　　　单位：%

	水质项目	大肠菌群数	BOD	浊度	臭气	色度	引起发泡物质	无机碳	溶解氧	氨氮
生物处理法	生物接触氧化		50~90					20~50		50~90
	曝气生物过滤	50~90	50~90	50~90	20~50	20~50	20~50	20~50		50~90
	流化床式硝化							20~50		≥90
物理化学处理法	快滤		20~50	50~90						
	混凝沉淀	20~50	20~50			20~50				
	混凝过滤	20~50	20~50			20~50				
	活性炭吸附	20~50	50~90	50~90	50~90					
	微滤	≥90		≥90	20~50	20~50				
	超滤	≥90	≥90	≥90	50~90	50~90		20~50		
	反渗透	≥90	≥90	≥90	≥90	≥90	50~90		≥90	50~90
	臭氧氧化	≥90		50~90	50~90	≥90	20~50		50~90	
消毒	氯	≥90								
	臭氧	≥90			20~50	20~50	20~50			
	紫外线	≥90								

4.2.2　运行管理（略）

5　非传统水源水系统维护管理（略）

5.1　水处理站（间）运行管理（略）

5.2 输配水管线的运行管理（略）

5.3 水质管理（略）

5.4 安全管理（略）

5.5 维护管理资料保存（略）

6 项目节水（略）

7 思考问题

① 绿色建筑供排水的意义，以及有什么社会效益。

② 本案例中雨水回收的方式有哪些？

③ 污水处理技术应考虑哪些方面呢？

第**3**章

农村区域供排水系统工程实践

◤ 3.1 农村生活供排水工程案例

3.1.1 农村生活饮水安全保障工程

随着国家扶贫力度的逐步加大和农村人民生活水平的不断提高，农村饮水安全问题已经成为社会经济发展和农村人民生活稳定的重要制约因素。以某县农村饮水安全巩固提升工程为例，介绍了该工程建设背景、主要任务、总体设计、环保方案及综合评价等设计内容。

> **J县2019年农村饮水安全巩固提升工程设计案例**
>
> 经过水源供需平衡分析，水质处理是保证该县农村居民正常生活用水的关键，该项目实施后，满足了各村供水需求，同时，党中央、国务院领导高度重视饮水安全工作，要求把"切实保护好饮用水源，让群众喝上放心水"作为首要任务，把"让人民群众喝上干净的水"作为政府工作的目标。

1 工程背景与设计依据

1.1 工程背景

中共十八届五中全会提出，到2020年我国现行标准下农村贫困人口实现脱贫，贫困县全部摘帽，解决区域性整体贫困。根据五中全会的精神，统一安排，制定方针政策，进行战略部署，确定该县作为脱贫攻坚的重点区域。按照分级帮扶、全面覆盖的原则，列入重点支持范围的深度贫困村，分别由省、市组织力量重点帮扶。根据目标任务，确定到2019年年底，贫困村全部脱贫出列。到2020年年底，在现行扶贫标准下的建档立卡贫困人口全部脱贫、所有贫困村脱贫出列，贫困村的水、电、路等基本生产生活条件得到改善。

按照《农村饮水安全评价标准》水量、水质、用水方便程度及供水保证率四个指标对该县农村饮水安全是否达标进行评价，截止到2018年县农村饮水安全巩固提升工程实施后，仍有 34 个行政村、20586 人（建档立卡贫困人口共计 3083 人）饮水安全不达标，其中：15 个贫困村、8541 人（建档立卡贫困人口共计 968 人）；19 个非贫困村、12045 人（建档立卡贫困人口共计 2115 人）。主要体现在饮水量和供水保证率两方面不达标。一是由于历史原因及自身条件限制，地下水埋藏较深，造成部分村庄取水困难。二是部分早期水利工程，由于投资较少，年久失修，工程设施老化，部分工程失效、废弃、水利工程不能正常发挥效益。

1.2　设计依据及原则

1.2.1　设计依据（略）

1.2.2　设计原则

① 按照县域总体规划，对项目村庄集中供水各项工程进行设计；

② 合理利用水资源，有效保护供水水源；

③ 符合国家现行的有关生活饮用水卫生安全的规定；

④ 充分听取用户意见，因地制宜选择供水方式和供水技术、工艺，在保证工程安全和供水质量的前提下，力求经济合理、运行管理简便可靠；

⑤ 尽量节约工程投资，降低能耗和成本，充分发挥项目的社会、经济和环境效益；

⑥ 积极采用适合当地条件并经工程实践和鉴定合格的新技术、新工艺、新材料和新设备；

⑦ 尽量避免洪涝、地质灾害的危害，或有抵御灾害的措施；

⑧ 坚持可持续性发展原则，保证村镇居民安全用水的可持续性，保证水源、工程、管理运行的可持续性；

⑨ 以解决生活供水为重点，充分利用现有工程，有效降低工程建设投资和运行费用；

⑩ 认真调查供水区现状，针对存在问题，提出解决供水问题的思路和方法，宜改造则改造，能集中则集中，需延伸则延伸；

⑪ 综合当地自然条件，经济条件和社会发展情况，合理确定用水标准和供水规模，以解决当前群众饮水需要为主，同时兼顾长远发展需要；

⑫ 创新管理体制和运行机制，确保农村供水工程长期有效发挥效益。

1.3　建设任务与目标

本次工程的建设任务与目标是解决 7 个乡镇的 9 个行政村，共计 4008 人的饮水安全问题，通过建设水源、配备消毒设施、铺设输水管道的方式，解决贫困村村民的饮水安全问题。本工程设计基准年为 2019 年，水平年为 2034 年，工程设计年限为 15 年。

2　工程建设的必要性和可行性

2.1　项目区概况

该县处于中纬度地带，属东部季风区暖温带半干旱气候，大陆性季风气候显著，四季分明，春季干燥多风、夏季炎热多雨、秋季晴和凉爽、冬季寒冷少雪。

据气象站 1958～2008 年资料分析：多年平均气温 12.7℃。最热 7 月份平均气温 26℃，历年极端最高气温 41.2℃（1972 年）；最冷 1 月份平均气温 -3.2℃，极端最低气温 -18℃（1966 年）。平均无霜期 191 天，初霜多在 10 月 24 日，终霜一般在 4 月 15 日。日照时数多年平均为 2801.3h，太阳辐射年总量为 136kcal/cm²（1kcal＝4.18kJ）。3～6月份日照充足，辐射量大，利于小麦生长发育。7、8 月份正逢雨季，但仍有日平均 7.2h的日照值，能满足大秋作物的生长。

2.2　供水现状

该县是山区县，群众饮水主要利用临时水源，取水距离较远，取水困难，饮用水未经过消毒，群众饮水问题亟待解决。2019 年农村饮水安全巩固提升工程（贫困村二期）涉及 7 个乡镇的 9 个行政村，共计 4008 人。

2.3　工程建设的必要性与可行性

该项目是国家精准扶贫战略的组成部分，将农村饮水安全问题与精准扶贫问题结合起来，是"十三五"期间重点解决问题，让农村群众喝到更加洁净、更加足量、更加安全的饮用水是"十三五"的重点任务。同时，也有利于提升贫困人口的生活质量农村饮水工程建设，将减少过去因饮用不安全水而引发肠道病等地方介水性疾病的发生率。这些疾病的减少，节省了医疗费用，提高了农民身体素质，提高了生活质量。

为保证本项目顺利实施，成立工程建设领导小组（设在县水利局），制定严格的规章制度和科学的施工计划，协调解决工程建设中出现的各种问题，对工程的施工、验收及工程运行，实行严格管理。县水利局实行全程监督，确保工程各项指标满足设计要求。贫困村村民意愿强烈，项目施工队伍经招标确定，可保证施工量。

3　工程地质

3.1　地质概况（略）

3.2　地层岩性（略）

3.3　水文地质（略）

4　总体设计

4.1　工程设计标准

4.1.1　水质标准

根据《村镇供水工程设计规范》（SL 687—2014），2019 年农村饮水安全巩固提升工程（贫困村二期）生活用水需满足《生活饮用水卫生标准》（GB 5749—2006）；根据《农村饮水安全评价准则》（T/CHES 18—2018），对于千吨、万人以下集中式供水工程的用水户，可根据工程出厂水水质检测报告，或采用现场检测等方法进行水质评价，水质检测结果符合 GB 5749—2006 中的农村供水水质宽限规定，则为达标。对分散式供水工程的用水户，可采用"望、闻、问、尝"等简便适宜方法进行水质现场评价，饮用水中无肉眼可见杂质、无异色异味、用水户长期饮用无不良反应，可评价为基本达标；也可进行水质检测，结果符合 GB 5749—2006 中的农村供水水质宽限规定，则为达标。

4.1.2　用水量

根据《村镇供水工程技术规范》第 4.1.1 条规定：供水规模包括居民生活用水量、公共建筑用水量、饲养畜禽用水量、企业用水量、消防用水量、浇洒道路和绿地用水量、管网漏失水量和未预见用水量等，应根据当地实际用水需求列项，按最高日用水量进行计算。

4.1.3　防洪标准

根据《村镇供水工程设计规范》（SL 687—2014）规定，Ⅴ型供水工程的主要建（构）筑物，按 10 年一遇洪水设计，20 年一遇洪水校核。

4.1.4　抗震等级

根据《村镇供水工程设计规范》（SL 687—2014）规定，Ⅴ型供水工程应按本地区抗震设防烈度采取抗震措施。本工程为Ⅴ型供水工程，大多数乡镇抗震设防烈度为Ⅵ度，供水建筑物按设防烈度Ⅵ度采取抗震措施。

4.2　工程供水规模概括

4.2.1　工程规模

根据《水利水电工程等级划分及洪水标准》（SL 252—2017）确定，工程等别为Ⅴ等，工程规模为小Ⅱ型。

4.2.2　供水规模

设计供水规模包括居民用水量、公共建筑物用水量、管网漏水与其他未预见用水量等，按最高日用水量计算。工程设计年限为 15 年。

4.3　水源选择

4.3.1　选择原则

①水源水量充沛可靠。地下水取水量应小于可开采量。

②水源水质应符合国家饮用水水源水质标准，如果没有合适的合格地下水水源，应进行水质处理达到标准要求。

4.3.2　水源分析

本工程为农村饮水巩固提升工程饮用水水源，且年用水量较小，因此该水源水量应优先保证。

4.3.3　选择根据

本期实施方案工程为单村供水工程，其水源采用深层地下水或地表水，具体情况如下：需在各个村庄附近新建水源井，水质合格的只需要进行消毒即可，水质不合格的应选择小型水处理设备进行处理，处理后水质应满足《生活饮用水卫生标准》。本工程新打水源井 10 眼，水源井位置可根据各村实际情况现场调整。

4.4　工程总体设计

本项目为单村供水工程，根据各村不同的地形地质条件，供水方式主要分为以下三种：①村庄采用大口井或集水井收集山泉水自流供水方式。②村庄采用水泵供水至蓄水池处供水方式。③村庄采用变频直供或水泵定时供水方式。根据不同的供水方式，各村的布置形式也各不相同，主要工程包括水源工程、输配水工程。各村的主要建设内容为新建机井或集水井等水源，修建蓄水池等调节构筑物，通过配水管网将饮用水供给各户。

4.4.1　水源工程

本项目水源工程主要涉及三种类型，机井、大口井、集水井。机井取用深层地下水、大口井取用浅层地下水、集水井取用山泉水。

4.4.2　输配水管网工程

本工程铺设管道时，要结合现有管道，考虑当地工程地质，选择较短的线路、满足管道埋设要求、沿现有道路或规划道路一侧布置；要避开不良地质、污染和腐蚀性地段，无法避开时应采取防护措施；要少拆迁房屋、少占农田、少损毁植被，保护环境；施工、维护要方便，降低造价，运行安全可靠。

5　工程设计

5.1　设计依据（略）

5.2　工程总体布置原则

①总体布置根据水源与供水村庄之间的平面、高程空间关系，充分利用地形条件，拟定供水方式及工艺流程组合，合理拟定供水线路走向，确定建筑物布置，节约土地资源。

②节约投资原则，工程布置考虑充分，与现有工程结合，避免不必要的浪费，节约投资。

③运行经济原则，充分利用地形高差，集水井、蓄水池等采用重力自流供水，建筑物位置尽量靠近公路，方便施工和运行管理。

5.3　工程建设方案

5.3.1　集水井

本工程需在水源地修建集水井，对水源进行收集和初步过滤，集水井的位置应充分与当地村委会负责人沟通后确定。依据《村镇供水工程设计规范》（SL 687—2014）规定：集水井与清水池分建时，可按最高日用水量的10%～15%确定。本次项目村最高日用水量相差不大，故选择容积为9m³。

修建集水井采用地下式矩形结构，内径尺寸为长4m，宽1.5m，深1.5m，池壁顶部壁厚40cm，底部壁厚1m。池壁结构采用浆砌石材料，砂浆强度等级为M10。迎水面一侧设置进水孔，布置3排，呈梅花状布置，间距30cm。进水孔采用DN63PE管，公称压力1.0MPa，管道进水端用土工布包裹。池顶盖板为钢筋混凝土板，厚度0.2m，覆土0.7m。检修孔为成品钢筋混凝土管，内径80cm，壁厚8cm，高度1.0m；井盖为水泥钢纤维井盖。

5.3.2 蓄水池

蓄水池修建处地质承载力应≥100kPa，如局部出现凹陷、悬空等不良地质情况，则不宜建造，如建造需要进行加固处理。蓄水池的结构形式为地下式圆形。蓄水池采用钢筋混凝土材料，混凝土强度为C25，抗渗等级为W4，抗冻等级为F150。蓄水池顶部采用钢筋混凝土盖板，覆土0.7m。

5.3.3 泵房设计

泵房的结构型式设计泵房位于机井上方，采用砖混结构。泵房的顶部和底部设有钢筋混凝土圈梁，设计泵房结构尺寸为：3.5m×3.5m×3.2m（墙外皮），泵房高3.2m，墙厚0.24m，地面为细石混凝土，厚度0.1m。基础采用砖混条形基础，基础埋深1.5m，基础宽0.8m。泵房内外墙采用水泥砂浆抹面，厚度20mm，外墙涂黄色油漆涂料，内墙采用大白浆粉刷。为防止冬季天气寒冷冻裂机井首部管道，上水管为PE管材的机井首部管道以及配套设施安装在地下，采用钢筋混凝土盖板封。设计地下式结构采用砖混结构，结构尺寸为：2.0m×1.3m×1.2m（墙外皮），壁厚0.24m。底部布设C15混凝土垫层，墙壁表面采用M10砂浆抹面；上水管为钢管管材的机井首部安装泄水装置，冬季寒冷季节，需在逆止阀后安装三通管件，三通上安装闸阀，并接软管，将上水管内存水放回机井内。焊接钢管应清除表面污垢、锈斑，刷防锈漆两道、调和漆两道，埋设采用环氧煤沥青做防腐层。钢管法兰连接处加设3mm厚胶圈，胶圈内径与法兰内径相同，外径与法兰密封外缘相同，不得超过螺栓孔。胶圈要求材质均匀，薄厚一致，无褶皱。

5.3.4 消毒设计

本工程消毒工艺按照供水规模和供水工艺分为两种：一种是电解食盐进行消毒，适用于机井供水；另一种是利用缓释消毒器，适用引山泉水供水。

氯消毒剂与水接触时间应低于30min，消毒后的水的游离余氯应不低于0.3mg/L且不超过4.0mg/L，管网末梢水的游离余氯应不低于0.05mg/L，消毒副产物三氯甲烷应不超过0.06mg/L等。

5.4 典型工程设计

本工程按照供水工艺分为3类：

① 村庄采用大口井或集水井收集山泉水自流供水方式；

② 村庄采用水泵供水至蓄水池处供水方式；

③ 村庄采用变频直供或水泵定时供水方式。

5.4.1　山泉水自流的供水方式设计

大口井或集水井收集山泉水自流的供水方式的村庄主要包括 4 个自然村。工程概况及设计内容 1 个村总人口为 108 人，存在饮水不安全问题人口 108 人。本村饮水工程主要包括新建集水井 1 座，新建 5m³ 蓄水池 1 座，铺设 DN32 管道 1500m。本工程水源引自现状山泉水，经过调查走访及实地考察，该处水源充足且稳定，满足村民日常用水需求。最高日居民生活用水定额为 50L/人，设计最高日最高时用水量为 0.8m³。

5.4.2　水泵供水至蓄水池供水方式设计

（1）工程概况及设计内容

饮水不安全人口为 80 人。本村饮水安全工程主要包括新打 1 眼机井，井深 200m，并进行配套，修建泵房 1 座，新建 5m³ 蓄水池 1 座，铺设 DN40 管道 1280m，铺设 DN25 管道 72m。

（2）水源工程

本工程打水源井 1 眼，根据水文地质条件、地质构造、含水层厚度并参照该村以往打井经验，确定新建井深 200m，最小出水量 2m³/h。井开孔直径 325mm，终孔直径 273mm，井管采用钢管，壁厚 6mm。为保护水源井，建地上式泵房一座。最高日居民生活用水定额为 50L/人，设计最高日最高时用水量为 0.6m³。

5.5　电气设计

5.5.1　供配电设计依据（略）

5.5.2　概述（略）

5.5.3　负荷情况及电源引入（略）

6　施工组织设计

6.1　施工条件

6.1.1　水文气象（略）

6.1.2　地形地貌（略）

6.1.3　水文地质（略）

6.2　主体工程施工（略）

6.3　施工布置（略）

7　工程管理

7.1　建设管理（略）

7.2 运行管理（略）

8 环境保护与水土流失防治措施

8.1 环境保护

8.1.1 环境影响分析（略）

8.1.2 防治措施（略）

8.2 水土流失防治措施

8.2.1 土方流失防治措施（略）

8.2.2 水源保护设计（略）

9 投资概况及几项措施

9.1 工程投资概况（略）

9.2 编制依据（略）

9.3 组织措施（略）

9.4 经济措施（略）

9.5 技术措施（略）

9.6 合同措施（略）

10 效益分析（略）

11 结论及建议

　　工程建成后，将解决 9 个行政村 12 个自然村、饮水不安全人口 4008 人、建档立卡贫困人口 2069 人的饮水安全问题，使农村群众的饮水水质得到保障。经过论证分析，本项目具有较大的社会效益，具有建设的必要性和可行性，县财政局已承诺足额安排本项目建设资金，具有可靠性，宜尽快实施。同时，建议当地尽快出台工程运行管理办法以及水费征收政策。

3.1.2 农村污水处理及资源化工程

随着国家经济的发展和人民生活水平的不断提高，农村污水处理问题已成为农村经济发展和人民生活稳定的重要制约因素。以某 100t 生活污水处理设计项目为例介绍了建设背景、污水处理工艺方案、电气自控设计等内容。针对农村污水水质的情况，根据农村生活污水的实际特点，选择具有较强的抗冲击负荷能力、污水处理效果、稳定的固定床生物膜技术作为本项目生活污水处理的工艺。

K 市 100t 农村生活污水处理方案设计案例

随着农村经济的不断发展，农村的用水量随之上升，污水的产生量也会不断升高。根据国家环保总局及地方环保部门相关规定，农村生活污水不可随意排放，以避免污染其周边环境。

为严格遵守相关的环保法规，保护农村环境，本着农村经济发展，城市建设和环境保护同步进行的"三同时"原则。根据初步的调研情况，设计某 100t 生活污水处理的方案。

1 工程概述

针对本设计方案所处理的农村污水主要来源于盥洗、冲厕、清扫、厨房等日常生活排放综合性污水，其中主要污染物为各种有机物、悬浮物、氨氮、洗涤剂类、磷、油类和其他污染物。由于这种污水富含有机污染物、氮、磷以及其他腐蚀性污水物质，若不经处理而直接排放，将对附近环境及天然水域造成污染，甚至造成水体的富营养化，严重污染水体，危害水生生物、生态平衡，并最终影响人群健康。可采用微生物处理法解决问题。

2 设计基础

2.1 设计依据

(1)《污水综合排放标准》(GB 8978—1996)

(2)《城镇污水处理厂污染物排放标准》(GB 18918—2002)

(3)《建筑给排水设计规范》(GB 50015—2010)

(4)《室外排水设计规范》(GB 50014—2006)

(5)《声环境质量标准》(GB 3096—2008)

(6)《大气污染物综合排放标准》(GB 16297—1996)

(7)《建筑抗震设计规范》(GB 50011—2010)

(8)《混凝土结构设计规范》(GB 50010—2010)

(9)《砌体结构设计规范》(GB 50003—2011)

(10)《建筑地基基础设计规范》(GB 50007—2011)

（11）《给水排水工程构筑物结构设计规范》（GB 50069—2002）

（12）《建筑设计防火规范》（GB 50016—2014）

（13）《通用用电设备配电设计规范》（GB 50055—2011）

（14）《电力装置的继电保护和自动装置设计规范》（GB/T 50062—2008）

（15）国家现行相关标准、规范

（16）业主方提供相关资料

2.2 设计原则

① 遵守国家对环境保护、污水治理制定的相关法律、法规、标准及规范。

② 采用先进污水处理工艺，确保处理出水的主要污染指标达到《城镇污水处理厂污染物排放标准》（GB 18918—2002）一级 A 标准。

③ 根据实际情况选用污水处理工艺，依据污水水质特点做到处理工艺技术先进、实用、安全可靠、质量第一、处理效果稳定，经处理后水质达标排放或再回用，并力求投资少，占地面积小，运行费用低，操作简单方便。

④ 尽可能利用现有的场地条件，合理布局，使构筑物与自然环境及人文环境协调一致。

⑤ 考虑自动化控制实时监控系统运行情况，可实现无人值守运行，采用人性化设计。

⑥ 采用优质材料、优质产品保证设备使用寿命在 30 年以上，并考虑一次性投资，关键设备考虑备用和应急。

⑦ 设计时充分考虑污水处理系统配套设备的减振、降噪、节能、除臭设施，从而避免对环境造成二次污染。

⑧ 考虑采用模块化水处理设备，占地小，维护管理方便，运行费用低，可扩展性强。

⑨ 污水处理设施要做到维修容易、施工方便、工期短、工程质量过硬。

⑩ 设计坚持污水处理与生态、人文环境相结合的原则，营造和谐的污水处理生态环境。

2.3 设计、施工及服务范围

2.3.1 设计范围

本工程设计范围为：固定床生物膜生活污水自净化系统的工艺、设备、电气与自控、仪表等专业内容。

2.3.2 施工及服务范围

① 从前期进水提升泵井中污水提升泵开始，至固定床生物膜生活污水自净化系统设备出口止全部工程内容的施工。

② 提高全套固定床生物膜生活污水自净化处理系统及系统内的配件。

③ 负责固定床生物膜生活污水自净化处理系统工艺、电气、自控、仪表等的安装工作。

④ 负责固定床生物膜生活污水自净化处理系统的调试，直至验收合格。

⑤ 免费培训操作管理人员，为今后的系统维护、保养提供技术保障。

⑥ 如有餐饮废水，前端隔油池需另行设计施工。

⑦ 土建仅提供设计条件，需经专业设计单位深化设计，并由专业施工单位组织施工。

2.4　设计参数

2.4.1　设计水量

设计处理水量为 100m^3/d，考虑农村排水不均匀性，最大小时处理量 7m^3。

2.4.2　进水水质

结合常规生活污水水质确定进水水质指标，详见表 3-1。

表 3-1　进水水质指标

指标	数值
BOD_5/(mg/L)	100～200
COD_{Cr}/(mg/L)	150～400
SS/(mg/L)	40～120
TN/(mg/L)	25～50
NH_4^+-N/(mg/L)	15～40
TP/(mg/L)	3～8
pH 值	6～9

2.4.3　出水水质

本项目设计出水执行的水质主要污染物指标达到《城镇污水处理厂污染物排放标准》（GB 18918—2002）A 标准，其主要出水水质指标见表 3-2。

表 3-2　出水水质指标

指标	数值
BOD_5/(mg/L)	≤10
COD_{Cr}/(mg/L)	≤50
SS/(mg/L)	≤10
TN/(mg/L)	≤15
NH_4^+-N/(mg/L)	≤5(8)
TP/(mg/L)	≤0.5
pH 值	6～9

3　工艺设计

3.1　处理工艺的选择

农村生活污水排放存在两大特点：①水质波动较大；②用水存在时间短，用水高峰期水量较大，夜晚等低峰区域水量较小。根据农村生活污水的实际特点，我们选择具有较强的抗冲击负荷能力、污水处理效果稳定的固定床生物膜技术作为本项目生活污水处理的工艺。该技术采用特殊结构和材质的固定床载体，为好氧、兼性和厌氧微生物提供良好的附着生长场所。微生物在固定床载体上附着、生长、繁殖、积聚形成一层有机质称为"生物膜"。这些微生物在固定床载体上的附着生长过程称为"挂膜"。生物膜通过对污水中的有机污染物进行氧化分解，达到去除污染物净化污水的目的。

3.2　工艺流程简介

污水经由污水管网收集至污水井，污水井自留至预处理池，预处理池中水流缓慢呈推流式行进，密度较大的颗粒物在重力作用下沉淀至池体底部，漂浮物漂浮至池体顶面并隔离，实现大部分 SS 的去除，预处理池中提升泵将污水提升至分流舱，分流仓配有机械分流装置，可均匀出流；分流仓出水流至缺氧舱，通过缺氧微生物作用完成初步脱氮；缺氧舱出水溢流至一级二级生物舱，并配有曝气机分别为二级生物舱提供氧气，通过曝气模式的自控调节实现 COD、BOD、大部分 TN、NH_4^+-N 及部分 TP 的去除；生物舱出水流至内回流舱，内回流舱中配有内回流泵，内回流泵将生物舱出水硝化液回流至缺氧仓，提高 TN 去除率；内回流舱出水流至深度处理仓，深度处理仓中配有专业材料，可实现高效深度处理，深度处理舱出水自流至二沉舱，二沉舱的主要功能为泥水分离，污泥在重力作用下通过罐体隔板设置实现污泥在底部汇集，并通过污泥泵抽吸将汇集的污泥提升至预处理池，储存硝化，上部清水出流，进入集水舱，集水舱收集前端污水后流至消毒池，消毒池上部配有紫外消毒设施，经井中配有水泵提升消毒并提升至检查井区域，经检查井后，出水可直接排入自然水体。

3.3　工艺流程特点

容积负荷率高：池体内单位体积微生物总量为传统活性污泥法的 2～3 倍，内部结构设计保证池体充氧效率。

抗冲击负荷能力强：微生物生长依附于固定床表面，降低水量冲击对系统中生物总量影响；生物总量大，运行模式的调整可保证低负荷时微生物活性，去除效率较为稳定。

脱氮除磷效率高：厌氧舱及生物舱中均有脱氮进程发生，脱氮效率较高。

全自动运行，无人值守：系统中所有电气设备均为自动化控制，无需现场人工值守。全地埋式设计，占地面积小，全地埋几乎无异味无噪声。无需地表混凝土建筑，可重复二次利用种植蔬菜绿化等。

适用年限 30 年以上：所有罐体均为 PE 材料，滚塑工艺整体性好，泄漏、损坏概率低，深埋地下保证罐体材质稳定性。

模块化设计，容量增减方便：当系统处理规模需要扩大，可增加另外模块，无需重复投入。施工周期短：主体设备模块化，安装快捷方便。

4　电气自控设计说明

4.1　设计范围

本项目电气自控设计包括动力和照明配电、电控、接地等。

4.2　电源

由建设方直接引 380V 50Hz 电源入控制柜。

4.3　用电负荷

根据国家标准《工业与民用供电系统设计规范》(GBJ 52—83) 中关于负荷分级的规定，本工程负荷定为三级负荷。

(1) 电源状况

本装置所需一路 380/220V 电源。

(2) 供配电方案及其原则确定

根据低压用电设备容量、负荷分布情况和负荷等级，本装置的供配电方案原则：在配电室内设低压开关柜为本装置所有低压用电设备提供 380/220V 电源。

由于本装置新增用电负荷较少，本配电不另设功率补偿装置。

4.4　接地

低压系统接地制式为 TN-C-S，所有用电设备的金属外壳均保护接地。

4.5　控制系统

本污水处理工程采用自动控制。控制系统可完成水泵、风机的启闭和自动切换，并备有过压、缺相、短流等保护和报警功能。

控制功能：起停按钮，起停指示灯。具体使用说明如下：

① 所有动力设备互为备用；

② 连续运行水泵均为一用一备，交替运行。工作液位自动启动，水泵实行可联动、分动；

③ 设备采用间歇启动运行模式，在保证去除效率的同时最大程度实现节能；

④ 风机、水泵配备过流保护电路；

⑤ 连续运行，自动控制，主要工序无需人工操作管理；

⑥ 动力设备采用三相四线制。

4.6　主要电气设备和材料的选择

选择原则：按技术先进可靠、经济合理和使用环境条件进行选择。

(1) 低压开关柜

低压开关柜选用低压固定式开关柜。

（2）电线和电缆

低压电力电缆选用全塑电力电缆，国标。控制电缆选用全塑控制电缆，国标。

（3）辅助材料

配线用的电缆保护管的材料均属辅助材料。保护管选用无增塑柔性塑料管。

5 其他设计说明

5.1 设备防腐措施

舱体采用 PE 材质，抗压力强，耐腐蚀，能保证整个设备在设计寿命期间的完好性，罐体周边无需其他防腐措施。

5.2 噪声处理

由于本项目地处生活区，人群活动频繁，对噪声要求非常严格，污水处理装置的主要噪声源为鼓风机、水泵，本方案采用如下措施降低噪声：

① 在工艺设备选型时，选择具有低噪声源的风机，从源头上减少噪声的产生；

② 风机安装中，采用变径管道进行连通，降低供气气管内气流流速，从而避免气流运行哮喘声；

③ 在风机底部以及风机接口处安装柔性接头以及隔震垫等，运行时声音很小，且曝气罐为地下布置，隔绝了设备噪声的传递；

④ 选择潜水泵作为提升泵，水泵安装在池底，运行时发出的噪声被水吸收，基本无噪声；

⑤ 通过多年来的工程实践，认为通过采取上述工程措施可完全保证噪声不对周围环境造成影响。

5.3 异臭味处理

本方案采用如下措施对异臭味进行控制：

① 臭味产生源头为集水池和反应池，利用曝气时过量的空气进行稀释，使异味降低到环境容许值（20，无量纲值）；

② 通过在中水站附近增强绿化吸附异味；

③ 通过多年来的工程实践，认为通过采取上述工程措施可完全保证异味不扩散影响到区域内的正常活动和生活。

6 运行管理

6.1 远程监控

系统配有远程控制模块，可实现远程运行参数调节，根据云服务大数据平台指导，足不出户实现远程操控，不需专门奔赴现场，可降低维护成本。

　　系统可配有监控模块，出现异常及时报警，指导维护人员及时赶赴现场，提高维护工作效率。

　　系统中所有电气设备均为逻辑程序集控式设计，所有设备均自动启停，无需专人全日看管。

6.2　人员编制

　　本污水处理装置为全自动运行，并可采用远程监控，无需配专职操作人员管理。

6.3　主要管理设施

　　本工程主要的管理设施包括：
　　① 本工程主体构筑物；
　　② 本工程中的各配电线路及机电设备；
　　③ 本工程设施的自控、监控、检查、观测等附属设备；
　　④ 本工程的通信、照明线路。

6.4　运行的技术管理

　　① 定时巡视生产现场，发现问题及时处理并做好记录。
　　② 根据进水水质、水量变化，及时调整运行条件。做好日常水质送化验、分析，保存记录完整的各项资料。
　　③ 及时整理汇总、分析运行记录，建立运行技术档案。
　　④ 建立处理构筑物和设备、设施的维护保养工作及维护记录的存档。
　　⑤ 建立信息档案，定期总结运行经验。

6.5　检修和维护

　　(1) 维护和检修内容
　　一体化处理设施内的设备。
　　(2) 维护期限
　　各机电设备根据其使用操作说明书及维修手册的规定，定期进行维护。所有生产管理设施需每年普查，进行维护和检修工作。

6.6　事故或故障处理措施

　　个别设备发生故障时，其检修以不影响整个工程的运行为原则，单独检修完成后，再投入正常使用。

　　若设备处于自动控制状态时发生故障，需立即将其切换至现场手动控制，待修复后重新投入正常控制。控制系统发生故障时，各台实行中央控制的设备均切换至现场手动控制，待系统恢复正常再重新投入中央控制正常运行。

7　设备配置

　　本工程生活污水采用日处理能力 $100m^3$ 的设备系统。土建配套设施和主要设备配置详见表 3-3、表 3-4。

表 3-3　土建配套设施一览表

序号	名称	规格/型号	单位	数量	结构	备注
1	预处理池	有效容积 100m³	座	1	钢混结构	有效水深大于 2.5m,按 30m³、30m³、40m³ 三级布置
2	设备基础	8.6m×19m×0.2m	座	1	钢混结构	
3	土石方开挖及回填		m³	450		估算值

表 3-4　主要设备材料一览表

序号	名称	规格/型号	技术参数	单位	数量
一			主体设备		
1	分流舱	材质:PE	可调整高度 100mm	套	1
2	缺氧舱	材质:PE	停留时间:6.0h	套	3
3	一级生物舱	材质:PE	停留时间:7.0h;接触氧化时间:4.5h	套	3
4	二级生物舱	材质:PE	停留时间:7.0h;接触氧化时间:4.5h	套	3
5	内回流舱	材质:PE	停留时间:1.5h;可控回流比:≥5	套	3
6	二沉舱	材质:PE	停留时间:7.0h	套	3
7	曝气舱	材质:PE	1m 内噪声不大于 30dB	套	3
8	曝气风机	侧槽风机,LC380V,50Hz	1m 内噪声不大于 30dB	台	3
9	污泥回流泵	LC220V	进水最大粒径 Φ10;温度保护 160℃,防护等级 IP68	台	3
10	自动控制系统	不锈钢主控制柜		套	1
11	除磷仓	材质:PE;进出口管:DN160	停留时间:7.0h	套	3
12	进水提升泵	LC220V,$Q=10m³/h$,$H=5m,P=0.4kW$		台	2
13	出水提升泵	LC220V,$Q=5m³/h$,$H=5m,P=0.3kW$		台	2
14	紫外消毒设施	处理量为 $Q=100m³/h$		套	1
二			安装辅料		
1	UPVC 管阀件	Φ160		批	1
2	不锈钢管路及配件	SUS304,DN25		批	1
3	电缆线及套管			批	1

8　思考问题

① 简要阐述微生物处理方案,并说出该方法的优点所在。

② 设计大型的农村污水处理厂需要考虑哪些方面的问题?又该如何解决这些问题呢?

③ 请指出该案例的不足之处,并谈谈改进思路。

3.1.3　农村污水处理提标改造工程

随着国家出台了《水污染防治行动计划》等一系列法律法规，农村生活污水处理已经成为制约经济发展和生态保护的重要因素。以某农村生活污水处理站提标改造工程设计为例，主要介绍了该工程的设计背景、工艺流程、规模大小、实施计划、风险分析等设计内容。

L市某区农村生活污水处理站提标改造工程设计案例

随着社会、经济、人口、工农业的迅速发展，水污染形势日益突出，水环境管理水平亟待提升。以某农村生活污水提升改造项目为例，介绍村庄生活污水治理状况、处理工艺、实施方案，讨论解决农村污水治理的工程措施。

1　项目建设必要性

1.1　L市概况

1.1.1　气候气象

项目所在区域属暖温带半湿润半干旱季风气候区，春季干燥多风，夏季炎热多雨，秋季凉爽少雨，冬季寒冷少雪。四季分明，大陆性气候特征明显。该区年平均气温为12.3～12.7℃，7月份气温最高，1月份气温最低，月平均气温－4.1℃。年日照总时数为2223～3042h，年平均日照率为58.6%。年无霜期167～231d。年平均降水量566mm，春季、秋季雨水稀少，甚至数月无雨，雨水多集中在6～8月间，占年降水量的75%；冬季降雪多在农历腊月、正月。

1.1.2　水文水资源

（1）地表水资源

2015年，该区域自产地表径流量$5.53\times10^8m^3$（折合径流深26.5mm），比上年减少$0.51\times10^8m^3$，比多年（1956～2000年）平均偏少65.6%。自产地表径流量主要为山区产流，其中南支山区产流$3.28\times10^8m^3$，占总径流量的59.3%，北支山区产流$2.25\times10^8m^3$，占总径流量的40.7%。

（2）地下水资源

浅层地下水指与当地大气降水、地表水体有直接补排关系，具有自由水位的潜水和与当地潜水具有较密切水力联系的微承压水。浅层地下水资源量是指地下水中参与现代水循环且可以更新的动态水量。2015年浅层地下水资源量为$18.60\times10^8m^3$，比多年平均偏少10.6%。其中山区地下水资源量为$7.18\times10^8m^3$，平原区地下水资源量为$13.87\times10^8m^3$，山区平原重复水量为$2.45\times10^8m^3$。

1.1.3 社会经济

2019 年来，该地以经济发展为第一要务，坚持稳中求进、提质增效，综合实力得到新提升。坚持用新发展理念统领全局，经济运行呈现"总体平稳、稳中有进、稳中向好"的态势。全年生产总值完成 237.5 亿元，增长 9.2%；财政收入完成 47.52 亿元，增长 10%；一般预算收入完成 6.17 亿元，增长 13.2%；规模以上工业总产值完成 250.87 亿元，增长 5.5%；实际利用外资完成 2.395 亿美元。

1.2 项目建设的必要性

《水污染防治行动计划》中将项目所在区域列为重点区域，明确提出到 2020 年，流域水质优良（达到或优于Ⅲ类）比例总体达到 70% 以上，地级及以上城市建成区黑臭水体均控制在 10% 以内，地级及以上城市集中式饮用水水源水质达到或优于Ⅲ类比例，总体高于 93%，地下水质量极差的比例控制在 15% 左右，近岸海域水质优良（一、二类）比例达到 70% 左右，丧失使用功能（劣于Ⅴ类）的水体断面比例下降 15 个百分点左右。作为重点治理区域，污水处理厂提标改建工程势在必行，任务重大，亟需投入大量资金和先进技术进行重点治理。

综上所述，该改造工程的实施已经迫在眉睫，污水处理至关重要，势在必行。

2 水质及规模

2.1 进水来源

本项目为典型的生活污水处理工程，主要污染物质为 COD、BOD、NH_4^+-N、TP、TN、SS。

2.2 工程规模

根据《镇（乡）村给水工程技术规程》（CJJ 123—2008），农村人口用水量指标按照 100L/(人·d)，污水量按照给水量的 80% 计算。计算得出农村污水处理站建设规模，如表 3-5 所示。

表 3-5 各项目村污水处理站改造规模表

序号	村庄	人口/人	改造规模/(m³/d)	备注
1	a村	5000	500	
2	b村	—	500	
3	c村	3000	350	
4	d村	600	100	考虑远期发展，本次改造规模依照原有规模
5	e村	600	40	
6	f村	450	20	

2.3　站址选择

污水处理站提标改造工程站址位于污水处理站内空地处。

3　方案设计

3.1　工艺选择原则

选择合理的污水处理工艺技术是十分重要的。只有选择得当，才能使污水处理工程的处理效果好，运行管理方便，节省投资成本和运行费用。污水处理工艺的选择，首先需要适应污水进水水质、出水水质要求以及当地温度、工程地质、环境等条件，然后综合考虑工艺的可靠性、成熟性、适用性、去除污染物的效率、投资省、操作管理简单、运行费用低等多因素，选择最优的工艺方案。

污水处理站在选择工艺时，应兼顾工艺的经济性和环保要求，处理工艺选取应遵循以下原则：

① 认真贯彻国家关于环境保护的方针和政策，使设计符合国家的有关法规及规范。经处理后排放的污水水质符合国家和地方的有关排放标准和规定，符合环境保护的要求，有效保护当地水环境的质量。

② 工程要投资少，实施容易，便于分期建设，使建设周期缩短，见效快，充分发挥建设项目的社会效益、环境效益和经济效益。

③ 采用处理效果稳定、工艺流程简单可靠、运行管理方便并适当留有改造扩建弹性的处理工艺。

④ 采用先进的节能技术，降低污水处理系统的能耗及运行成本。

⑤ 响应国家节能减排的要求，工艺出水便于进行回用处理。

⑥ 充分利用现有地形，对处理系统各部分合理布局，尽量减少污水提升次数和占地。

⑦ 应切合实际地确定污水进水水质，优化工艺设计参数，对污水的现状水质特征、污染物构成必须进行详细调查或测定，做出合理的分析预测。

⑧ 污水处理工艺应根据处理规模、水质特征、受纳水体的环境及当地的实际情况和要求，经全面技术经济比较后优选确定。

⑨ 工艺选择的主要技术经济指标包括：处理单位水量投资、削减单位污染投资、处理单位水量电耗和成本、削减单位污染物电耗和成本、占地面积、运行性能可靠性、管理维护难易程度、总体环境效益等。

3.2　农村地区污水处理工艺简介

农村生活污水处理具有以下特点：废水排放不均匀；可生化性较好；废水水质变化比较大，冬季与夏季水质会有很大差别；处理设施对设备要求较高、维护量要小、管理要方便；出水水质要求高。

3.3　二级处理工艺介绍

现状二级处理工艺主要有 AAO 工艺、MBR 工艺。

（1）AAO工艺

传统的活性污泥法脱氮工艺是以氨化、硝化、反硝化三项反应过程为基础建立的。第一级曝气池的功能是氨化，使有机氮转化为氨氮，去除BOD；第二级曝气池的功能是硝化，氨氮在这里被氧化成硝态氮，并加碱以防止pH值降低；第三级为反硝化反应器，采取厌氧、缺氧交替运行方式，可投加甲醇作为碳源，也可引入原废水作为碳源。这种系统的优点是氨化、硝化、反硝化反应分别在各自的反应器内进行，各自回流污泥，反应进行速率快且较彻底，但其处理设备多，造价高，运行费用高。

（2）MBR工艺

MBR膜生物反应器是20世纪末发展起来的新技术，它是膜分离技术和活性污泥生物技术的结合。它不同于活性污泥法，不使用沉淀池进行固液分离，而是使用中空纤维膜替代沉淀池，因此具有高效固液分离性能。

MBR工艺主要优点有：出水水质优良、稳定；工艺简单，占地面积少；污泥排放量少，只有传统工艺的30%，污泥处理费用低；模块化设计，易于扩容；操作管理方便，易于实现自动控制。

MBR工艺主要缺点有：投资成本及运行费用较高；膜堵塞问题严重，需定期冲洗或更换，维护较复杂；出水不连续。

3.4 消毒工艺的确定

根据《室外排水设计规范》（GB 50014—2006）（2016年版）第6.13条规定：城市污水处理应设置消毒设施。因此对污水处理站的出水采用消毒工艺。目前，在污水处理工程中得到广泛应用的消毒方法主要有：氯、二氧化氯、紫外线、臭氧和次氯酸钠消毒技术。

（1）氯

氯消毒是国内外最主要的消毒技术，也是历史上最早采用的消毒技术。直到今天，氯消毒仍因其投资省、运行成本低、设计和运行管理方便而广受青睐。由于氯消毒产生有"三致"作用的消毒副产物，并且不能有效杀灭隐孢子虫及其孢囊，因此其他高效消毒技术受到青睐，如二氧化氯、臭氧和紫外线消毒等技术。

（2）二氧化氯

二氧化氯是微红-黄色，有强烈刺激性的有毒气体，分子式为：ClO_2，具有强氧化剂。二氧化氯消毒被认为是氯消毒剂的理想替代品。二氧化氯的消毒机理主要是通过吸附、渗透作用进入细胞体，氧化细胞内酶系统和生物大分子，能较好杀灭细菌、病毒，且不对动植物产生损伤，杀菌作用持续时间长，受pH影响不敏感。

（3）紫外线

紫外线消毒技术在城市污水处理中的应用已得到大力推广。自1993年在美国Mil-wLukee市爆发隐孢子虫病后备受青睐，因为氯消毒不能有效杀灭隐孢子虫卵囊，而研究发现紫外线对隐孢子虫卵囊有很好的杀灭效果。而且在常规消毒剂量范围内（40mJ/cm^2），紫外线消毒不产生有害副产物，因此在西方发达国家应用实例在近几年增加十分迅速。

（4）臭氧

臭氧是一种有特殊臭味的淡蓝色气体，分子式为 O_3，具有强氧化性。由于臭氧制取设备复杂、投资大、运行费用高，一直没有得到普遍推广。近年来由于对氯化消毒副产物和新型致病微生物如隐孢子虫的关注，再加上臭氧制备技术的进步，臭氧消毒的应用有增加的趋势。臭氧的消毒机理包括直接氧化和产生自由基的间接氧化，与氯和二氧化氯一样，通过氧化来破坏微生物的结构，达到消毒的目的。

（5）次氯酸钠

次氯酸钠，是钠的次氯酸盐。次氯酸钠与二氧化碳反应产生的次氯酸是漂白剂的有效成分。次氯酸不稳定，容易分解，放出氧气。当氯水受日光照射时，次氯酸的分解会加速。次氯酸是一种强氧化剂，能杀死水里的病菌，所以自来水常用氯气（1L 水里约通入 0.002g 氯气）来杀菌消毒。次氯酸能使染料和有机色质褪色，可用作漂白剂。

4　污水处理站工程设计

4.1　总图布置

（1）总平面布置原则

污水处理站为改建工程，总平面布置包括：污水与污泥处理工艺构筑物及设施的总平面布置，各种管线、管道及渠道的平面布置，各种辅助建筑物与设施的平面布置。总图平面布置时应遵从以下几条原则：

① 处理构筑物与设施的布置应顺应流程、集中紧凑，以便于节约用地和运行管理；

② 工艺构筑物（或设施）与不同功能的辅助建筑物应按功能的差异，分别相对独立布置，并协调好与环境条件的关系（如地形走势、污水出口方向、风向、周围的重要或敏感建筑物等）；

③ 构（建）筑物之间的间距应满足交通、管道（渠）敷设、施工和运行管理等方面的要求；

④ 管道（线）与渠道的平面布置，应与其高程布置相协调，应顺应污水处理厂各种介质输送的要求，尽量避免多次提升和迂回曲折，便于节能降耗和运行维护；

⑤ 协调好辅助建筑物、道路、绿化与处理构（建）筑物的关系，做到方便生产运行，保证安全畅通，美化厂区环境；

⑥ 考虑近、远期结合，便于分期建设，并使近期工程相对集中。

站区平面布置除遵循上述原则外，还应根据主导风向、进水方向和排水方向、工艺流程特点及厂区地形和地质条件等因素进行布置，既要考虑流程合理、管理方便、经济实用，还要考虑建筑造型、厂区绿化及与周围环境相协调等因素。

（2）站区高程布置原则

① 充分利用地形地势，使污水经一次提升便能顺利自流通过污水处理构筑物，排出厂外。

② 协调好高程布置与平面布置的关系，做到既减少用地，又有利于污水输送，并有利于减少工程投资和运行成本。

③ 协调好污水处理站总体高程布置与单体竖向设计，既便于正常排放，又有利于检修排空。

（3）站区高程设计

整个污水处理工艺竖向流程设计从进水经调节池提升后，靠重力自流通过各构筑物。为保证污水在各构筑物之间能顺利自流，必须准确计算出各构筑物间管线的水头损失来确定设计高程。

（4）站区给水

站区给水由村内自来水管网提供。

（5）站区排水

站区排水通过战区雨水散流排放。

4.2 电气设计

4.2.1 本工程电气设计（略）

4.2.2 供配电系统（略）

4.2.3 设备选型及安装（略）

4.3 设备控制（略）

4.4 照明系统（略）

4.5 自动化仪表及控制系统设计

4.5.1 设计依据（略）

4.5.2 设计范围（略）

4.5.3 自控系统（略）

4.5.4 自动化仪表设计（略）

4.6 给排水

4.6.1 生产、生活给水

污水处理站区供水来自村内自来水管网，主要用于生产和生活用水，其供水量、水质满足工程用水要求，本项目最高日用水量20m³，预计本项目年用水量为7300m³。

4.6.2 排水

本项目雨水散流排放，生活污水排至调节池进行处理。

4.7 采暖通风

4.7.1 采暖（略）

4.7.2　通风（略）

4.8　除臭（略）

5　项目管理及实施计划

5.1　实施原则及步骤（略）

5.2　项目实施计划（略）

5.3　劳动定员（略）

5.4　运行的技术管理（略）

5.5　人员培训（略）

6　节能及安全措施

6.1　节能措施

6.1.1　工艺设计节能措施（略）

6.1.2　电气设计节能措施（略）

6.1.3　建筑节能措施（略）

6.2　劳动保护安全措施（略）

7　投资估算

7.1　编制依据（略）

7.2　主要费率确定及其他说明（略）

8　结论及建议

8.1　结论

本项目的建设，符合区域城乡发展规划要求，符合《大清河流域水污染物排放标准》要求，具有良好的环境效益和社会效益。污水处理站改造完成运营后，可产生以下作用：

①改善项目村生态环境状况，提升周边环境状况；②境内入河水污染负荷明显削减，改善白洋淀上游水环境状况；③改善投资环境，吸引国内外投资，促进经济可持续发展。该项目的社会效益和经济效益十分显著。

8.2 建议

① 建议项目建设单位安排专人负责该项工程，及时掌握原污水处理站建设及运行情况，充分对接上下工作，根据经济环境的变化和现实状况适应性地调整项目计划，并严格执行。

② 工程前期工作，必须做深入细致的社会工作，政府各有关部门出面协调，保证工程顺利实施。

③ 建设资金的按时足额到位是本项目如期建设的前提，因此，应做好资金筹措工作，以保证项目建设。

④ 加强后期运维管控，确保持续达标排放。

⑤ 本项目施工时合理组织安排，施工期间确保沿线车流安全、畅通通行。

⑥ 本项目为基础设施项目，在施工过程中应做到周密的施工组织计划，保证资金供给，以确保整个工程的顺利进行。

⑦ 切实做好工程后期的运行管理及相关维护工作，确保项目各项效益的正常发挥，工程投产运行后，将会产生良好的社会效益和环境效益，是一项利国利民、惠及子孙，功在当代、利在千秋的民心工程，宜早日立项上马，抓紧落实资金，尽快实施。综上所述，本项目具有充分的必要性和可行性，项目科学可行。

9 思考问题

近年来，国家出台了一系列保护水资源的发展战略，我国相继制定了一系列的法律法规，为环境保护提供了政策依据。

在水资源环境敏感区域，围绕从源头改善水资源、确保水资源环境不受人们生活生产的影响等方面，指出本案例的缺点与不足。

◣ 3.2 现代农业园区供排水工程案例

3.2.1 现代农业棚室水系统工程

随着科学技术的飞速发展，现代农业和科学技术高效结合是农业现代化的趋势。以现代农业种植棚区结构项目为例，对棚区的水系统进行分析，结合 BIM 技术的应用对种植大棚中钢架结构的建模、施工管理等进行了全面的阐述。

M 县基于 BIM 的某棚室水系统工程案例

1 项目建设必要性

由于某些贫困山区地理位置偏僻，交通气候等条件恶劣，传统的种植方式并不能保证作物的正常生长，部分山区农民甚至难以保障温饱问题。目前山区一些地方在蔬菜基地建设上比较盲目，且多为简易设施，这些设施不仅作业不方便、产出率低、劳动力需求大，而且在抵御自然灾害方面能力也较差。同时，研究调查发现，部分中大型大棚的施工质量难以得到保证，并且不能获取、分析工程量和成本数据。

因此在习总书记"乡村振兴，精准脱贫"的战略下，发展新型种植产业园区是十分必要的，BIM 通过计算、仿真以及信息化技术，建立相关施工的数字模型，根据模型进行工程预算，进行难点排除，保证了施工效率和施工的安全可靠性，减少了农村的经济负担；并且 BIM 的可视化工程图纸和施工的三维动画可以很好地帮助施工技术人员了解整个工程项目，提升设计质量，同时有利于提高土地利用率和采光率，提高栽培效益。

2　项目实施内容

2.1　工程建设

项目区调研：展开涵盖项目区自然情况、环境条件、工程情况等内容的全面调研，尤其针对项目区水资源赋存情况、水资源质量状态、水系统工程情况等进行专项调研，摸清项目外部条件。

外部工程建模和图形表达：运用 BIM 技术创建棚区工程族群，参数化所有族，创建典型棚区、单体大棚围护结构建筑信息模型；利用图形工具生成各系统多角度视图，并对图形进行尺寸标注，使所有图形之间形成联动。

水系统建模：对水源工程、输水管渠、棚室用水系统、排水渠道等棚区水系统建筑信息模型。

水系统维护：建立基于棚区水系统三维模型的水质水量平衡图，提出棚区所在水环境保障体系。

2.2　技术路线

本项目的技术路线图如图 3-1 所示，具体内容如下：

① 采用访谈法、问卷法、座谈法等展开项目区自然情况、环境条件、工程情况、水资源等内容调查研究。

② 由于构筑物大多体积大、构造复杂，并且相关的 BIM 族库很少，所以首先采用 BIM 技术及相关手段，创建棚区构筑物的 BIM 族库。

③ 采用 BIM 技术及相关手段，构建能够表现棚区各组成工程的建筑信息模型和多角度视图，并使所有图形之间形成联动。

④ 根据调查的水资源情况，创建水系统模型图，绘制水质水量平衡图，主要分为供需水量平衡、用排水质变化，最终达到水资源利用、健康水循环和水系统的绿色管理。

3　研究区自然条件概况

3.1　园区所在区域自然条件

山区产业园区所在区域为大陆性季风气候，暖温带半湿润地区。年均气温为 12.6℃，

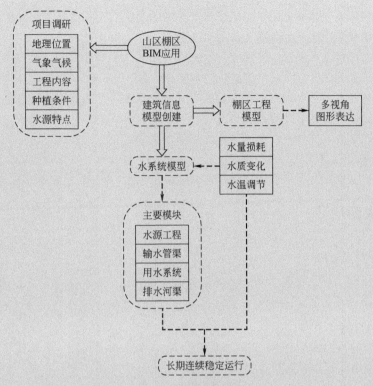

图 3-1　技术路线图

常年积温 801.9℃；年均降水量为 550～790mm；无霜期 140～190 天，地方小，气候特征明显。县内水能资源理论蕴藏量为 $7.149 \times 10^4 kW$，可开发量 $3.8285 \times 10^4 kW$。

3.2　园区所在区域经济社会情况

自"八七"扶贫攻坚以来，项目所在区域就是国家级贫困县，贫困范围广，贫困发生率高达 54.4%，全县有 164 个贫困村，占行政村总数的 78.5%；贫困程度深，各项经济社会发展指标在省市均居后位；住房、教育、医疗、卫生等生产生活条件急需改善。2016 年，该县生产总值实现 367456 万元，比上年增长 12.06%。

园区虽然发展良好，但同时也存在一些弱点：

① 园区内员工多为周围村庄在家务工农民，部分员工年纪大，身体素质不够好，员工文化程度普遍偏低，对现代高新技术的利用、适应能力较差，不利于推进现代化产业棚区。

② 园区制度建设不够标准，存在很多缺陷，暂时不能实现生产的标准化、规模化，不仅浪费了人力资源，同时大大减少了产业园区的经济收益。

③ 园区的能耗问题。园区水循环系统不够完善，水资源不能得到充分的循环利用，同时园区内电能资源也十分短缺，园区存在不能及时供电或者断电情况，影响园区的产业发展。

3.3　水系统运行维护情况

园区的水系统运行独特复杂，因其独特的地理条件，拥有属于自己的一套水系统。

水的来源主要是地下水，用水泵将地下水抽到高势能蓄水池，此操作结果有以下三个优点：

①　可以将地下水的温度逐渐改变，进而让其逐渐变为室温温度，有利于棚内作物的生长。

②　高势能蓄水池中的水可以通过重力势能将水运往园区的各个用水点，大大节省了园区的电能等资源。

③　水泵抽水时间大多数为晚上，因为水泵的功率大且白天园区内员工用电量大，对电能的要求较高，故在晚上使用水泵抽水可以错峰用电，最终有效地节约电能。

同时也有一些困难需要克服：

①　因为山区地势问题，故水泵通往高势能蓄水池的管道需要埋在地下，由于冬天天气寒冷，埋在地下的管子容易冻坏，最终造成经济损失。

②　由于地下水从水泵提到高势能蓄水池期间未进行过滤等处理，所以容易堵塞管道，另外造成堵塞的物质主要是水中的悬浮颗粒，所以需要安装一层过滤膜，但过滤膜的安装位置以及水中悬浮颗粒的处理工作都是技术的难题。并且长时间的用水必定会造成水中的悬浮颗粒堵塞过滤膜的现象，所以在每个过滤膜的管口前侧管道设置一个侧方出口，并安装一个反冲洗装置，当过滤膜被堵塞的时候将反冲洗装置先打开 5min，在此期间内，高势能蓄水池的供水也不能停，两股相对的水流进行冲撞可以有效地进行清洗，然后将侧方出口打开，反冲洗装置和高势能蓄水池供水同时打开，大概清洗 10～15min 即可。

4　现代棚区水系统分析

4.1　棚区供水分析

4.1.1　用水分析

大棚的用水主要有三个方面：棚内喷洒、水帘降温和喷湿棉被降温。

棚内喷洒的作用有两个方面：一是提供种植物所需水分，棚内供水充足，才能确保棚室内部的含水量适宜，进而保证作物的正常生长；二是调节棚内气温，创造一个利于作物生长的环境。

4.1.2　水量蓄存

棚区用水来源主要有两部分：一部分来自高势能蓄水池，在山腰修建蓄水池，晚上将地下水提升到高势能蓄水池中，把水能储存起来，利用重力势能转化为动能进行供水；另一部分来自园区蓄水池中回收利用的雨洪，该部分的水主要用于水帘出水和棉被用水，并且符合大棚的用水规范。

将高势能蓄水池应用到棚区建设中，可以节约大量水电等资源。不仅成本低、无污染还可连续再生。

4.1.3　水温控制

温度是作物在生长发育过程中重要的环境条件之一，并且不同作物在不同生长阶段所需要的温度也不同，因此要求大棚内所用水资源具有一定合理的温度，这就需要进行人工降温和升温处理。

采用棚内喷洒、水帘降温、喷湿棉被降温等方法进行有效的降温。喷湿棉被即在大棚的顶部使用被水浸湿的棉被来进行隔热，防止阳光直接照射进大棚内部，从而达到降温的效果。雾化喷头所用的地下水含有丰富的矿物质，并且长期在地下存放，水的温度较低，通过一定压力的雾化喷头喷出，棚室内部气温和湿度通过交换得到调整，从而达到棚室降温增湿的效果。

4.2 棚区排水分析

棚区用水主要通过地下渗透、蒸发、排往河道等方式排出。棚区一般建设在山区，凭借其地理位置的优势，内部产生的废水一般可以直接通过过滤的方式渗入地面，完成棚区排水，因此棚区内部不需要建设排水管道等设施。

4.3 园区雨洪管理

根据现代棚区建设的要求，对园区的总体规划主要体现在节水、循环、可持续利用的理念。现代棚区的规划体现在园区棚顶改造、弃流池、净化储水池、道路硬化、高势能蓄水池以及雨水排放回收系统几个方面。自然降雨、河道以及湖泊涨潮的水都可作为大棚的用水水源，因此需要在合适的地点修建高势能蓄水池，来实现雨水和洪水的收集储存利用。

4.4 棚区水循环系统风险源识别

4.4.1 水系统风险识别

(1) 供水系统风险识别

供水系统为水循环工程中重要的环节，但是由于水源地的多样性、复杂性和广泛性，存在大量的风险，且难于管理和保护，一旦发生风险事件，风险防范措施很难起到保护作用，会对供水系统造成极大的损坏。

① 水源地取水：棚区存在供水水源地被污染的风险。水源地污染包括水源上游的污染或者周边产业的污染以及突发性事件导致的水体污染，并且污染源具有诸多不确定性，因此水体污染的风险管理以及水质预警对于供水系统极为重要。

② 水池蓄水能力：一方面是由于环境变化导致降雨量减少，流域整体水资源量降低，或由于水土流失等问题导致涵养水资源能力降低造成蓄水池数量减少，蓄水能力减弱；另一方面是由于棚区规模的扩大或季节等因素导致有效棚数量的减少，蓄水池水量不足；存水量过大造成水源损失和蓄水池污染。

③ 水泵组耗能：本供水系统水源地海拔较低，棚区用水多采用喷淋、滴管等方式。需利用提升泵将水源地原水提升至一定高度，再由压力泵供能输送到棚区进行利用。在整个过程中水泵组的耗能情况将影响供水能力的大小。不合理的泵组不仅会造成剩余能量的无故消耗，甚至还可能存在安全隐患。

④ 供水管网：供水管网是指由多条供水管道形成的供水网络。供水管道受到管道本体材质和自然环境因素的影响对供水系统的安全存在极大风险。管道材质不同可能导致水质降低，受自然环境和管道埋深的影响会造成管道腐蚀导致供水损失风险。

⑤供水方式：供水方式分为渠道供水和管道供水两种。两种方式各有利弊，渠道供水量大，不用考虑压强、材质等对水量的影响，但是渠道供水因为是露天供水对水质会有较大影响；管道供水对水质保护较好，缺点就是供水量受限较大，水量过大容易产生爆管、腐蚀管道等风险。

⑥水质安全：水质安全是供水系统安全中重要的环节，水质安全不达标不仅影响到后续系统，而且还会造成整个水循环系统的崩溃和整个棚区作物的减产，造成极大的经济损失。

（2）用水系统风险识别

棚区用水系统是水循环系统中最重要的环节，包括从取水口开始至扬水支管末端水池到棚内用水的整个工程建设部分。由于用水工程复杂、管理困难等原因，存在较大风险。具体风险如表 3-6 所示。

表 3-6　用水工程风险识别表

构件	潜在风险
输水管道	设计时选取的简化模型、设计参数与实际有出入； 由于施工原因，管道接口存在渗水问题； 环境因素（内压波动、荷载压力变化及温度的骤变）造成的疲劳裂纹； 自然因素引起的破坏，如地震
管道附件	设计时选取的附件在实际工程环境中易受到破坏； 施工时安装出现纰漏； 运行中出现故障； 人为操作时附件的损坏； 水泵与管道连接配件质量不好
水量、水压调节设施	在运行过程中出现不正常渗漏； 自然灾害的破坏，如地震
监测设备	监测数据出现异常； 运行出现故障； 自然因素、人为因素的破坏

用水系统除去管道风险外，棚内作物的降温喷淋以及控温的幕帘系统也对水循环系统安全风险有一定的影响。喷淋比滴灌在同等时间耗水量多出两到三倍。幕帘系统受到泵组合水量的共同控制不仅要考虑减少电能的消耗，同时还应该考虑水量以及废水的回收。

（3）排水系统风险识别

该系统风险等级主要由排水水质即水处理工艺决定，而水处理工艺的不同，存在的风险也大不相同，一般存在的风险主要分有：净水设备破坏的风险、消毒药品泄露及投加过量的风险、电力系统存在的风险等等。

除此之外，排水管渠和排水量对于排水系统的风险与排水水质相比较轻。

（4）防洪系统风险识别

华北地区的降雨强度大，主要集中在 7 月到 8 月。而棚区多建在户外，户外环境开阔绿色植被稀少，且多为坡地土质结构，会影响棚区安全性。

4.4.2 构建指标体系

根据前文所述风险源识别情况，建立棚区水循环系统相关因素构成的评价指标体系，如图 3-2 所示。

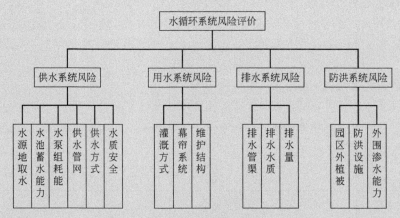

图 3-2 评价指标体系图

4.4.3 建立因素集及评价集

以该山区冰雪旅游区供水系统的风险程度作为评价对象集，根据构建的指标体系，可以确定它的因素集为：

$$U=\{U_1,U_2,U_3,U_4\}=\{供水系统风险,用水系统风险,排水系统风险,防洪系统风险\}$$

根据调研及专家分析后，建立评价集为：

$$v=\{v_1,v_2,v_3,v_4\}=\{较小风险,一般风险,较大风险,严重风险\}$$

其中，每一个等级又分别对应着一个相应的模糊子集，风险值为 0～2 的是较小风险，风险值为 3～5 的是一般风险，风险值为 6～8 的是较大风险，风险值为 9～14 的是严重风险。

4.4.4 层次分析法（略）

4.4.5 建立模糊关系矩阵

根据上一节各个风险源的风险值评估结果，专家对各个风险进行风险等级划分，并得出模糊关系矩阵 R，如表 3-7 所示。

表 3-7 水循环系统风险源评判矩阵 R

较小风险	一般风险	较大风险	严重风险
0.8	0.2	0	0
0.6	0.1	0.3	0
0.3	0.7	0	0
0.2	0.6	0.2	0
0.1	0.3	0.5	0.1
0.9	0.1	0	0
0.5	0.2	0.3	0
0.7	0.3	0	0

续表

较小风险	一般风险	较大风险	严重风险
1	0	0	0
0.7	0.2	0.1	0
0.3	0.3	0.3	0.1
0.5	0.4	0.1	
0.2	0.6	0.1	0.1
0.3	0.4	0.2	0.1
0.1	0.2	0.5	0.2

4.4.6 模糊综合评价

最后可知其模糊综合评判结果为：

$$B = A \times R = \{0.467 \ 0.284 \ 0.185 \ 0.042\}$$

式中，A 为模糊权向量；B 为模糊关系矩阵。

根据模糊评价易知，该棚区的水循环系统的风险等级为较小风险，通过层次分析法得出造成棚区风险的主要影响因素中占前四位的分别为防洪设施、排水水质、供水管网和外围渗水能力，他们在影响因素中占的权重分别为 0.158、0.109、0.099 和 0.099。

因为这些因素对于棚区的水循环系统以及园区的雨洪管理系统有着较强的影响，因此针对性地对其展开研究，通过对供水技术、排水净化技术、园区雨洪管理分析、园区水健康循环系统等方面的风险评价，确立出适合该山区产业园区的技术手段、风险防范措施等。

5 现代棚区单棚建筑信息模型创建（略）

5.1 标高轴网的创建（略）

5.2 族的创建（略）

5.2.1 棚区单棚建筑支撑系杆信息模型创建（略）

5.2.2 棚区单棚建筑山墙架信息模型创建（略）

5.2.3 棚区单棚外遮阳结构信息模型创建（略）

5.3 棚区水系统信息模型创建

5.3.1 棚区冷库水系统创建（略）

5.3.2 棚区单棚水系统创建（略）

5.3.3 棚区单棚建筑三维渲染图创建（略）

6 现代棚区建筑信息模型创建

6.1 山区地貌创建（略）

6.2 现代产业棚区创建（略）

6.3 棚区建筑三维渲染图创建（略）

7 思考问题

① BIM 技术与现代棚室的结合有何优点？

② 棚室水系统工程还可能涉及的其他现代科学技术。

③ 本案例中有哪些要点需要注意？

3.2.2 现代农业园区水系统工程

建立健全城乡融合发展的体制机制和政策体系，要加快推进农业、农村的现代化，传统种植业创新已是必然趋势。以某园区水系统工程为例，介绍了园区水量供给、排水净化、雨洪管理、水循环系统等方面的内容。

N 市某园区水系统工程案例

1 工程概述

1.1 工程建设内容

结合园区地形和降雨特点，并进行园区供排水分析，遵循海绵园区理念构造健康水循环系统，并同步提出防洪排涝措施和做法，提高园区运行安全水平。

运用现代管理手段，在服务产业发展的前提下，评估水系统运行风险，并据此建立低运行风险、低技术门槛、低能耗条件、低水量消耗、轻简省力的管理体系，为产业园区安全高质量运行提供技术保障。

1.2 技术路线

为遵循绿色发展理念，满足园区产业发展，特地在园区进行了一系列调查研究以实现园区水系统的优化与运行管理。如图 3-3 所示。

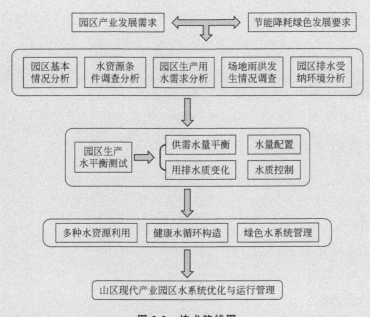

图 3-3　技术路线图

2　山区产业园区概况

2.1　山区产业园区自然经济概述

2.1.1　园区所在区域自然条件

项目研究的产业园区地势由东南（海拔 200m）向西北（海拔 2200m）逐渐升高，气候为大陆性季风气候，暖温带半湿润地区。年均气温为 12.6℃，常年积温 801.9℃。年均降水量为 550～790mm；无霜期为 140～190 天，地方小气候特征明显。

2.1.2　园区所在区域经济社会情况

"十二五"期间，该地区发展特色农产品、建设先进制造业和开发生态旅游，促进了县域经济的全面发展，食用菌、高效林果等呈现良好的发展势头，但同时也存在一些弱点：

①产业园区内员工多为周围村庄在家务工农民，部分员工年纪大，身体素质不够好，员工普遍存在的问题就是文化程度较低，没办法利用高新技术提高园区产量和经济效益。

②园区建制不够高标准，还存在很多缺陷，暂时不能实现生产的标准化、规模化，这大大减少了产业园区的经济收益，同时浪费了人力资源，没有效率。

③园区能耗问题一直以来也是一个大问题。园区水循环系统尚在建制中，水循环系统不够完善，这就造成了水资源利用不充分的情况，同时园区内电能资源也是十分短缺的，园区存在不能及时供电或者断电情况，影响园区的产业发展。

2.2 运行维护情况

由于园区所处位置较偏远，园区内硬件设施建设不足并且园区规模正处于发展阶段，占地面积比较小，所以物联网在此地的实施性不大。该园区由合作社负责承包，并且分给当地农民进行人工管理，统一由专门的负责人看管不同的系统。由水电专业的工作人员负责园区的水电管理系统；由具有照看大棚经验的人员负责园区大棚的看护。

3 水循环系统风险评价

构建层次分析法模型和模糊综合评价法模型，通过对供水技术、排水净化技术、园区雨洪管理、园区水健康循环系统等方面的风险评价，确立适合该山区产业园区的技术手段、风险防范措施等。

4 园区水量供给分析

4.1 水资源优化

4.1.1 可用水资源分析及优化

当地供水水资源分为地表水源和地下水资源，地表水资源主要有河水、湖水、水库水、雨水等。地下水资源主要有井水、泉水等。

(1) 地表水资源量分析

该地区多年平均地表水资源量为 $3.92 \times 10^8 m^3$，折合年径流深 158.7mm。21 世纪以来平均地表水资源量为 $1.61 \times 10^8 m^3$，地表水资源量呈下降趋势。

(2) 地下水资源量分析

该地 1991~2014 年多年平均地下水资源量为 $1.50 \times 10^8 m^3$，21 世纪以来地下水资源量为 $1.48 \times 10^8 m^3$。

(3) 雨水水质分析

测定方法：pH 值采用玻璃电极法测定，浊度采用散射式浊度仪测定，氨氮采用纳氏试剂比色法，耗氧量采用酸性高锰酸钾滴定法。

雨水经过 6 次取样测定的各项污染物指标情况如图 3-4 所示。

由图 3-4 可知，浊度波动较大的为道路雨水，且道路雨水浊度明显高于其他类型雨水，雨水原水浊度基本在 5NTU 的范围以内，波动很小。波动最大的为道路雨水，主要是因为道路雨水的浊度的影响因素较多。

根据图 3-5 不同水样 pH 对比折线图，不难看出，雨水的 pH 较其他水样最低，且 7 月 18 日的 pH 较其他日期更低，因为 7 月 18 日取样时间为早晨 7 点左右，厂区大部分植物经过一夜的呼吸作用，产生大量的二氧化碳气体，而降雨后，大量二氧化碳气体溶入雨水，导致 pH 降低较为明显，由此可以看出，二氧化碳含量对雨水 pH 值影响较大。上述取样数据中的 pH 均满足《城市污水再生利用城市杂用水水质》（GB/T 18920—2002）（以下简称"标准"）中对 pH 的要求。

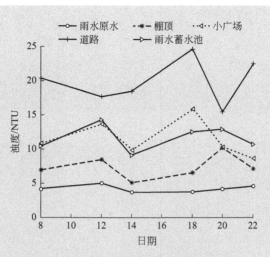

图 3-4　雨水浊度变化情况

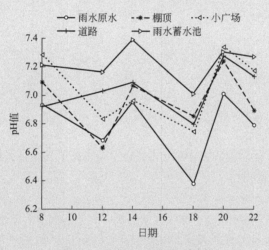

图 3-5　雨水 pH 值变化情况

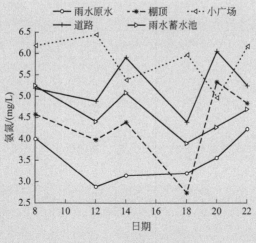

图 3-6　雨水氨氮变化情况

根据图 3-6 雨水氨氮变化情况，可以看出氨氮没有明显的规律性，这与径流的冲刷和地表入渗有一定关系。闪电会产生氮氧化物，从而造成雨水中氮元素的含量增加，且雨水蓄水池中的氨氮要低于道路和小广场，可能是由于地表径流，使得一部分氨氮进入下沉草坪，被植物吸收利用，使得雨水蓄水池内雨水氨氮含量较低。

4.1.2 井群优化计算（略）

4.2 供水工程优化

4.2.1 泵组及配套设施设计（略）

4.2.2 泵站节能安全运行（略）

4.2.3 管护技术措施需求（略）

4.2.4 水锤控制（略）

4.3 输水系统优化

园区各个棚的需水量的变化都具有一定的规律性，可以在宏观上优化水资源的调度；在空间轴上，园区输水系统中的水源单元和需水单元的输水路径由于地理位置的分布特点比较复杂，因此可以在微观路径上将各水源单元的取水量优化分配到各需水单元。

输水途径有渠道输水和管道输水，园区采用的是管道输水方式，与渠道输水相比，管道输水具有以下优点。

① 漏损少，水质好。水在运输过程中以管道的形式密闭流动，几乎没有蒸发和污染，水量和水质都得到有效保证。

② 占用土地少。管道输水中除泵站用地、各类管道阀门和管理设施用地等少量永久占地外，其他均为临时用地，减少了工程周围的征地和拆迁量，提高了土地的使用价值。

③ 工期短，易管理。管道一般都是使用在工厂加工的半成品，现场只需要开挖、下管、回填即可，可大大缩短施工时间，节约施工造价。输水管一般埋于地下，受破坏的机会较少，除管件、阀门需要检修外，无需进行特别的检查和巡视，管理相对便捷。

管道输水线路受诸多因素的影响和限制，既要考虑工程投资和工程安全，又要兼顾施工条件和管理维护。园区在选线时，主要考虑了以下原则：

① 输水管线的选择尽可能顺直，损失少、总投资小；减少管道的转弯次数，力求管线长度短、水头损失最少；

② 尽可能避让不良地质地段，充分利用地形优先采用重力输水，提高工程运行的安全度和稳定性；

③ 尽量减少输水管线穿越骨干河流、铁路、高级公路的次数，减少施工难度，降低工程投资。

综上所述，选择将输水管线埋于地下 1m 深处，由于山区地下质地比较坚硬，因此不能将管道埋得太深；管道的材质综合考虑选择的是 PVC 管道，耐腐蚀性强，抗寒能力强，造价低廉，"水锤效应"对其影响不大。除了冬天，水会结冰无法在管道中流通，其他时间均采用管道运输的方法进行水的输送。

输水管线大概分为供水、排水、消防三大部分。

供水管线：水泵将地下水提升到高位水池，其间都是通过铺设的 PVC 管道运输的，从山底到山腰近似为一条直线，然后通过管道将山腰的水运往园区，然后在山地园区进口处会有很多分岔将水分别通往园区的各个大棚以及员工的生活住处，呈散射状的输水管线。

排水管线：大棚周围用水通过地面和大棚旁边的人造渠道进行排水，渗透入地的水变为地下水，渠道可以用来泄洪或者暂时储存多余的水。

消防管线：从高位水池下来的水和园区内的一个大的水罐共同连接着消防管道的进水口，消防管道遍布园区内各个大棚以及员工居住地。

冬天的输水管线由于温度的限制无法在室外通过管道进行水的运输，冬天由于温度较低并且需水量相对较少，所以园区内的大棚内部都会摆上储水设施，进行人工加湿等操作。在冬天，除了室内管线，其余原有的输水管线都会将水放空，以防对管道造成伤害。

4.4　用水节点改进

4.4.1　加湿方式（略）

4.4.2　水控温系统（略）

4.4.3　围护结构的清洗（略）

5　园区排水净化技术管理

5.1　不同用水节点排水水质

棚室用水节点主要可以分为大棚外表面清洗用水、棚室水帘调温调湿装置用水、棚室内部喷头喷淋用水等方面，其中棚室外部的清洗用水水质相对来说比较差，由于棚室外部长期暴露在外部，经常有灰尘等散落在棚室上部，外加清洗过程利用的一些洗涤剂等会污染水质，故大棚表面清洗用水需要经过一定处理才能继续供棚室内部的使用；棚室水帘调温调湿装置用水和内部喷淋用水收集后，进行一般的过滤处理以防堵塞喷头，过滤之后就可以继续使用。

5.2　棚室排水净化措施

5.2.1　不同粒径石英砂的去除效果

（1）SS 的去除效果

石英砂 1～3mm 对 SS 的去除率为 17%～33%，平均去除率为 27%。石英砂 3～7mm 对 SS 的去除率为 14%～24%，平均去除率为 19%。石英砂 5～8mm 对 SS 的去除率为 1%～9%，平均去除率为 5%。小粒径石英砂的去除效果略好于大粒径，滤料颗粒单位体积比表面积越小，对水中固体悬浮物的截留、吸附能力就会越低。

（2）浊度的去除效果

石英砂1～3mm对浊度的去除率为41％～59％，平均去除率为51％。石英砂3～7mm对浊度的去除率为29％～53％，平均去除率为40％。石英砂5～8mm对浊度的去除率为25％～38％，平均去除率为32％。小粒径石英砂对再生水浊度的去除效果略好于大粒径石英砂。

（3）COD的去除效果

石英砂1～3mm对COD的去除率为16％～68％，平均去除率为42％。石英砂3～7mm对COD的去除率为10％～60％，平均去除率为31％。石英砂5～8mm对COD的去除率为15％～57％，平均去除率为26％。

5.2.2 河床自然过滤物的过滤效果

（1）SS的去除效果

对SS的去除率为16％～32％，平均去除率为24％。对SS的去除率为13％～25％，平均去除率为19％。

（2）浊度的去除效果

浊度的去除率为39％～47％，平均去除率为43％。

（3）COD的去除效果

对COD的去除率为17％～49％，平均去除率为33％。

5.2.3 结论

该园区附近河床底部主要成分为石英砂，深度约为2m，通过实验证明，将水排往河道可以取得和运用石英砂进行过滤的相同效果。

6 园区雨洪管理分析（略）

6.1 雨水调蓄设施（略）

6.2 园区雨洪管理

6.2.1 园区汇流雨洪

蘑菇大棚园区对于雨洪利用的工程总体设计是：

收集雨水——初级弃流——调节沉淀——汇入水体——抽取利用。

具体方法如图3-7。

（1）蘑菇大棚顶部集雨

由蘑菇大棚园区情况可知，蘑菇棚顶多为半拱形。因此，想要实现雨水的收集需要对蘑菇大棚的顶部进行改造，在棚顶四周加固一个斜45°的斜板，在大棚的四角安装落水管，该管道作为集水管道，在落水管距离地面30cm处安装一个三通管，在落水管和通向弃流池的管道中间安装一个简易的雨水过滤装置，过滤装置由塑料网栅构成，经济实惠且操作简单。三通管的下端安装旋钮盖，以便于清理垃圾。落水管系统要和通向弃流池的管道密封相通，以保证雨水水质的良好。落水管道和集水管道直径一般为10cm，长度视大棚实际情况而定。

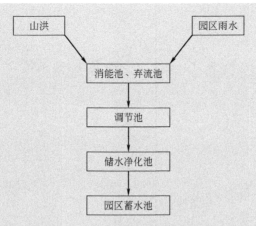

图 3-7　对于雨洪利用的工程设计

（2）道路雨水收集

在大棚园区内，所有的道路需要硬化，修建路面时可修建成中间高两侧低，以便于雨水集流到两侧的输水沟。在道路的两侧修建的输水沟，输水沟顶部高于路面且不露天，在顶部和路面安装塑料细格栅。修盖有盖输水沟以防灰尘等杂物落进输水沟，安装塑料隔板有助于阻挡雨水带来的杂物。输水沟材质为混凝土，尺寸大小一般为：宽 20cm，沟深 35cm。

大棚顶部集水和道路集水都将排放到弃流池。大量实验数据表明，初期降雨雨水水质较差，雨水中的污染物主要是空气中的杂质、棚顶的重金属离子、灰尘以及泥沙等固体物质。研究表明，小于 10mm 的降水中，最初的 2mm 降水包含 70％的上述污染物；大于 15mm 的降水中，最初的 2mm 降水包含 30％的上述污染物。因此，需要将最初的 2mm 降水弃流。弃流池的原理如下：在流经初期弃流过滤装置时，因重力的作用，雨水将首先通过低位敞口的排水污管排放掉。在雨量增大后，打在挡板上的压力增大，位于排污管上端的浮球在水流压力的作用下将排污管关闭，桶中液位升高，雨水通过水平的过滤网进行过滤后流向出水口，进行收集。雨停后，随装置中存储的雨水的减少，浮球在弹簧弹力的作用下自动复位，将桶中过滤产生的垃圾带出，从而实现初期雨水的弃流的功能。

调节塘平面图见图 3-8，部分截面图见图 3-9。雨洪从山坡下来之后通过边缘植物阻挡消能可以有效地减少雨洪带来的灾害，进入塘内经过水湿植物再次消能。

调节塘周围有树木进行缓冲效能，进入塘内，塘内两侧上部分内壁由土工布构成，下部分常水位由混凝土构置而成，以存储部分水源，供园区使用，底部则由水湿植物以及鹅卵石构成，具有防止两侧坍塌和消能的作用。

雨水进入到蓄水池之前需要进行净化处理，详见"可用水源分析及优化"部分，此处不再赘述。

6.2.2　园区转输洪峰

若蘑菇大棚园区附近有河道或者湖泊，可以在河道湖泊上涨时进行引水至蓄水池。当流域上发生暴雨或融雪时，在流域各处所形成的地面径流，都依其远近先后汇入河道，

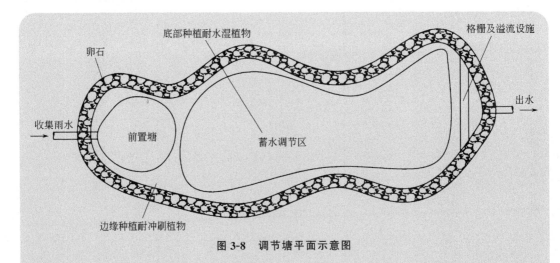

图 3-8　调节塘平面示意图

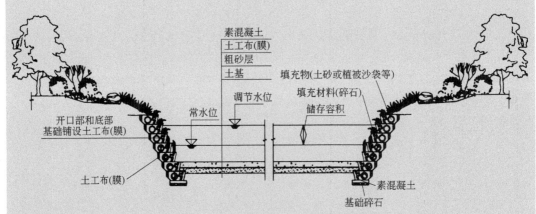

图 3-9　调节塘部分截面图

当近处的地面径流汇入时，河水流量开始增加，水位相应上涨，这就是洪水起涨之时。随着远处的地表径流陆续流入，河水水位继续上涨，及至大部分高强度的地表径流汇入时，河水流量将会增至最大值。在进行引水工程的时候，可以在河水流量和水位上涨最快的点进行分渠引流，将河道湖泊的水引流到储水净化池，经过净化之后以供使用，同时园区内部地面渗水性特别高，可以有效地补给地下水的资源空缺，减少水量的流失，同时，园区内部地域路面由高渗水材质建造，可以有效减少园区内的水量流失，从而补给地下水资源，以备再次被利用。

6.3　行洪排涝功能提升技术

近年来，造成河道行洪能力降低的主要原因主要有以下几方面：

① 河道行洪滩地上种植高秆作物；

② 多年来河道内淤积、风积等问题得不到及时治理，致使河道纵坡变缓，断面变小，从而使河道行洪能力降低；

③ 人为因素造成阻水。20世纪80年代以来，由于连年干旱少雨，大多数行洪河道多年不见水，淡化了人们的水患意识，河道内乱搭乱建现象较多，人为地造成阻水。另

外，未经水利部门批准，在河道内修建低标准建筑物，造成阻水，严重影响了河道的行洪能力。

6.3.1　裁弯取直

河流过度弯曲时，河身蜿蜒曲折，对排泄洪水不利，河湾发展所造成的严重塌岸对沿河城镇和农田也是极大威胁。一般认为河道实施"裁弯取直"可有效降低裁弯段上游洪水位并提高上游的防洪能力，裁弯后上游比降加大，洪水位降低，河床有所刷深。

6.3.2　河道拓宽

堤防不应侵占河流的蜿蜒带，使河漫滩上的洪水被限制在两岸堤防之间。在新建堤防的布置方面，应宜宽则宽，保持一定的河漫滩、浅滩宽度和植被空间，为生物的生长发育提供栖息地环境，从而使河道在地貌变化活跃的廊道区域内仍可以摆动，允许河流各种自然过程的发生。

6.3.3　多级河道

两级或多级河道实质上是"大河道内套小河道"，上部河道主要用于行洪，枯水河道主要用于改善栖息地质量和提高河流的泥沙输移能力。上部河道可设计成为带状公园或湿地，而枯水河道则可以设计成蜿蜒形态。

7　园区水健康循环系统

7.1　园区水循环系统

蘑菇大棚的水循环系统将分为入渗系统和水帘排出水收集系统，再配合收集的雨洪，设计出一套健康的园区水循环系统，具体详见图 3-10。

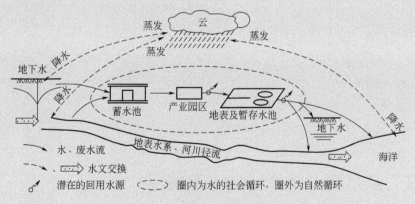

图 3-10　健康水循环系统图

（1）入渗系统

在蘑菇大棚内部，菌菇架下通常是由砂石构成，蘑菇大棚内的外沿用砖瓦铺设。传统的蘑菇大棚在喷头喷水之后，直接通过砂石层下渗到地下，在补充地下水之后再由提升泵提取利用，这样的循环方式用时较长且提升泵能量消耗大。

在新型的蘑菇大棚内将采用入渗系统，在经过地渗装置的过滤后在出水口通过塑料管道抽取到地面以供循环使用。

经实验表明，在经过地渗装置的过滤后，主要水质指标 SS、TUB、TP、TN、COD_{Cr} 均有明显改善。由此可以证明，在经过地渗装置的过滤后的水可循环使用。

（2）水帘排出水收集系统

蘑菇大棚一部分用水在于水帘的用水。水帘降温设施空气清新，湿度合适，降温效果好，利于菌丝培养。水帘降温设备在食用菌生产中的效果参数详见表 3-8，从表可看出，水帘降温设备在低湿的条件下即使极端气候也能起到较好的降温效果，降温幅度最高达到 12℃，同时 CO_2 浓度始终保持在较低范围。菌袋在合适的温度、湿度，且通风良好的环境下培养，菌丝生长旺盛，30d 左右即可长满。

表 3-8 水帘降温设备在食用菌生产中的效果

室外温度/℃	室外湿度/%	水温/℃	室内温度/℃	室内湿度/%	$CO_2/\times10^{-6}$
26.2	56	19.2	21.6	75	<1000
28.5	89	21.2	25.5	80	<1000
38.6	26	22.4	26.0	72	<1000

从表中还可知，低湿降温效果更好。水帘是通过水蒸发原理来降温的，因此水帘的降温效果与空气湿度成反比，空气湿度越低，降温效果越好。

7.2 园区水资源平衡分析与控制

7.2.1 用水节点平衡计算（略）

7.2.2 用水平衡控制措施（略）

8 思考问题

① 假如园区周围没有河道，针对排水问题提出解决方案。
② 指出本案例的不足之处。
③ 还有哪些方法可以用来调节种植环境温度？

3.3 乡镇企业废水治理工程案例

3.3.1 毛纺废水处理工程工艺改造

毛纺废水是在特定的生产过程中产生的废水，通常含有大量的残留染料、浆料、助剂、纤维屑及含氮化合物等，用一般方法处理效果较差，需要进行工艺改造。以某毛纺废水处理工程工艺改造为例，介绍了原工艺的缺陷、改造方案要求、改造后的废水处理流程以及相应的投资估算。其废水处理工艺主要包括中和处理、去浮渣、混凝气浮、水解酸化、接触氧化、平流沉淀、砂滤等。设计出水水质符合国家《印染行业废水污染防治技术政策》及其他有关规范。

O 市毛纺废水处理工程工艺改造案例

某毛纺公司是一家集纺纱、织造、印染、整理、生产为一体的综合性毛毯服务性企业，占地 150 亩，资产 1.4 亿元，有流水生产线 30 条，毛毯 300 多万条，年产值近三亿元。现有职工 1000 多人，管理技术人员 80 余人，具有国际上最先进的管理技术和管理模式，已经通过国际 ISO 9001 质量管理体系认证，其产品以出口外销为主。

该毛纺公司生产原料以涤纶为主，染色主要使用分散染料、不溶性偶氮染料，以及烧碱、硫化碱、保险粉等助剂。排放的废水含有大量的残留染料、浆料、助剂、纤维屑及含氮化合物等，具有有机物浓度高、色度深、碱性强、含氮高等特点，采用一般方法处理废水难度较大，成本较高，处理效果也普遍较差。因此需要对其废水处理工程进行工艺改造。

1 原废水处理系统缺陷

① 未设计预处理构筑物，增加后续工艺负荷；

② 进水存在较大波动，未能进行有效调节；

③ 厌氧池及好氧池生物量严重不足，影响污染物降解效果；

④ 沉淀池出水为考虑单宽流量限制，沉淀效果较差；

⑤ 工艺中未设计脱色工艺，导致出水色度超标。

2 改造方案设计任务

2.1 污水来源

毛纺生产排放的印染废水、职工（约 1000 人）生活污水。

2.2 设计进水水质和排放标准

进水水质和排放标准详见表 3-9。

表 3-9　进水水质和排放标准

项目	进水水质	排放标准
pH 值	9～10	6～9
SS/(mg·L)	800	70
COD_{Cr}/(mg·L)	1400	100
BOD_5/(mg·L)	500	30
NH_4^+-N/(mg·L)	30	15
色度/倍	200	50

2.3 改造工程设计原则

根据工程的具体情况和特点，采用成熟可靠的废水处理工艺，积极慎重地采用新技术、新材料、新装备，实用性与先进性兼顾；考虑本工程为改扩建工程，充分利用原有构筑物及设备，最大幅度降低投资及土建工程；废水处理流程要求可靠，占地面积小，投资少，运转费用低；废水处理工程的管理、运行和维修方便，自动化程度高，劳动强度低；废水处理工艺具有较高的可靠性、稳定性、连续性、耐冲击负荷；符合国家《印染行业废水污染防治技术政策》及其他有关规范。

2.4 改造后工艺

该毛纺公司经过改造后，其废水处理工艺流程主要包括中和处理、去浮渣、混凝气浮、水解酸化、接触氧化、平流沉淀、砂滤等流程，其中砂滤罐、炭滤罐为强化处理工艺。具体该工艺流程分布详见图 3-11。

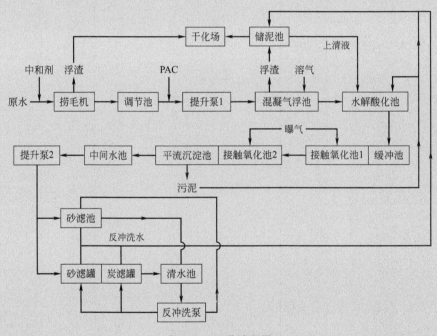

图 3-11 工艺流程图

3 工艺说明

3.1 中和

投加工业盐酸调节废水 pH 至 6~7，以便于后续工艺的生化处理。

3.2 去浮渣

设置滚筒式捞毛机以筛分悬浮毛渣、纤维等杂质，倒运至污泥干化场。

3.3　调节池

设调节池以调节水质水量，进一步中和废水，同时沉淀废水中密度较大的悬浮固体，设计尺寸：$L×B×H=39×27×3.0=3159m^3$，HRT=31.5h。HRT 为水力停留时间。

3.4　一次提升

调节池设吸上式水泵，实现后续工艺连续稳定运行，为避免水泵吸入调节池沉淀的杂质，距水泵吸水管 1m 处设置集水井，$H=0.5m$。

3.5　混凝

水泵吸水管投加 PAC，通过水泵叶轮高速旋转实现快速搅拌，利用压水管道混合药剂与废水。

3.6　气浮

设计气浮系统，主要去除废水中密度较小的悬浮颗粒。采用部分加压溶气气浮法，通过在气浮池中投加絮凝剂，使其与悬浮颗粒黏附交联，凝聚成黏附体。同时，在废水中溶入充足空气，骤然降压释放，使其产生均匀的微细气泡，并与反应后的微小颗粒相黏附，形成密度小于 1 的固体而上浮，实现固液分离。

设计尺寸：$L×B×H=10×6×2.8=168m^3$，HRT=1.68h。

3.7　水解酸化

将原有构筑物改造为水解酸化池，四段串联进行水解反应。其处理机理是通过控制水力停留时间，利用厌氧发酵的水解和酸化反应阶段，将不溶性有机物降解为溶解性物质，同时在产酸菌的协同下，将大分子、难生物降解的物质转化为易于生物降解的小分子物质，为后续生化处理创造条件。在池内设置组合填料，以增加水解酸化菌数量及活性。

单池设计尺寸：$L×B×H=10.8×7×4=302.4m^3$，其中填料层高度 3m，则 $HRT_{有效}=9.07h$。

3.8　接触氧化

将原有曝气池改为二段生物接触氧化池，在池内设有组合填料，填料上附着的生物膜把有机物降解成无机物。

① 接触氧化池 1 设计尺寸：$L×B×H=18×4.2×3.75=283.5m^3$，其中组合填料层高度 3m，则 $HRT_{有效}=2.2h$，气水比 15：1；

② 接触氧化池 2 两格串联，单格设计尺寸：$L×B×H=15.4×9×3.7=512.82m^3$，其中组合填料层高度 3m，则 $HRT_{有效}=8.3h$。

接触氧化池总 $HRT_{有效}=10.5h$，气水比 15：1。接触氧化池出水沉淀后污泥回流到水解酸化池，以增加酸化池的可生化性。

3.9 沉淀

将原有间歇式沉淀池改造为平流式二次沉淀池，主要去除老化脱落的生物膜等悬浮颗粒。剔除原有工艺中的隔墙、滗水器，并增加进出水配水系统、行车式刮吸泥机，池体设计尺寸：$L \times B \times H = 15.4 \times 10.0 \times 3.65 = 534 m^3$，总 HRT = 5.34h，水平流速 0.8mm/s，原池单宽流量 = 2.92L/(s·m)。需设计出水槽，不锈钢。

出水槽设计尺寸：$L \times B \times H = 9 \times 0.3 \times 0.5 = 1.35 m^3$，出水采用三角堰出流。

3.10 二次提升

二次沉淀池出水重力流进入中间水池，在中间水池设置水泵，二次提升废水进入石英砂滤池。

3.11 砂过滤 1

石英砂滤池出水为工艺处理出水，重力流进入清水池。为避免出水受进水水质影响而出现超标，设计废水强化处理工艺。

3.12 砂过滤 2

设计普通快滤罐，设计水量 100m³/h，滤速 20m/h，滤罐两个，并列设置，滤罐尺寸：$D \times H = 1.8 \times 3.5$。滤料为石英砂，粒径为 0.5～1.5mm，滤层厚度 1.2m，承托层 0.5m，滤层上面水深 1.5m，超高 0.3m。采用管式大阻力配水系统，反冲洗水泵为 IS200-150-250A，从清水池抽水。反冲洗强度 15L/(s·m²)，冲洗流量 270m³/h，冲洗时间 5min，反冲洗水头损失 4.5m，反冲洗水靠重力流入储泥池。

3.13 活性炭过滤

该池分两罐并联，降流式工作，滤罐尺寸：$D \times H = 1.8 \times 3.5$，活性炭采用 2～4mm 的粒状活性炭，炭层高 1.5m，活性炭总容积 10m³，废水接触时间 6min，过滤线速度 3m/h，炭层上部水位 1.1m。生物炭池反冲洗采用大阻力配水系统，布气系统采用穿孔管，设在承托层下面。从清水池 2 吸水。反冲洗强度 9L/(s·m²)，反洗时间 5min，反洗间隔时间 3～5d。反冲洗出水重力流入储泥池。

3.14 出水

活性炭滤池出水为强化处理工艺出水，重力流进入清水池。

4 投资估算

4.1 新增设备、物料投资（略）

4.2 土建工程建设（略）

4.3 其他费用（略）

5 主要经济技术指标（略）

6 投资效益（略）

7 思考问题

① 毛纺废水特点，需要处理的污染物种类。
② 简述经过工艺改造后的废水处理基本流程，并阐述各环节的作用。
③ 简述毛纺废水处理工程工艺改造的现实意义。

3.3.2 制革清洁生产及废水深度治理工程

制革废水指制革生产在准备和鞣制阶段产生的废水。制革厂废水含有重金属铬、可溶性蛋白质等污染物，其特点是排放量大、pH 值高、色度高、污染物种类繁多、成分复杂，处理技术难度大。以某皮革清洁生产及废水深度治理工程为例，主要介绍了其排放污水特点、所采用的污水处理工艺、主要构筑物及设备、污水厂平面及高程布置、所用管材及其防腐措施和污水处理设备的运行成本及效益分析。其废水处理工艺主要包括预处理、气浮、水解酸化、接触氧化、陶滤、曝气生物过滤等流程。出水水质符合《污水综合排放标准》（GB 8978—1996）的排放标准要求。

P市皮毛厂清洁生产及废水深度治理工程

某皮革厂所排放的生产废水成分复杂，主要污染物有重金属铬、可溶性蛋白质、皮屑、单宁、木质素、无机盐、油类、表面活性剂、助剂、染料等，废水处理技术难度大。其排放的制革废水中既有多种有机物又有多种无机物和金属离子，只有采用物化处理技术与生物处理技术，并进行有机的结合和工艺系统优化，才能对制革废水进行有效的处理并稳定达到排放标准。

1 设计依据、规范、原则及范围

1.1 设计依据及规范（略）

1.2 编制原则（略）

1.3 编制范围

① 从污水处理进水口开始到处理设备的排放口为止；

②污水工程的工艺流程、工艺设备选型、工艺设备的布置、电气控制等设计工作；

③污水处理工程的建筑物、构筑物设计；

④污水工程的动力配线，由业主将主电引至污水工程的配电控制箱，配电控制箱至各电器使用点将由我公司负责；

⑤不包括废水的收集管网及废水排出界区的外排水管网。

2 设计水量与水质

2.1 设计水量

废水现有水量为2000m³/d，故小时设计水量为100.0m³/h。

2.2 设计水质

污水水质和设计出水水质详见表3-10。废水处理站出水达到《污水综合排放标准》（GB 8978—1996）中的排放标准。

表 3-10 污水进出水水质情况统计表

污水水质						
pH 值	BOD$_5$	NH$_4^+$-N	SS	COD$_{Cr}$	色度	总铬
5～8	1540mg/L	120mg/L	2360mg/L	3200mg/L	280mg/L	30mg/L
设计出水水质						
pH 值	BOD$_5$	NH$_4^+$-N	SS	COD$_{Cr}$	色度	总铬
6～9	100mg/L	25mg/L	150mg/L	300mg/L	80mg/L	1.5mg/L

3 污水处理工艺流程

3.1 污水水量与水质情况分析

由于制革污水来水存在一定的不均匀程度，因此必须考虑设置均质均量的调节池。

3.2 污水处理工艺方案选择思路

根据上述进出水水量水质情况，污水处理工艺的选择必须依照如下思路。

①采用较成熟可靠的处理工艺；同时采用格栅拦截、固液分离等辅助处理工艺。

②首先均质过程，使污水水质、水量稳定，减轻后续生物处理的冲击负荷。同时降解水中部分难溶有机物。

3.3 污水处理工艺示意

污水处理工艺具体信息详见图3-12所示。

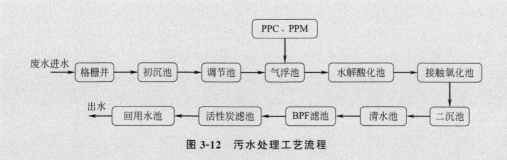

图 3-12　污水处理工艺流程

3.4　污泥处理工艺

污泥处理工艺流程详见图 3-13。

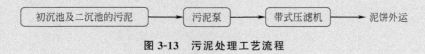

图 3-13　污泥处理工艺流程

3.5　工艺流程简述

污水先进入格栅井，去除水中较大的悬浮物和漂浮物，出水至初沉池进行初次沉淀。初沉池出水自流进入调节池。调节池起到调节水量与均衡水质的作用，并在调节池内，调节池出水由提升泵提升进入气浮池内。

由于污水进水中含有较高浓度的有机物和色度，设计采用气浮净水新工艺以支持。在去除部分有机物的同时去除大部分色度。该设备在污水进行气浮处理前先将污水与反应药剂充分混合，发生絮凝作用后，混合液在接触区与溶气释放器产生的微小气泡发生吸附作用，通过气泡的上升及聚合达到相互凝聚的效果，最终实现泥水分离。

本气浮工艺具有释放气泡微小、固液分离效率高、污泥含水率低等特点，被广泛应用于工业污水处理工程。

气浮池出水自流进入水解酸化池中，通过酸化水解的兼氧环境，将污水中的大分子有机物分解为易降解的小分子污染物。处理后进入接触氧化池，在接触氧化池中，设置了具有极大表面积的弹性立体弹性填料，可以附着生长大量的具有活性的生物膜，不断曝气形成好氧生物作用环境，生物作用使小分子的有机物被分解。经接触氧化池充分处理后，污水中的有机物的总去除率在 90% 以上，但是池中微生物的量很大，SS 含量很高，故设置絮凝沉淀池分离污泥，沉淀池上清液自流进入清水池内，污水由清水池内的泵提升至后续设备中进行深度处理。

曝气生物滤池的主要特点是采用粒径较小的粒状材料作为滤料，滤料浸没在水中，利用鼓风曝气供氧。滤料层起两方面的作用，一是作为微生物的载体，与一般的生物滤池相比，由于具有更大的比表面积，污水与生物膜实际的接触时间长，可使生物化学反应进行得更为彻底；二是可作为过滤介质，截留进水中的悬浮固体和新形成的生物固体，从而省去其他生物处理法中的二次沉淀池，取得优质的出水。

清水池出水经提升后，水流自下而上通过滤池滤料层，由工艺用气风机从底部鼓入空气，提供生物化学反应所需的氧。出水进入缓冲水池，在缓冲水池内贮存一次反冲一座滤池所需的反冲洗水量。曝气生物滤池经过一段时间的运行，滤层中的固体物质，包括进水中被截留的悬浮固体和新形成的生物固体，逐渐增多，引起水头损失增加，需要对滤层进行反冲洗，以清除大量多余的固体物质。反冲洗采用气、水反冲洗的方式。

4 污水处理工艺设计

4.1 格栅井

本污水处理工艺设计中，因废水量较大，废水中含有悬浮物、漂浮物，必须采用拦截设备。本工艺设置格栅井一座。位于进水管路上，在本工艺设计范围内。格栅井的设计、施工材料详见表 3-11。

表 3-11 格栅井设计、施工材料统计表

宽度/mm	1500
外形尺寸/mm	1500×1500×2000
材质	钢筋混凝土
数量/座	1
配套	机械格栅
栅宽/mm	500
间距/mm	10
安装角度/(°)	75
电机功率/kW	1.5
数量/台	1

4.2 初沉池

由于污水中 COD 较高，故经过格栅井出水进入初沉池，对污水进行预沉处理，在沉淀池中悬浮物质在重力作用下下沉，沉到沉淀池的底部，通过污泥泵排入污泥浓缩池。初沉池设计参数详见表 3-12。

表 3-12 设计参数表

设计水量/(m³/h)	100
停留时间/h	4.0
结构	钢筋混凝土
外形尺寸/mm	9000×9000×6000
有效水深/mm	5500
表面负荷/[m³/(m²·h)]	0.81
有效容积/m³	445

4.3　调节池

污水来水水质、水量不均匀度极高，为使后续处理工序长期稳定运行，避免水量冲击导致处理效率和处理稳定性降低，需设置具有调节水质、水量和污水收集功能的调节池一座，调节池相关参数详见表 3-13，其配套的污水提升泵相关参数详见表 3-14。

表 3-13　调节池相关参数表

有效容积/m³	1188
停留时间/h	11.0
外形尺寸/mm	24000×9000×6000
有效容积/mm	5500
结构	钢筋混凝土
数量/座	1

表 3-14　污水提升泵相关参数

型号	100QW100-15-7.5
型式	无堵塞自吸泵
流量 Q/(m³/h)	100
扬程 H/m	15
功率 N/kW	7.5
数量/台	2(1用1备)

4.4　气浮净水器

气浮净水器处理水量为 50m³/h，相关具体参数详见表 3-15。配套设备还有溶气泵、溶气罐、刮沫机、空压机等，具体设备相关参数详见表 3-16。

表 3-15　气浮净水器参数表

型号	QF-50
处理水量/(m³/h)	50(单台)
外形尺寸/mm	6000×3000×3000
数量/套	2
设计停留时间/min	60

表 3-16　配套设备参数表

溶气泵	
型号	ISG50-160(I)
流量/(m³/h)	25
扬程/m	32.0
功率/kW	4.0
数量/台	2

续表

溶气罐	
规格/mm	$\phi 600$
数量/台	2
刮沫机	
型号规格 B/mm	3000
电机功率/kW	0.55
数量/台	2 台
空压机	
型号	Z-0.14/7
电机功率/kW	1.5
数量/台	2

4.5 水解酸化池

水解酸化池在兼氧的条件下将难生物降解的高分子有机物断链水解成小分子、易降解有机物。水解酸化池设置 1 座，钢筋混凝土结构，相关设计参数详见表 3-17。

表 3-17 水解酸化池设计参数

设计水量/(m³/h)	100
停留时间/h	4.0
有效容积/m³	400
外形尺寸/mm	17000×5000×5500
有效水深/mm	5500
结构	钢筋混凝土
数量/座	1
配套弹性填料	
填料	立体弹性填料
填料直径 ϕ/mm	150
数量/m³	280
束间距离/m	0.2
单位质量/(kg/m³)	6.37
成膜质量/(kg/m³)	93.7～108.7

4.6 接触氧化池

接触氧化工艺需配固定床或浮动床填料，具有负荷高、不产生污泥膨胀、设施体积小、运行稳定可靠、管理方便等优点，一般适用于小型污水站。接触氧化池内溶解氧控制在 3.0g/L 以上，整个生化处理过程是依赖于附着在填料上的多种微生物来完成。其接触氧化池相关设计参数以及配套系统设计参数详见表 3-18。

表 3-18　接触氧化工艺设计参数

停留时间/h	8.0
有效容积/m³	850
结构	钢筋混凝土
外形尺寸/mm	34000×5000×5500
数量/座	1
配套曝气系统	
曝气头型式	微孔曝气
规格	D215
数量/个	425
空气流量/[m³/(h·个)]	1.5~3.0
服务面积/(m²/个)	0.45~0.55
氧总转移数 KLP(20℃)/min⁻¹	0.204~0.337
氧利用率/%	18.4~27.7
充氧能力/[kg/(m·h)]	0.136~0.248
曝气阻力/mm	180~280
配套弹性填料	
填料	立体弹性填料
填料直径 ϕ/mm	150
数量/m³	595
束间距离/m	0.2
单位质量/(kg/m³)	6.37
成膜质量/(kg/m³)	93.7~108.7

4.7　二沉池

经过水解、接触氧化处理后的污水自流进入二沉池，在二沉池中悬浮物质在絮凝反应作用下下沉，沉到絮凝沉淀池的底部，通过重力排入污泥浓缩池。二沉池相关设计参数详见表 3-19。

表 3-19　BPF 滤池、二沉池设计参数表

BPF 滤池		二沉池	
COD 设计容积负荷/[kg/(m³·d)]	2.5	结构	钢筋混凝土
反洗方式	气水反冲洗	外形尺寸/mm	8000×8000×5500
外形尺寸/mm	9000×8500×5500	表面负荷/[m³/(m²·h)]	0.64
材质	钢筋混凝土	有效容积/m³	320
数量/座	1	数量/座	1
填料层高/mm	2500		
填料类型	陶粒滤料		

4.8 清水池

二沉池出水后自流进入清水池内,清水池内的污水由提升泵提升至后续生物滤池内。清水池以及配套设备相关设计参数详见表 3-20。

表 3-20 清水池设计参数表

有效容积/m³	100
停留时间/h	1.0
外形尺寸/mm	2700×8000×5500
结构	钢筋混凝土
数量/座	1
配套二级提升泵	
型号	100QW100-15-7.5
型式	无堵塞自吸泵
流量 Q/(m³/h)	100
扬程 H/m	15
功率 N/kW	7.5
数量/台	2(1用1备)

4.9 BPF 滤池

BPF 滤池设计参数详见表 3-19。

4.10 炭滤池

炭滤池主要利用活性炭的吸附作用以进一步去除废水中的有机物、杂质等,使废水全面达标回用。其中炭滤池设计参数详见表 3-21 炭滤池设计参数表。

表 3-21 炭滤池、回用水池设计参数表

炭滤池设计参数		回用水池设计参数	
外形尺寸/mm	8300×9000×5500	有效容积/m³	100
数量/套	1	停留时间/h	1.0
材质	钢筋混凝土	外形尺寸/mm	2700×8000×5500
填料层高/mm	2500	结构	钢筋混凝土
填料类型	陶粒滤料	数量/座	1

4.11 回用水池

炭滤池出水后自流进入回用水池内,回用水池内污水已达到排放标准。回用水池设计参数详见表 3-21 回用水池设计参数表。

4.12　污泥浓缩池

初沉池及二沉池内的污泥定期排入污泥浓缩内，进行浓缩处理。浓缩池上清液回流至调节池进行再处理。浓缩后的污泥用压滤机进行压滤，渗滤液排到调节池进行再处理。污泥浓缩池设计参数详见表 3-22。

表 3-22　污泥浓缩池设计参数表

有效容积/m³	120
外形尺寸/mm	3000×8000×5500
材质	钢筋混凝土
数量/座	1

4.13　带式压滤机

带式压滤机上一系列的辊及滚筒，将上下两层滤带张紧，滤带上的污泥在剪力的作用下，使污泥中的游离水不断被挤出，从而完成泥水分离过程，脱水过程一般分为三个阶段：重力脱水段，楔形预压榨段，中、高压剪切脱水段。带式压滤机设计参数详见表 3-23。

表 3-23　带式压滤机设计参数表

型号	DNDYQ-2500
带宽/mm	2500
电机功率/kW	5.5
数量/台	2
外形尺寸/mm	4520×3590×2610

4.14　污泥螺杆泵

污泥泵选用的螺杆泵是按回转啮合容积式原理工作的新型泵种，主要工作部件是偏心螺杆（转子）和固定的衬套（定子）。污泥螺杆泵设计参数详见表 3-24。

表 3-24　污泥螺杆泵设计参数表

型号	I-1B2.5
流量/(m³/h)	6.5
扬程/m	60
转速/(r/min)	960
功率/kW	3.0
数量/台	1

4.15　曝气风机

风机选用三叶罗茨鼓风机，曝气风机设计参数详见表 3-25。

表 3-25 曝气风机设计参数表

型号	BK8016
型式	三叶罗茨鼓风机
风量/(m³/min)	22.02
风压/MPP	0.06
功率/kW	37.0
数量/台	2(1用1备)
产地	江苏百事德

5 主要构筑物及设备一览表（略）

6 平面布置、高程布置及电气说明

6.1 平面和高程布置

平面布置应充分利用原有场地，尽量节省占地，降低造价；应与厂区整体绿化结合，和周围环境协调一致、整体美观；并满足规范对各处理建筑物平面布置要求。

高程布置应在满足平面布置的前提下，尽量减少埋深，降低造价；尽量考虑污水重力流，减少泵提升次数，降低运行费用。

6.2 配电及装机容量

6.2.1 设计原则（略）

6.2.2 控制方式（略）

6.3 装置及装机容量（略）

7 管材及防腐、防渗措施

7.1 管材

污水管、污泥管、空气管等工艺管道主要采用镀锌钢管或经防腐处理的钢管，使用寿命长，曝气管、加药管道采用 U-PVC 或 PBS 管，以便于安装维修和保养。各种管道的管径根据工艺计算而定。

7.2 防腐措施

小口径管道（管径≤DN150mm）以下均采用 U-PVC 管或镀锌、焊接钢管。

大口径管道（管径＞DN150mm）以上采用焊接钢管，并管壁外涂三道、内壁涂两道环氧煤沥青以加强防腐。

所采用的铸铁阀门外涂 2 道环氧树脂漆以加强防腐。

7.3 防渗措施

本污水处理站设计的构筑物主要采用钢筋混凝土结构，为避免地下水渗入或污水渗出，构筑物采用抗渗结构，抗渗等级 S6，在池体内壁用 1：2 水泥砂浆粉刷 20mm 厚，池外壁涂防水涂料。

8 运行成本及效益分析

8.1 运行成本

8.2 基本参数（略）

8.3 成本费用预测（略）

8.4 成本分析（略）

9 思考问题

① 制革废水有哪些特点，需要进行怎样的相应处理？
② 简述经废水处理基本流程，并阐述各环节的作用。
③ 分析此案例中所用废水处理工艺的缺陷，并提出改进措施。

3.3.3 肠衣加工废水处理工程

肠衣加工废水属于高盐，高水溶性有机物废水，其水质盐浓度非常高，废水处理技术难度大。由于肠衣加工废水中盐的含量通常无法达到可生化要求，无法利用生化处理方法对其进行处理。以某肠衣废水治理工程，对其水质水量设计要求，污水处理流程，主要构筑物及设备，平面、高程及电气布置，所用管材及其防腐措施，运行成本及效益分析进行了相应说明。其废水处理工艺主要有预处理、除盐处理和生物处理等环节。处理后的出水水质符合《污水综合排放标准》（GB 8978—1996）要求。

某 Q= 2000m³/d 肠衣废水治理工程

肠衣加工废水主要来源于肠衣漂洗及腌制工序。肠衣加工废水属于高盐，高水溶性有机物废水，其水质盐浓度非常高。为响应国家"节能、减排"的工作方针、政策，某肠衣加工厂确定建设一座污水处理站，削减污染物排放总量。

1 污水处理站相关水量水质

1.1 废水处理量

废水处理量为 2000m³/d，小时处理水量为 85m³。

1.2 废水处理站进水出水水质

废水处理站进水出水水质见表 3-26，处理站出水水质满足《污水综合排放标准》（GB 8978—1996）要求。

表 3-26 污水处理站进水出水水质一览表

进水水质指标一览表												
pH 值	BOD_5	石油类	高锰酸盐指数	NH_4^+-N	挥发酚	硫化物	六价铬	Cd	Pb	TP	溶解氧	全盐量
8.85	970	7.089	363.7	122.0	0.094	13.56	0.204	0.013	0.025	4.12	0.69	12340

出水水质指标一览表								
COD_{Cr}	BOD_5	NH_4^+-N	TP	挥发酚	硫化物	六价铬	SS	石油类
100mg/L	20mg/L	15mg/L	0.5mg/L	0.5mg/L	1.0mg/L	0.5mg/L	70mg/L	10mg/L

2 废水处理工艺流程

2.1 废水水量与水质情况分析

由于污水来水存在一定的不均匀程度，因此必须考虑设置均质均量的调节池。

2.2 废水处理工艺方案选择思路

根据上述进出水水量水质情况，废水处理工艺的选择必须依照如下思路：
① 同时采用格栅拦截、固液分离等辅助处理工艺；
② 首先通过均质过程，使污水水质、水量稳定。同时降解水中部分难溶有机物。

2.3 工艺方案比选

目前国内外的肠衣加工废水处理工艺，大多采用物理法和生物处理法联用的处理工艺。因此根据废水处理站进水水质特点和出水水质要求，废水处理站必须选用具有"油类一级处理＋除盐系统＋二级生化处理"联用的处理工艺。

2.4 污水处理工艺说明

2.4.1 预处理

预处理包括格栅、隔油沉淀池、调节池、气浮机。

出水首先经预处理系统，回收利用部分油脂类原材料物质，同时去除大部分有机物、油类物质等。油类加工及油类废水首先通过格栅，去除废水中的大颗粒漂浮物或悬浮物；出水进入隔油沉淀池，去除废水中大部分悬浮油，浮油由浮油收集装置收集后排出池外；隔油沉淀池出水进入调节池进行水质水量的平衡；调节池出水经泵提升进入气浮机，加药絮凝机理使悬浮物在此得到进一步的去除，去除废水中小部分 COD 和大部分悬浮物及废水的色度，降低了后续生化工艺的处理负荷，提高了废水处理系统的抗负荷冲击能力，使整个系统稳定可靠。

2.4.2　除盐系统

本系统进料温度很低，浓缩比很大，所以工艺采用多级预热。

因为进料浓度很低，所以采用五效带热泵工艺把物料浓缩到饱和状态，然后利用从五效的第二效引出的二次蒸汽作热源，采用单效结晶法把盐结晶成晶浆排除系统，分离盐晶体后母液送回系统再蒸发结晶，母液可在后路生化允许的情况下微量混入出水去生化处理，以防硫化物富集。

工艺采用全顺流，末效二次蒸汽经表面冷凝器冷凝后单独排出。进料用感应流量计计量，出料用浓度计在线测定出料浓度。

2.4.3　生物处理

生物处理采用 A/A/O 工艺，即"厌氧＋缺氧＋好氧"处理系统。

通过池体内活性污泥作用将废水中有机物进行降解去除。生物接触氧化工艺中微生物所需的氧通常通过人工曝气供给。生物膜生长至一定厚度后，靠近填料壁的微生物由于缺氧而进行厌氧代谢，产生的气体及曝气形成的冲刷作用会造成生物膜脱落，并促进新生膜的生长，形成生物膜的新陈代谢。

2.5　污水处理工艺流程

污水处理工艺详见图 3-14。

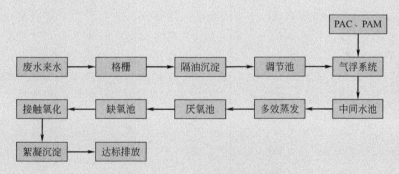

图 3-14　污水处理工艺流程图

2.6　污泥处理工艺流程

沉淀池所产生的污泥一部分回流至厌氧池，另一部分由污泥泵提升至污泥浓缩池进行浓缩，然后经螺杆泵送至污泥压滤机脱水处理，最终进行焚烧或者填埋。浓缩后的上清液和压滤机的滤液回流至调节池。污泥处理工艺流程详见图 3-15。

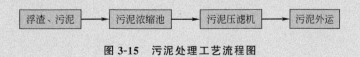

图 3-15　污泥处理工艺流程图

3 污水处理工艺设计

3.1 格栅井

废水中含有悬浮物、漂浮物，需采用拦截设备。本工艺设置格栅井1座，位于进水管路上，在本工艺设计范围内。格栅井设计参数详见表3-27。

表 3-27 格栅井设计参数表

格栅井设计参数	
设计水量/(m³/d)	2000
宽度/mm	900
外形尺寸/mm	2000×900×2000（暂定）
材质	钢筋混凝土
数量/座	1
配套机械格栅参数	
型号	SHG-800
规格 B/mm	800
间距 b/mm	3
材质	机架碳钢、耙齿尼龙
电机功率 N/kW	0.75
数量/台	1

3.2 隔油沉淀池

由于废水中油和悬浮物含量较高，为防止大量油和悬浮物在调节池内沉淀，设计在调节池设置隔油沉淀池，隔油沉淀池出水自流入调节池内。隔油沉淀池配有浮油收集器和污泥泵。

浮油吸收器是在旋涡式集油桶浮油吸收器的基础上研制的新一代浮油吸收器，该机吸油效果更佳、运行可靠、操作方便、结构合理、技术性能好、节能省电，是理想的油水分离装置。

浮油吸收器适用于回收漂浮在水面上多种成分的浮油，如机油润滑油、煤油、柴油、植物油及其他密度小于水的液体。在机械、铁路、石油、化工、冶金、轻工食品等行业应用广泛。

隔油沉淀池及其配套设备参数详见表3-28。

表 3-28 隔油沉淀池及其配套设备参数

隔油沉淀池设计参数			
设计流量 Q/(m³/d)	2000	设备型号	FUJ-500
外形尺寸/mm	10000×5000×4500	数量/套	1
表面负荷/[m³/(m²·h)]	1.70	除油能力/(L/h)	500
水平流速/(mm/s)	3	浮油回收率/%	98
数量/座	1	收油含水率/%	≤3
有效水深/m	3.0	收油直径/m²	50
有效容积/m³	150	整机功率/kW	1.2
停留时间/h	1.75	电压/V	380
材质	钢筋混凝土	吸程/m	6

续表

配套污泥泵参数			
型号	65LW25-15-2.2	电机功率/kW	2.2
流量/(m³/h)	25	数量/台	2
扬程/m	15	生产商	上海

3.3　调节池

废水来水水质、水量不均匀度极高，为使后续处理工序长期稳定运行，避免水量冲击导致处理效率和处理稳定性降低，需设置具有调节水质、水量和污水收集功能的调节池 1 座。

3.4　气浮装置

3.4.1　工作原理

气浮装置是在一定条件下，将大量空气溶于水中，形成溶气水，再作为工作介质，通过释放器骤然减压，快速释放，产生大量微细气泡黏附于经过混凝反应后废水的"矾花"上，使絮体上浮，从而迅速地除去水中的污染物质，达到净水的目的。

3.4.2　工艺说明

气浮分四个部分：加药聚凝部分，回流水溶气释放部分，气浮净水部分，电器控制部分。

加药聚凝部分：废水由调节池提升进入气浮反应池。在进水管路中设置管道混合器一只。这样可使药液和废水得到充分的混合，从而废水产生聚凝。药液由加药装置供给。

回流水溶气释放部分：气浮效果的好坏，主要取决于回流水溶气及释放的效果。本气浮采用高效节能的溶气和释放设备。

气浮净水部分：加药混凝的废水进入气浮池中，由溶气水在进水管口下部由溶气释放器骤然减压，使溶解于水中的空气由骤然减压而释放出大量微气泡，微气泡在上升过程中遇到污水中已经聚凝的悬浮物，附着在悬浮物上，使之很快上浮，这样污水中处理掉的悬浮物全部浮于上面，然后通过气浮上部的刮沫机把它们刮去排到污泥池中，而池底部通过处理的清水排出。

电器控制部分：本设备附设电器控制柜，调试安装后可达到无人操作状态。电控柜控制溶气水泵、刮沫机、空压机的运行。

3.5　中间水池

气浮装置出水进入中间水池，由中间水泵提升进入多效蒸发器。中间水池设计参数详见表 3-29。

表 3-29　中间水池及其配套设备设计参数表

中间水池设计参数	
设计水量/(m³/d)	2000
停留时间/h	1.0
有效容积/m³	85
外形尺寸/mm	4000×6000×4500
有效水深/m	4.0
材质	钢筋混凝土
数量/座	1
配套中间水泵参数	
型号	HTP125-100-315
型式	耐腐蚀工程塑料泵
流量 Q/(m³/h)	100
扬程 H/m	32
功率 N/kW	11
数量/台	2

3.6　多效蒸发器

该项目对于盐的去除设计采用多效蒸发器，多效蒸发器基本参数详见表3-30。

表 3-30　多效蒸发器基本参数表

进料量/(t/h)	100
耗气量/(t/h)	23.8
装机容量/kW	364.5(含真空泵、冷凝水泵、料泵、氨泵)
电耗量/(kW·h)	265
冷却用水/(m³/h)	1200(<30℃,循环量)
安装空间/m	24×8×17(长×宽×高)

3.7　厌氧池

污水在厌氧的条件下回流污泥与进水充分混合，聚磷菌在此释放磷并同时吸收环境中的低分子酸，以 PHB 的形式储存起来，在好氧环境中，聚磷菌大量吸收磷，达到除磷的目的。厌氧池设计参数详见表3-31。

表 3-31　厌氧池及其配套设备参数表

厌氧池设计参数	
设计水量/(m³/h)	2000
停留时间/h	10
有效容积/m³	850
外形尺寸/mm	28000×4000×4500
结构	钢筋混凝土
数量/座	2

续表

配套弹性填料参数	
填料	JYD 立体弹性填料
填料直径 ϕ/mm	150
数量/m³	700
束间距离/m	0.2
单位质量/(kg/m³)	6.37,池容
成膜质量/(kg/m³)	93.7~108.7,池容

3.8　缺氧池

由于污水中有机氮含量高，在进行生物降解时会以氨氮的形式出现，所以排入水中的氨氮的指标会升高，而氨氮也是一个污染控制指标，因此在好氧池前加缺氧池，缺氧池可利用回流的混合液中带入的硝酸盐和进水中的有机物碳源进行反硝化，使进水中 NO_2^-、NO_3^- 还原成 N_2 达到脱氮作用，在去除有机物的同时降解氨氮值。缺氧池设计参数详见表 3-32。

表 3-32　缺氧池及其配套设备参数表

缺氧池设计参数	
设计水量/(m³/d)	2000
停留时间/h	10
有效容积/m³	850
外形尺寸/mm	28000×4000×4500
结构	钢筋混凝土
数量/座	2
配套弹性填料参数	
填料	JYD 立体弹性填料
填料直径 ϕ/mm	150
数量/m³	700
束间距离/m	0.2
单位质量/(kg/m³)	6.37,池容
成膜质量/(kg/m³)	93.7~108.7,池容
配套曝气系统参数	
型式	穿孔曝气
材质	UPVC
规格	$DN100/DN65$
数量/套	2

3.9　好氧池

污水经缺氧池处理后，自流进入好氧池，从而进入接触氧化阶段，即进入好氧处理。好氧池设计采用接触氧化法，接触氧化池是一种以生物膜法为主，兼有活性污泥的生物处理装置，通过提供氧源，污水中的有机物被微生物所吸附、降解，使水质得到净化。由于本工程地处东北地区，因此设计过程中考虑接触氧化时间较长为宜，即20h，内部设高比表面积弹性填料，填充率为70%，比表面积近$600m^2/m^3$，在设计面积负荷时也应充分考虑当地实际情况确保较高的处理效率。因此设计负荷应选择比较低的值：1.20kg/$(m^3 \cdot d)$。填料使用寿命在8年。池内氧气由三叶罗茨鼓风机提供。曝气形式：微孔曝气，曝气头考虑采用目前国际水处理较先进的旋混式曝气头。该装置在运行过程中永远不会出现堵塞现象，具有曝气气孔小、氧的利用率高等优点，与传统曝气形式相比，具有无可比拟的优点。

接触氧化是一种以生物膜法为主，兼有活性污泥法的生物处理工艺。经过充分充氧的污水，浸没全部填料并以一定的速度流经填料，生满生物膜的填料表面经过与充氧的污水充分接触，使水中有机物得到吸附和降解，从而使污水得到进化。

本设计采用国际上先进的立体弹性填料，不仅比表面积大，且水流特性优越。大量微生物被固定在填料层表面，形成高浓度的污泥床，俗称生物膜，它具有较强的耐负荷冲击。此种结构由于没有或极少量地产生悬浮性的活性污泥，因而不会产生污泥膨胀，这也是此法的一大特点。此阶段关键在于填料层的生物培养与落床，只要运行初期将此项工作做好，运行期间基本不用过问其他问题。由于填料骨架替代了活性污泥法中的悬浮性作用，因而不需污泥回流，此举大大降低了运行管理程序。

本工艺将接触氧化分为一个接触氧化池，充分利用接触氧化的工艺特点，使污水经过接触氧化。有机物含量依次降低，生物降解愈发彻底。

3.10　絮凝沉淀池

经过接触氧化工艺处理后的废水自流进入絮凝沉淀池，在絮凝沉淀池中通过投加絮凝剂，悬浮物质（脱落的生物膜）在重力作用下下沉，同时可以起到进一步除磷脱氮的效果，沉到二沉池的底部，排入污泥浓缩池。絮凝沉淀池设计参数详见表3-33。

表 3-33　絮凝沉淀池及其配套设备参数表

絮凝沉淀池设计参数	
设计水量 $Q/(m^3/d)$	2000
表面负荷/$[m^3/(m^2 \cdot h)]$	0.95
停留时间 H/h	3.5
有效容积 V/m^3	300
外形尺寸/mm	15000×6000×4500
有效水深/mm	3500
数量/座	1
结构形式	钢筋混凝土
配套污泥泵参数	
型号	65LW25-15-2.2
流量/(m^3/h)	25
扬程/m	15
电机功率/kW	2.2
数量/台	2

3.11　污泥浓缩池

沉淀池的污泥定期排入污泥浓缩池内，进行浓缩处理。浓缩池上清液回流至调节池进行再处理。浓缩后的污泥用压滤机进行压滤，渗滤液排到调节池进行再处理。污泥浓缩池设计参数详见表 3-34。

表 3-34　污泥浓缩池设计参数表

设计水量/(m³/d)	2000
有效容积/m³	150
外形尺寸/mm	7400×6000×4500
材质	钢筋混凝土防腐
数量/座	1

3.12　污泥脱水机

通过带式压滤机上一系列的辊及滚筒，将上下两层滤带张紧，滤带上的污泥在剪力的作用下，污泥中的游离水不断被挤出，从而完成泥水分离过程。污泥脱水机参数详见表 3-35。

表 3-35　污泥脱水机参数表

型号	DNY-1000
数量/台	1
处理能力/(m³/h)	8
电机功率/kW	1.10
脱水后污泥含水率/%	≤82
冲洗水量/(m³/h)	12
冲洗水压/MPa	0.50

4　主要构筑物及设备一览表

4.1　主要构筑物一览表（略）

4.2　除盐系统主要设备配制清单（略）

4.3　生化系统主要设备一览表（略）

5　平面布置、高程布置及电气说明

5.1　平面布置

充分利用原有设施和场地，尽量节省占地，降低造价；与厂区整体绿化结合，和周围环境协调一致、整体美观；满足规范对各处理建筑物平面布置要求。

5.2 高程布置

在满足平面布置的前提下，尽量减少埋深，降低造价；尽量考虑污水重力流，减少泵提升次数，降低运行费用。

5.3 配电及装机容量（略）

6 管材及防腐、防渗措施

6.1 管材

生化系统污水管、污泥管、空气管等工艺管道主要采用镀锌钢管或经防腐处理的钢管，使用寿命长，曝气管、加药管道采用 U-PVC 或 QBS 管，以便于安装维修和保养。各种管道的管径根据工艺计算而定。

6.2 防腐措施

小口径管道（管径≤DN150mm）以下均采用 U-PVC 管或镀锌、焊接、无缝管。

大口径管道（管径＞DN150mm）以上采用焊接钢管，并管壁外涂 3 道、内壁涂 2 道环氧煤沥青以加强防腐。

所采用的铸铁阀门外涂 2 道环氧树脂漆以加强防腐。

6.3 防渗措施

本污水处理站设计的构筑物主要采用钢筋混凝土结构，为避免地下水渗入或污水渗出，构筑物采用抗渗结构，抗渗等级 S6，在池体内壁用 1∶2 水泥砂浆粉刷 20mm 厚，池外壁涂防水涂料。

7 行成本及效益分析

7.1 除盐系统运行费用分析（略）

7.2 生化系统运行费用分析（略）

8 思考问题

① 肠衣加工废水有哪些特点？需要进行怎样的相应处理？

② 简述经肠衣加工废水处理基本流程，并阐述各环节的作用。

③ 分析此案例中所用废水处理工艺的缺陷，并提出改进措施。

3.3.4 屠宰加工废水处理工程

屠宰废水是一类有机污染物含量非常高的废水，通常含大量血污、内脏残屑等污染物，并伴有腥臭味。以某屠宰加工废水处理工程为例，介绍了其污水特点、出水水质要求、污水处理工艺、电气自控设计、管材及其防腐和消防措施。案例中一并对此工程做出了经济环境和社会效益评价。此废水处理工程的工艺主要包含格栅处理、筛滤、气浮、厌氧微生物处理、水解酸化和接触氧化等流程。

R公司屠宰加工废水处理工程

R公司从事白羽肉种鸡养殖、孵化、商品鸡养殖及加工，企业屠宰场日均废水排放量3920t。R公司排放的屠宰废水有机污染物含量非常高，含大量的血污、羽毛、内脏残屑、食物残渣以及粪便等污染物，悬浮物含量高，水呈红褐色并有明显的腥臭味，且含有较多病原菌，必须要对其排放的屠宰加工废水进行废水处理。

1 处理水量、水质及要求

1.1 处理水量

处理规模：4000m³/d，按24h运行，即170m³/h。

1.2 设计进水、出水水质

设计进水、出水水质见表3-36。

表 3-36 设计进水、出水水质 单位：mg/L

项目	进水水质	出水限值	执行标准
COD_{Cr}	2200	80	污水处理站出水水质执行《肉类加工工业水污染物排放标准》(GB 13457—92)表3中的一级标准
BOD_5	1400	30	
SS	1200	60	
NH_4^+-N	134	15	
动植物油	83	15	
pH值	6.9~7.2	6~8.5	
大肠菌群		5000	

1.3 本工程所需用到的化学药剂

序号	名称	型号	外观形态	标准	有效成分	投加量	备注
1	絮凝剂	PRC	黄色微粒	国标	工业级	少量	
2	助凝剂	阳PRM	白色微粒	国标	工业级	少量	

2 污水处理工艺选择及流程

2.1 生化处理工艺选择

屠宰加工综合废水具有以下特点：

水质、水量在一天内的变化比较大。有机污染物含量高，废水主要成分有粪便、血污、油脂、内脏残屑和无机盐类等，COD 一般在 1500～4000mg/L，最高时达 6000mg/L。可生化性较好，BOD/COD 大于 0.6。废水中含有大量的血污、羽毛、内脏残屑、食物残渣以及粪便等污染物，悬浮物含量高，水呈红褐色并有明显的腥臭味，且含有较多的病原菌。

2.2 水质分析

2.2.1 含有机物多

BOD_5 和 COD_{Cr} 是污水生物处理过程中常用的两个水质指标，用 BOD_5/COD_{Cr} 值评价污水的可生化性是广泛采用的一种最为简易的方法，一般情况下，BOD_5/COD_{Cr} 的值越大，说明污水可生物处理性越好，综合国内外的研究成果，可参照表 3-37 中所列的数据来评价污水的可生物降解性能。

表 3-37 污水可生化性评价参考数据

BOD_5/COD_{Cr}	＞0.45	0.3～0.45	0.2～0.3	＜0.2
可生化性	好	较好	较难	不宜

本工程污水 COD_{Cr} 约为 2200mg/L，BOD_5 约为 1400mg/L，BOD_5/COD_{Cr} 约为 0.6，说明污水的可生化性好，所以经济合理的生化处理法应优先考虑。

2.2.2 氨氮

氨氮在污废水中的存在形式有游离氨（NH_3）与离子状态氨盐（NH_4^+）两种。故氨氮等于两者之和。污废水进行生物处理时，氨氮不仅向微生物提供营养，而且对污废水的 pH 起缓冲作用。本项目污水氨氮含量约为 134mg/L，在可承受范围内，可以为微生物提供营养，不需单独考虑去除措施。

2.2.3 SS

悬浮固体（简称 SS）或叫悬浮物。悬浮固体中，有一部分可在沉淀池中沉淀，形成沉淀污泥，称为可沉淀固体。对于较难沉淀的固体，可辅之以混凝剂，形成大的矾花，使之沉淀。本工艺进水悬浮固体 1200mg/L，可考虑设置初沉＋气浮分离的去除工艺，能取得较好的效果。

2.3 污水处理工艺选择

必须设置水质水量的均化调节措施；需设置合理的预处理设施，减轻生化处理负荷；污水 BOD_5 与 COD 比值约 0.6，污水可生化性较好，主工艺优先采用经济实用的生化处理；对细菌指标有要求，必须设置消毒装置；为避免产生二次污染，需对泥渣进行减量化和无害化处理。

3　工艺设计

3.1　格栅井及格栅

本污水处理工艺设计中，因废水量较大，废水成分复杂，易堵塞工艺设备和构筑物，所以必须采用拦截设备，用以去除废水中较大的悬浮物、漂浮物、纤维物质和固体颗粒物质，从而保证后续处理构筑物的正常运行。设置简易格栅和机械自动清污细格栅各一道，位于污水处理系统进水口处。格栅井及格栅设计参数详见表 3-38。

表 3-38　格栅井及格栅设计参数表

格栅井设计参数	
宽度/mm	1000
外形尺寸/mm	5000×1000×4000（标高暂定）
材质	钢筋混凝土
数量/座	1
配套简易格栅参数	
规格/mm	1000×1000
栅条间隙/mm	20
材质	不锈钢
数量/台	1
配套细格栅参数	
型号	SHG-900
类型	回转式固液分离机
安装角度/(°)	75
栅条间隙/mm	5
格栅沟深/mm	4000（暂定）
格栅宽度/mm	900
电机功率/kW	0.75
用电类型	380V/50Hz
清污方式	机械循环耙齿自动清污
机架及耙齿材质	不锈钢
数量/台	1

3.2　集水池

考虑到进水标高可能较低，会影响后续构筑的埋深，特设置集水池，用来安装提升水泵。水泵设计选用潜污泵。集水池及其配套设备参数详见表 3-39。

表 3-39　集水池及其配套设备参数表

集水池设计参数	
设计停留时间/h	2
有效容积/m³	340
总外形尺寸/mm	7000×9000×6000
数量/座	1
配套集水池提升泵	
型式	潜污泵
型号	150WQ150-15-11
流量/(m³/h)	170
扬程/m	14
功率/kW	11
排出口径/mm	150
数量/台	2(1用1备)
配套液位仪	
型号	PB8600
型式	投入式液位计
量程/m	0~6
信号输出/mR	4~20
数量/台	1
配套电磁流量计	
型号	LD型
口径	DN150
检测流量/(t/h)	0~200
信号输出/mR	4~20
数量/台	1

3.3　滚筒式筛滤机

　　滚筒式筛滤机适用于工业废水及生活污水的固液分离,主要用于去除废水中的羽毛、内脏残屑、食物残渣等污染物。废水由进口进入缓冲槽,特殊的缓冲槽使得污水平缓均匀地分布入内网筒,内网筒通过旋转力将截留物质排出,过滤的水由网筒缝隙排出。

　　由于特殊的过水断面,过滤栅条永不堵塞。滤网为不锈钢材质,抗腐能力强。

　　滚筒式筛滤机参数详见表 3-40。

表 3-40　滚筒式筛滤机参数表

型号	XZGL-200
处理能力/(m³/h)	200
筒直径/mm	1200
筛网规格/mm	0.5
转速/rpm	6
电机功率/kW	1.5
主体材质	不锈钢
数量/台	1

3.4　初沉池

该池的设置主要是强化预处理的作用，其功能为：沉淀密度较大的无机颗粒杂质，有效保证潜污泵不堵塞卡死等，大大延长了潜污泵的使用寿命，同时便于沉积物的清理工作，延长后续调节池的有效容积。初沉池设计参数详见表 3-41。

表 3-41　初沉池设计参数表

水力负荷/[m³/(m²·h)]	1
设计停留时间/h	2
有效容积/m³	340
总外形尺寸/mm	$\phi 8000 \times 4500$
数量/座	2
结构	钢筋混凝土

3.5　变频恒压气浮

气浮法是一种较沉淀先进的处理方法。投加混凝剂而形成的絮凝体，是一个内部充满水的网格状结构物，它的密度与水相近。因此其沉速较慢而黏附了一定数量微气泡的絮凝体，其整体密度就会大大低于周围的液体密度，因而其上浮速度要比原絮凝体的下沉速度快得多，这就使气浮法与沉淀法的固液分离相比，可能时间大为缩短。典型工艺流程见图 3-16。

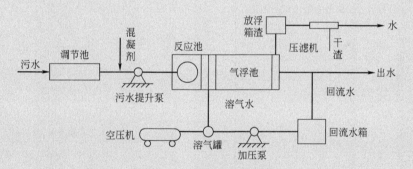

图 3-16　典型工艺流程图

反应原理：该气浮净水法是在高压情况下，使水溶入大量的气体为工作液体，当骤然减压时，释放出无数微细气泡，与经过混合反应的水中杂质黏附在一起，使其絮凝体的相对密度小于 1，从而浮于液面上，形成泡沫（即气、水、颗粒）三相混合体，使污染物得以从废水分离出来，达到净化的目的。

加入混凝剂和助凝剂的废水和溶气水同时在气浮池反应区反应凝聚，从原始胶体凝聚成絮凝体的过程就是该机的工作过程。整个反应原理为药剂扩散、混凝水解、杂质胶体脱稳胶体聚集，微絮粒碰聚，使胶体颗粒径从 0.001μm 凝聚成 2mm，絮凝体迅速上浮，排出用刮渣机定时刮排，经过反应浮选后的排放水从集水槽内自动流出。

3.6 调节池

所有进入污水处理系统的污水,其水量和水质随时都可能发生变化,这对污水处理构筑物的正常运转非常不利。水量和水质的波动越大,处理效果就越不稳定,甚至会使污水处理工艺过程遭受严重破坏。为减少水量和水质变动对污水处理工艺过程的影响,在污水处理系统之前设置调节池,以均和水质、存盈补缺,使后续处理构筑物在运行期间内能得到均衡的进水量和稳定的水质,并达到理想的处理效果。

本系统中将调节池设于系统进水前,须设置足够的混合设备,以防止固体沉淀和厌氧状态出现。混合设备采用空气搅拌装置。

3.7 UASB 反应器

在无分子氧条件下,通过厌氧微生物(包括兼氧微生物)的作用,将废水中的各种复杂有机物分解转化成甲烷和二氧化碳,废水得到初步净化。UASB 反应器设计参数详见表3-42。

表 3-42 UASB 反应器设计参数

设计水量/(m³/d)	4000
处理量/(m³/h)	170
停留时间/h	14
数量/座	2
池形	圆形
pH 值范围	6.8~7.2
COD 设计容积负荷/[kg/(m³·d)]	3
有效容积/m³	2350
上升流速/(m/h)	0.6~0.9
单座尺寸/mm	φ15000×9500
材质	钢筋混凝土
配套设备	三相分离器 2 套
	布水系统 2 套
	强制循环泵 2 台 150WL150-30-22,170t/h,30m,22kW

3.8 水解酸化池

水解酸化池利用水解和产酸微生物,将污水中的固体、大分子和不易生物降解的有机物降解为易于生物降解的小分子有机物,使得污水在后续的好氧单元以较少的能耗和较短的停留时间下得到处理。

采用水解-生物氧化 MBR 法与传统的活性污泥相比,其基建投资、能耗和运行费用可分别节省30%左右。由于水解池具有改善污水可生化性的特点,使得本工艺不仅适用于易于生物降解的城市污水等,同时更加适用于处理水质波动较大的烟草污水。水解酸化池及其配套设备参数详见表 3-43。

表 3-43　水解酸化池及其配套设备参数表

水解酸化池设计参数	
设计水量/(m³/h)	170
停留时间/h	4
有效容积/m³	680
外形尺寸/mm	14000×9000×6000
有效水深/mm	5500
结构	钢筋混凝土/半地上式
数量/座	1
配套组合填料参数	
材质	ZH-150
体积/m³	440
配套填料支架参数	
面积/m²	126
配套出水堰参数	
材质	碳钢防腐
数量/套	1

3.9　接触氧化池

水解酸化池出水自流入生物接触氧化池，自下向上流动，运行中废水与填料接触，微生物附着在填料上，水中的有机物被微生物吸附、氧化分解并部分转化为新的生物膜，废水得到净化。溶解氧控制在 2～4mg/L，能够进一步降解难降解有机物，脱除氨氮、磷，对水质起关键作用。该工艺在填料下直接布气，生物膜直接受到气流的搅动，加速了生物膜的更新，使其经常保持较高的活性，而且能够克服堵塞现象。由于此时废水中各污染物含量较低，可取较低的容积负荷。

生物接触氧化池由池体、填料、布水和布气系统四部分组成，作为进一步净化废水的后处理过程。

3.10　二沉池

沉淀池是生化工艺的重要组成部分。它的作用是使活性污泥与处理完的废水分离，并使污泥得到一定程度的浓缩，使混合液澄清，同时排除剩余污泥，其工作效果直接影响活性污泥系统的出水水质和排放污泥浓度。沉淀池采用辐流式沉淀池。

3.11　污泥缓冲池

气浮池的浮渣、生化池的剩余污泥及沉淀池底泥排至污泥缓冲池，经泵提升后进入污泥脱水机进行脱水处理。污泥缓冲池设计参数见表 3-44。

表 3-44　污泥缓冲池设计参数

有效容积/m³	200
外形尺寸/mm	$\phi 8000 \times 4500$
材质	钢筋混凝土
数量/座	1

3.12　污泥脱水机

本工艺设计中污泥脱水拟采用叠螺式污泥脱水机。

叠螺式污泥脱水机为我公司自主技术创新，开发出的新一代无污堵、应用范围广、低能耗、运行维护简单的节能型污泥脱水设备，摆脱了前几代污泥脱水设备易堵塞、无法处理低浓度污泥及含油污泥、能耗高、操作复杂等技术难题。

3.13　沼气收集系统

UASB 产生的沼气进入沼气收集系统，经水封罐、气水分离器、脱硫塔，进入贮气罐，再经阻火器后输出进行沼气利用。本废水处理系统厌氧部分每天产生优质沼气约 $2813m^3$。

4　电气、自控设计

4.1　配电及装机容量（略）

4.2　装置及装机容量（略）

4.3　控制及检测（略）

4.4　照明（略）

5　管材及防腐、消防措施

5.1　管材

地下埋设管道及预埋件应采用热浸锌层及涂层双重保护。

地面上污水管、污泥管等工艺管道主要采用 U-PVC 和焊接钢管；空气管道采用无缝钢管，加药管道采用 U-PVC 管；曝气管水上部分采用焊接钢管，水下部分采用 U-PVC 管。各种管道的管径根据工艺计算而定。

5.2　防腐措施

小口径管道（管径≤DN150mm）以下均采用钢管、U-PVC 管或热浸锌管。

大口径管道（管径＞DN150mm）以上采用钢管，且管壁外涂 1 道底漆 2 道面漆以加强防腐。

5.3　消防措施

文中水处理站设有办公区，因此需按规范设置相应的消防措施，我公司拟设计采用布置现场灭火器及综合设置专用消防管路及水泵的方式提供消防。

6　经济环境和社会效益评价

6.1　主要运行成本（略）

6.2　环境与社会效益分析（略）

7　思考问题

① 屠宰加工废水有哪些特点，需要进行怎样的处理？
② 简述案例中屠宰加工废水处理的基本流程，并阐述各环节的作用。
③ 分析此案例中屠宰加工废水处理工艺的缺陷，并提出改进措施。

◣ 3.4　区域水环境治理工程案例

3.4.1　河道水环境治理工程

随着社会经济发展和环保管理不到位，水体污染状况已经严重影响城乡环境及景观风貌，水体治理相当迫切。以某水景观建设工程为例，分别对项目建设目标、建设任务、水环境建设、施工管理、环境影响等方面进行阐述，并对存在的问题进行相应的专题研究。

S 市河道水景观建设工程

改革开放以来城市各项建设快速发展，城市基础设施日益完善。与此同时，城乡水环境保护和景观建设却远远落后于经济社会发展速度，影响市容及周边社区公众的身心健康，进而在一定程度上制约了城乡环境及经济发展。

水景观带的建设，能够尽早摆脱这一制约束缚，创造良好的人居环境，同时增强市区的招商引资吸引力，带动整体建设开发速度，提升周边土地价值和项目建设效益。因此，对恶劣的城市水道现状治理改善，建设优美生态的城市水景观带，已经刻不容缓。

1 项目概况

1.1 自然条件

该地处于中纬度地带，属暖温带大陆性季风气候，四季分明。夏季炎热多雨，冬季寒冷干燥，春季干旱多风沙，秋季秋高气爽，冷热适宜。冬季多偏北风，夏季多偏南风，年平均风速多在 1.5～2.5m。

年平均气温为 11.9℃。一月最冷，月平均气温为－4.7℃；七月最热，月平均气温为 26.2℃。全市早霜一般始于 10 月中、下旬，晚霜一般止于翌年 4 月中、下旬，年平均无霜期为 183 天左右。

全市年平均降水量约为 560mm。降水季节分布不均，多集中在夏季，6～8 三个月降水量一般可达全年总降水量的 70％～80％。多年平均蒸发量为 1715.3mm。地面相对湿度 62％。全市年平均日照时数在 2660h 左右，日照百分率为 60％，每年 5～6 月日照时数最多。

1.2 工程地质

本项目工程建设范围内（采样勘测点）场区主要由填土、粉土及黏性土组成，建筑场地类别为Ⅲ类。场地抗震烈度为 8°，标准冻土深度 0.7m。场区地形平坦，地貌类型单一，地层结构简单，分布连续，厚度稳定，物理力学性质均匀，无不良地质现象分布，场区稳定性较好。地基土对混凝土结构无腐蚀性，对钢筋混凝土结构中的钢筋也无腐蚀性。

1.3 主要建设条件

1.3.1 社会条件

本项目建设符合我国当前构建和谐社会的国策要求，并且周边各城市不乏类似项目建设的成功案例。政府提供有力的地方政策保障，各部门通力合作、紧密沟通，社会公众支持，具备有力的国家政策、地方政策和社会条件。

1.3.2 区域经济条件

区域经济的高速发展，为本项目的建设提供了充足的物质、经济基础保障条件。

1.3.3 建设条件

项目所在区域各类功能区建设、环境建设、道路交通建设、景观建设较为完善，项目建设区周边的城市用地现状及规划条件许可本项目建设展开。与河道相关的截污工程建设在短期内即将完成，为景观河渠道供水的中水输送工程短期内将建设完成，届时能够满足本项目建设的前提条件。城市雨水收集系统建设、城市分质供水系统建设方面，需尽快启动、建设、完善，以保证本项目的建设目标最终实现，满足本项目后续运营的保障条件。

1.3.4 规划条件

项目区水利规划较为完善，从不同侧面及层次为本项目的建设实施提供依据，做出指导，明确指标，使本项目的具体建设有章可循、有据可依，使本项目具备完善的规划指导条件。

项目区自然地理、气象、工程地质等方面没有阻碍项目建设实施的根本问题，现状河道本体、周边生态植被覆盖等条件能够满足项目建设的基本要求，具备本项目开展建设的基本条件。

1.3.5 水环境条件

在本项目水源供应方面，以现状污水处理厂尾水作为主体水源，结合汛期雨水收集利用作为季节性辅助水源，以浅层地下水作为应急水源，远期利用南水北调水库水源作为调补备用，能够为本项目近、远期景观提供水源条件。

在本项目水量保障方面，配合河渠道防渗工程，现状污水处理厂出水供应量能够满足本项目底线基本蓄水要求，近、远期中水供应量将逐渐增加，能够提供较为充足的主体水量供应；同时，雨水收集、存蓄及跨季节调用，将为本项目提供进一步的季节性水量保障；另外，以少量南水北调供水作为本项目的补充、调蓄、应急水量供应，进一步完善了本项目近、远期的水量供应保障条件。

在本项目水质控制方面，现状水体污染源的截污工程短期内将竣工完成；初始中水供水水质的达标配套工程的筹划现已在进行，为本项目建设及运营维护的水体水质控制提供了初步条件。

综上，本项目建设具备较为完善的现状及规划条件保障，并且建设条件水平并将在近期得到进一步的提升。

2 项目选址（略）

2.1 项目建设范围划定（略）

2.2 项目周边现状（略）

2.3 水景观段设计建设的风格定位（略）

3 建设内容与建设要求

3.1 建设内容

本项目工程建设内容包括水景观河渠道建设段工程及与景观建设段在水体循环上连通（无闸坝分割）的河渠道段的水利建设工程两部分，水景观工程内容涵盖相应范围内的水利工程段，水利工程建设的内容范围除涵盖了本项目景观建设段外，还包括了与水景观建设段在水体连通上紧密不可分的其他必要水利工程段。

建设段平均用地控制范围为河岸两侧 200～500m，此范围为平均控制宽度，应尊重实际场址现状，依据各层次规划，在不突破总体控制框架的前提下因地制宜处理，达成建设立竿见影的城市水景观带的目标；还需综合考虑建设范围中在 1～2 年内进行拆迁不太现实的现状建筑群及单体建筑，使其在维持现状的前提下经必要整修后达到现期景观标准要求。以此来做到水景观建设的近、中、远期兼顾。

3.2 建设要求

本项目建设布局及标准应适应城市水景观建设、水利建设及水环境建设的总体发展战略，以在短期内见效为现实目的，以符合远期发展要求为长远目标。故而，本项目的各层次建设布局和建设要求应达到建设目标所需要的效果标准。

3.2.1 水体还清及循环流动的建设要求

本项目工程建设完成后，在项目之外的其他配套建设工程配合下，应保证景观水自大皮营引渠注入本项目段后回流向污水处理厂方向，并完成景观中水自我循环、往复利用的水体功能结构；实现循环流动过程中在人工辅助下的一定生态自洁功能。

3.2.2 水工（景观）建筑物工程建设布局及要求

水利建筑物设计与建设的原则是水工与景观功能相结合，形成景观化的水工建筑物，同时满足水利及景观两方面的需求。此类建筑物不仅应满足原有的水利功能，而且应同时具备观赏、亲近、游玩、交通联系等其他景观服务功能。

该类建筑物主要有：桥梁、水坝、水闸、水塔、设备用房、涵洞等。设计建设中应满足下列要求：

① 应充分考虑景观建筑组群的整体序列概念组织，水工建筑应融入此景观概念系统；

② 水工建筑的景观处理应尺度适宜，靠近城市车行干道的需同时满足车行视觉欣赏要求；

③ 水工建筑的景观处理应互动具备吸引力；

④ 水工建筑物景观化处理后，感受主体的第一感受应是景观作品的印象，避免在水工建筑物上简单装饰的粗糙处理。

3.2.3 其他主要水景观建构筑物建设布局及要求

除上述水利与景观结合的建筑物之外，在景观区内的其他主要景观建构筑物，应从满足景观服务需求方面着眼，完成布局，形成风格。

该类建筑物主要有：水道周边的大型水景观建筑物、一般水景观建筑物、大型亲水设施、尺度较大的重要景观小品、重要城市雕塑、重要廊架通道等。

此类建构筑物应满足水景观带的整体概念定位，风格造型、空间氛围营造应呼应整体区段的要求，依据区位属性满足车视、人视、互动等不同层次的景观要求，同时具备观赏、亲近、游玩、交通联系等多方面的景观服务功能。

本段涉及的主要景观建构筑物主要应依附重要景观节点区设置，具体布局有待后续研究、设计、建设过程中落实完善。

3.2.4　边坡、堤岸（景观驳岸）工程建设布局及要求（略）

3.2.5　绿化种植系统工程建设布局及要求（略）

3.2.6　配套设施及后期养护服务系统建设的要求

① 在必要的区位设置小商业、公厕、管理等配套建筑。

② 在需要的区位设置休闲、休憩、健身、交往等配套公共设施。

③ 景观区后期养护配套工程应充分考虑景观带在未来与城市新建功能区的结合、外延，有充分的维护容量预留。

④ 景观区后期植物养护用水应充分考虑利用渠道景观水或场地雨水集蓄量解决。

3.2.7　防洪、排水工程建设的要求

本项目在建设水景观带的同时，需依据水利规划，达标完成本渠道段的排水规划建设。它与水景观建设之间有着密不可分的有机联系，应该互相配合、互相补充。

① 在排水建设上，应满足水利规划的相关控制参数要求，与景观建设有机一体达标建设完成。在龙河防洪、排水规划中已有具体要求。规划河底高程、堤岸结构、边坡系数、规划左右堤高程、堤口宽度、堤顶路标准等相关技术参数已详细规定。

② 河道防洪工程同时肩负着为水景观的汛期运行提供保障的任务，应尽可能减少暴雨对景观工程的影响。

③ 同时，应考虑结合利用景观边坡和亲水景观设施建设的内容，在防洪、排水规划达标的基础上，更进一步地强化防洪工程的能力，使景观建设同时为防洪工程作出贡献。应在具体设计中，利用景观建设，强化相关边坡、堤岸的耐冲刷强度，提高耐侵蚀性，并结合景观建设的生态处理，增强河道水土保持、生态自洁、排水、蓄水的能力。

④ 防洪排水标准：龙河左堤防洪建设应达到 50 年一遇标准，右堤及河道防洪标准达到 20 年一遇标准。

⑤ 将相关河道边坡、桥梁、闸坝等水工建设与景观建设一体考虑，在满足本身功能及水工要求的前提下，首先将其视为景观实体加以设计建设。

⑥ 附属水利工程段是为了与水景观段配套进行防洪、排水一体建设，故本段工程防洪、排水工程布局严格依照龙河防洪、排水规划布局及相关具体参数要求进行建设。其堤顶道路工程依据龙河防洪、排水规划堤顶道路布局安排及相关指标进行工程建设。绿化工程指河道两侧堤顶路外缘向外延伸（平均）10m 范围内，现状植被覆盖区的整修及必要的绿化种植填充。照明工程指沿堤顶路进行一般道路照明工程建设。

3.2.8　雨水集蓄工程建设的要求

本项目段雨水引入对象分为雨水管道及渠道周边的地表雨水。

市政管道雨水水质的不稳定性，故宜在排入渠道前结合景观设置一定的暂存集水区或进行初步的净化处理后排入，以减少雨水水质对渠道景观水的可能影响。

水景观带周边地区在强降雨期的场地地表雨水径流组织引入渠道，原则上应纳入暂存缓冲区后注入渠道。市政雨水管道对渠道的就近排放接口同样宜引入暂存缓冲区，而后由暂存缓冲区排入渠道。

在具体实施上，应结合整个城市雨水管道工程的建设进度，适时将雨水管道出水引入景观渠道，接纳城区雨水管道收集后的就近排放出水。在雨水管网未有效覆盖地区，依据自然地形地势走向，结合景观带周边竖向高程，人工先期干预引流，形成城市地域性的雨水径流汇集片区，并通过暂存及引流手段促使此部分水量最终纳入景观水体。在本项目实际建设中，首先应完善景观区内场地地表雨水径流的汇集，结合景观及场地实际情况设置暂存缓冲区，并考虑暂存缓冲区针对未来雨水管道引入的建设预留准备。

4 工程建设施工及工程建设管理

4.1 工程建设分期及进度

工程建设分期及进度，在考虑河渠道工程雨季施工困难及避免冬季施工的前提下，综合考虑施工场地准备、施工机械、动力供应、材料准备、施工组织的综合协调，多头并举，保证合理工期下的尽快建设实施。力争2006年内截污完成，2007年全面建设完成。

4.1.1 第一阶段建设

本项目的分期建设应从提高建设速度出发，考虑实际建设的季节影响因素，多项同步进行，在完成期上着力控制。

第一阶段：计划完成的工程内容是河道景观带配套的市政截污工程。计划开始建设并部分完成的工程内容是小部分绿化种植工程。

4.1.2 第二阶段建设

第二阶段：计划完成的工程内容包括河道清淤扩挖、筑堤、河道防渗工程、河道固床工程、边坡（驳岸）主体工程、闸坝主体工程、亲水景观驳岸工程、闸坝主体工程、桥梁主体工程灯光照明系统总线工程、音响广播系统总线工程。

计划部分完成的工程内容包括部分闸坝附属的景观工程、部分边坡（驳岸）景观工程、部分堤顶道路工程、部分景观区道路车场、部分桥梁工程、部分景观铺装工程、部分绿化种植工程、部分景观建筑工程、部分场地雨水及管道雨水入渠接口单元建设、部分分质供水接口单元建设。

4.1.3 第三阶段建设

第三阶段：工程全面完成，内容包括整个水景观（区）带内各系统的工程建设。

4.2 工程建设施工

工程施工宜减少临时占地，能在工程建设范围内解决的，做好施工步骤安排，分段分期，相互利用协调解决。

工程施工土方应遵循场内平衡原则，避免前期外调土方、后期外运土方的成本浪费。整体土方有余量可考虑场内景观地形造坡。河渠道底泥应结合设计合理安排，尽量减少外运的运输成本支出。

施工电力、水源供应均应就近解决。设备、材料供应须提前筹划，保证按进度足量供应保证。露天材料堆场选址宜综合考虑外运交通便利性和施工区段联系的顺达。具有污染和有毒材料的运输储放应严格依照环保要求安排进行。

施工组织应协调有序，多头并进，衔接紧密。配套劳动保护及生活配套设施应完善合理、条件齐备。

4.3　工程建设期管理

4.3.1　资金管理（略）

4.3.2　项目组织实施（略）

4.3.3　项目监理（略）

4.3.4　项目招标投标（略）

4.3.5　项目验收（略）

5　环境影响分析

5.1　工程施工对环境的不利影响预测分析（略）

5.2　项目工程（含配套工程）对环境有利影响预测分析（略）

6　效益评估

6.1　社会效益（略）

6.2　环境效益（略）

6.3　经济效益（略）

7　投资估算与资金筹措

7.1　估算编制的依据（略）

7.2　估算编制的范围（略）

7.3　估算编制说明（略）

7.4　总投资估算（略）

7.5 资金筹措（略）

8 建议

为保证本项目建成后正常运行，需保障足够水源水量和相对稳定的水质，且在近期完成相应配套工程。为达到建设良好生态环境的目的，提高建设效率，方便后期水系统的维护，建议采用具有占地少、免维护、施工速度快的新型生态材料，形成免维护生态工程结构。

3.4.2 纳污坑塘水环境治理工程

纳污坑塘整治应根据污染程度及治理难度，将坑塘进行分类、分批治理，统筹安排。以某镇坑塘治理为例，总结了主要坑塘的污染情况，并对坑塘污染源进行了分析，从而依据"泥水共治、生态治理、因地制宜、标本兼治"的原则，在比选的基础上，有针对性地提出了坑塘治理方案。

某县 T 镇坑塘污染综合整治工程

党的十八大明确提出"大力推进生态文明建设"，把生态文明建设纳入五位一体总布局，"十九大"将生态文明建设列为国家的政要战略，践行"绿水青山就是金山银山"的理念，着力解决坑塘污染问题，切实改善农村人民居住环境。

为加快推进坑塘污染综合整治工作，全面解决坑塘污染问题，切实维护人民群众的环境权益，根据省政府统一部署，以及省环境保护厅统一要求，开展纳污坑塘专项整治工作。根据纳污坑塘的相关资料，纳入治理范围的坑塘位于某镇境内，以多种形式分布。

1 总述

1.1 项目依据

1.1.1 法律法规（略）

1.1.2 标准及规范（略）

1.1.3 相关文件（略）

1.2 项目治理内容及规模

本项目拟对镇域内生活污水、垃圾经雨水浸泡生成的浸出液及养殖废水的混合坑塘、工业废水及生活污水的混合坑塘两类纳污坑塘进行治理。根据调查与分析，生活污水、垃圾经雨水浸泡生成的浸出液及养殖废水的混合坑塘12个；清洗肠衣废水、肝素提取产生的污水及少量生活污水的混合坑塘 6 个。项目治理内容包括坑塘污水治理 48300m³，底泥治理 37310m³，生活垃圾清运及暂存处理 19730m³。

2　项目概况与现状分析

2.1　区域概述

2.1.1　项目区位

该镇位于山区与平原衔接部，西北部为低山丘陵区，东南部为平原区，公路穿境而过，交通便利。该镇总面积 57km²，辖 29 个行政村，总人口 29060 人，耕地 4.36 万亩。

2.1.2　气候特点

项目区地处暖温带半干旱大陆性季风气候，四季分明，春旱多风，夏热多雨，秋高气爽，冬寒少雪。年平均气温 12.2℃，年平均降水量为 578mm，全年日照时数 2523.4h，年无霜期 195 天。

2.1.3　水文特点

境内河流有六条主要河流，其中一条为县域主要行洪河道。中型水库一个，小型水库三个。山区和丘陵地下水多为裂隙水和构造水。平原位于县域东南部，地势平坦，水资源储量比较丰富。地下水的补给来源主要是大气降水。全县多年地表水资源总量 9558 万 m³，地下水资源总量 9719.87 万 m³。

2.1.4　社会经济发展状况

项目区经济以林果、草莓种植、瓜菜种植、肠衣加工、畜牧养殖业和建材业为主，其中肠衣加工和养殖业为支柱产业。

2.2　治理对象与内容

本项目涉及治理坑塘共计 18 个，坑塘总污水含量约为 $4.83 \times 10^4 m^3$，总底泥量估算 $3.731 \times 10^4 m^3$，坑道两岸和坑内存在大量生活垃圾估算 $1.973 \times 10^4 m^3$。

2.3　坑塘污染现状（略）

2.4　项目污染源及现状分析

2.4.1　纳污坑塘生活污染源分析

经过前期实地踏勘和取样分析，生活混合坑塘污染物主要来源于居民倾倒的生活垃圾、未经处理的生活污水及少量养殖废水，部分坑塘目前仍有生活污水排入，并且由于本身地质的原因，自然雨水的累积，垃圾长期浸泡产生有害物质，致使水体有害物质浓度积累。生活污水及生活垃圾浸出液会随着降雨、地表径流等进入到坑塘水体中，大量的 N、P 营养元素及有机污染物进入坑塘，藻类等浮游植物大量繁殖，导致坑塘富营养化严重，水体溶解氧含量下降，厌氧反应产生恶臭气味，淤积底泥在缺氧环境下会发黑变臭，严重影响坑塘水体的质量。污水和底泥的污染极大影响了周围村民的健康及生存环境。

2.4.2 纳污坑塘工业污染源分析

坑塘内工业污水主要指区域范围内当地肠衣加工企业以及肝素提取过程中产生的工业废水。肝素钠是从猪或牛的肠黏膜中提取的硫酸氨基葡聚糖的钠盐，其生产工艺为酶解法，生产工序主要包括粗制和精制两部分。粗制过程主要包括盐析和离子交换；精制是在加工得到的粗品的基础上进行过滤、洗涤、干燥得到肝素钠精品。从其生产过程中可以看出，污水主要来自两部分，洗肠污水和酶解污水。由于受肝素提取工艺的限制，在肝素钠生产过程中产生的污水往往具有高盐浓度、高有机物浓度、高氨氮浓度的"三高"特点，若直接排放到江河将对水环境造成极大的危害，并且对坑内底泥造成严重污染。

2.4.3 纳污坑塘污染现状分析

经现场调研及检测，坑塘污水污染物主要为 COD、氯化物、氨氮、盐量、色度等指标，是一种较难治理的混合型污水，其水质指标详见表 3-45。

表 3-45 坑塘污水水质指标

坑塘编号	COD_{Cr} /(mg/L)	氨氮 /(mg/L)	TN /(mg/L)	TP /(mg/L)	硬度 /(mg/L)	氯化物 /(mg/L)
1	3755	26.4	358	50.3	1828	443
2	3953	130.9	139	132.3	668	213
3	4251	61.4	78.5	67.2	299	443
4	3656	731	782	367.2	1161	688
5	4091	69.0	83.3	78.2	678	547
6	3972	88.0	92.7	81.3	638	632
7	3893	553	632	398	658	853
8	3833	58.5	67.3	53.3	379	292
9	4130	127.7	139.2	98.7	559	678
10	3823	69.3	125	78.5	578	247
11	3920	57.5	69.5	67.4	645	430
12	3945	63.6	73.4	134	673	587
13	4050	78.5	87.5	83.3	649	245
14	3723	61.3	64.3	93.2	548	288
15	4037	65.7	93.4	84.3	571	291

除未经处理的生活污水、工业废水、养殖废水的排入外，由于坑塘附近村庄的长期倾倒及存放垃圾，更加剧了水体有害物质浓度积累，并且对坑内底泥造成严重污染，致使污水、底泥中的 COD、NH_4^+-N、TP 超标，形成内源污染。现坑塘污水指标远高于《城镇污水处理厂污染物排放标准》（GB 18918—2002）排放标准、《地表水环境质量标准》（GB 3838—2002），大部分纳污坑塘底泥发黑，有恶臭气味，水体颜色呈现黑色、粉

红色，透明度低。部分生活污染源为主的坑塘由于生活污水和养殖废水的排入，水体富营养化现象明显。

坑塘污水污染主要特征是：COD 含量较高，平均含量约为 3948mg/L；氨氮和 TN 高，氨氮平均含量约为 205mg/L，TN 平均含量约为 264mg/L；TP 较高，平均含量约为 147mg/L；污水含盐量较高，氯化物平均含量约为 532mg/L。

3　治理的理念原则与目标要求

3.1　治理理念（略）

3.2　治理原则（略）

3.3　治理内容（略）

3.4　治理目标及要求（略）

4　治理技术、方案比选与确定

4.1　纳污坑塘污水主要治理技术

4.1.1　污水处理厂处理

污染水体治理措施有多种处理方式，最为传统的处理方式是将污水输送至污水处理厂进行净化处理，或者输入干净的水源进行稀释处理，两种处理方式均需要铺设输水管线。

污染水体输送至污水处理厂处理，处理效果较明显，不需要后期处理。但是此项措施需建设管道进行输送，由于坑塘比较分散，数量比较多，建设管道工程量大，建设成本大，且此项措施不对污染源进行清除，坑塘内有水即可形成污染水体，水质维持长效性差，需要进行多次治理。另外，此项措施对坑塘景观无改善，无生态效益。故本项技术措施不适宜用于本项目。

4.1.2　磁混凝处理技术

磁混凝技术有以下优点：磁混凝技术可用于对城市污水的一级强化处理、深度处理、中水回用和多种工业污水的处理；处理效果好，其出水水质可与超滤膜出水相媲美；处理速度快，整个工艺流程从进水到出水不到 20min；占地小，由于高速的沉降性，比常规污水处理设施的占地面积缩小 10～20 倍；投资低，相比传统的混凝沉淀和膜技术在建造成本上都低很多；运行成本低，对药剂的优化使运行成本明显降低，减少了运行费用。设备的使用寿命长，除了正常的维护外，不用更换部件而造成高昂的二次投资；耐冲击负荷，由于污泥沉降的稳定性，可有效抗水力冲击负荷。

4.1.3　重金属处理技术

（1）碱沉淀法

许多重金属离子都可以生成氢氧化物，因此常通过加碱调节废水的 pH 值或投加重金属捕捉剂与重金属离子发生沉淀反应。重金属离子经中和沉淀后，其剩余浓度仅与 pH 值有关。据此可求得某种金属离子溶液达到排放标准时的 pH 值。

（2）重金属捕捉剂

添加重金属捕捉剂是一种迅速、高效的去除水体重金属的方式。重金属捕捉剂通过与废水中的各种重金属离子强力螯合，在短时间内迅速生成絮状沉淀，从而使重金属离子从污水中去除。重金属捕捉剂使用 pH 在 2～10 之间，适用范围广，投加助凝剂 PTM 能快速实现沉淀分离。

4.1.4 芬顿氧化处理技术

芬顿氧化技术利用的是 Fenton 试剂的催化氧化原理。Fenton 试剂是由过氧化氢（H_2O_2）和亚铁离子（Fe^{2+}）结合而成的，具有极强的氧化能力，可以去除 COD、色度、泡沫等，特别适用于难生物降解或一般化学法难以奏效的有机废水深度处理。

4.1.5 MBR 膜处理技术

MBR 膜生物反应器工艺（MBR 工艺）是膜分离技术与生物技术有机结合的新型废水处理技术，也称膜分离活性污泥法。它利用膜分离设备将生化反应池中的活性污泥和大分子有机物质截留住，水力停留时间（HRT）和污泥停留时间（SRT）可以分别控制，而难降解的物质在反应器中不断反应、降解。

MBR 的应用领域比较广泛，特点比较明晰，详见表 3-46。

表 3-46　MBR 应用领域介绍表

类别	处理方法	处理结果
生活污水	预处理-MBR	中水回用
混合污水	预处理-MBR-RO	系统补水
化纤、制药废水	预处理-厌氧-MBR	达标排放
氨氮废水	预处理-气浮-厌氧-MBR	系统补水
垃圾养殖废水	预处理-厌氧-MBR-RO	达标排放
污水处理厂	好氧-MBR	回用

4.1.6 活性炭吸附工艺介绍

活性炭吸附技术是以活性炭为主要原料研制出的一种具有吸附剂的处理系统。其优点包括：有机物去除能力强，脱色能力强，耗电量低，不产生臭气、废气或噪声，不产生固废物，处理费用低。

4.1.7 氨吹脱处理技术介绍

吹脱法用于脱除水中氨氮，即将气体通入水中，使气液相互充分接触，使水中溶解的游离氨穿过气液界面，向气相转移，从而达到脱除氨氮的目的。常用空气作载体（若用水蒸气作载体则称汽提）。

吹脱塔常采用逆流操作，塔内装有一定高度的填料，以增加气-液传质面积，从而有利于氨气从废水中解吸。废水自上而下流过筛孔，自下而上鼓吹空气，速度为 2m/s 左右，空气能把流经筛孔的部分废水吹成泡沫状，从而大大增加气液二相接触表面积，提高气液交换效率。常用填料有拉西环、聚丙烯鲍尔环、聚丙烯多面空心球等。废水被提升到填料塔的塔顶，并分布到填料的整个表面，通过填料往下流，与气体逆向流动，空气中氨的分压随氨的去除程度增加而增加，随气液比增加而减少。废水经喷嘴或淋喷头喷洒成微小水滴，自上而下降落，在降落过程中与空气充分接触。水为分散相，空气为连续相。此种曝气方式常用于去除易氧化的可溶性污染物和废水中的有毒气体。经气液交换后的气体从吹脱塔顶部到气液分离器分离后，根据具体情况进行有用物质的回收或处理，集于塔底的废水回用或排放。

4.1.8　投放药剂处理

随着污水处理行业的发展，污水处理的投放药剂分为多种用途的药剂，常用的药剂分为絮凝剂、助凝剂、调理剂、破乳剂、消泡剂、pH 调整剂、消毒剂、氧化还原剂等。

选择用投放药剂的成本较低，见效快，但是水质维持时间短，一般药剂处理过的水体，水质仅保持一周，一周后复发污染现状。如坑塘内水体中有重金属污染，可选择氧化还原剂、絮凝沉淀剂等对水体中的重金属进行去除。

4.1.9　人工复氧处理

人工复氧技术作为一种投资少、见效快的河流污染治理技术，在很多工程被优先采用。在水体中进行充氧不但能改善水体黑臭状况，而且能使上层底泥中还原性物质得到氧化或降解。曝气在河底沉积物表层形成了一个以兼性菌为主的环境，并使沉积物表层具备了好氧菌群生长刺激的潜能，从而能够在较短的时间内降低水体中有机污染物，提高水体溶解氧的浓度，增强水体的自净作用，改善水环境。

4.2　纳污坑塘底泥主要治理技术

4.2.1　生态清淤处理

生态清淤是在不影响周边环境的前提下，对施工区域进行科学、合理、有序的安排，根据底泥所含物质的特性区分处置的清淤手段。生态处理要素是根据情况对上部淤泥和中部进行清理，上部浮泥层是底泥中最易污染上覆水体的主要因素，是环保疏浚的主要对象；生态清淤同时也应去除中部淤泥层；底部老土层属自然构造层，是生态清淤过程应该保留的部分。底泥治理既要去除污染底泥，又要尽量减少非污染底泥的超挖，以避免破坏，同时要降低污染底泥的处理量和处理费用。

4.2.2　底泥生物修复技术

底泥生物修复技术能提高水体的自我修复能力，保持水体的自然平衡，但是底泥生物修复技术处理时间长，且仅适合有机质含量高的底泥。

4.3　纳污坑塘垃圾处理处置主要技术

4.3.1　垃圾收集转运技术介绍（略）

4.3.2　垃圾暂存处置技术介绍（略）

4.4　纳污坑塘生态修复主要技术（略）

4.5 纳污坑塘治理技术比选及技术路线

4.5.1 生活混合坑塘污水技术比选及技术路线选定

生活混合坑塘污水主要来源于居民倾倒的生活垃圾、未经处理的生活污水、少量养殖废水。自然雨水的累积，垃圾长期浸泡产生有害物质，致使水体有害物质浓度积累。污染物质主要为大量的 N、P 营养元素及有机污染物，可生化性好。根据污水特征，核心处理技术选择"混凝沉淀＋MBR 系统"。由于污水存在高氨氮的特征，且生活污水中还混有养殖、垃圾浸泡液等污水，水质复杂，投放除氨氮药剂处理效果不稳定，为更好地去除氨氮污染物，氨氮处理增加氨吹脱技术。

通过技术比选与组合，生活混合坑塘污水技术路线如图 3-17 所示。

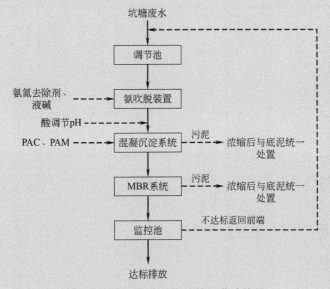

图 3-17 生活污水混合坑塘工艺路线图

4.5.2 工业混合坑塘污水技术比选及技术路线选定

工业混合坑塘污水主要来源于区域范围内当地肠衣加工企业以及肝素提取过程中产生的工业废水及生活废水，混合污水具有高盐浓度、高有机物浓度、高氨氮浓度的特点。根据其高盐度的特征，生化处理技术效率低，效果差，因此主要选择物理及化学处理技术，根据比选，核心处理技术选择"混凝沉淀＋芬顿系统"，芬顿试剂氧化性强，反应过程中可以将污染物彻底地无害化，而且氧化剂 H_2O_2 参加反应后的剩余物可以自行分解掉，不留残余，同时也是良好的絮凝剂，能够有效地去除污染物质；由于混合水质复杂，投放除氨氮药剂处理效果不稳定，因此氨氮处理选用氨吹脱技术；深度处理选用活性炭吸附技术使出水实现稳定达标。

通过技术比选与组合，工业混合坑塘污水技术路线如图 3-18 所示。

4.5.3 底泥处理技术比选及技术路线选定

对于坑塘的底泥采用原位生态治理与生态清淤技术相结合的形式，为水生生态系统的恢复创造条件。清除坑塘水体中的污染底泥，保留坑塘底层富含微生物和底栖动物的沉积物亚层，并为坑塘生态系统的恢复创造条件，对于削减内源污染，为水环境的综合治理打下基础是至关重要的。

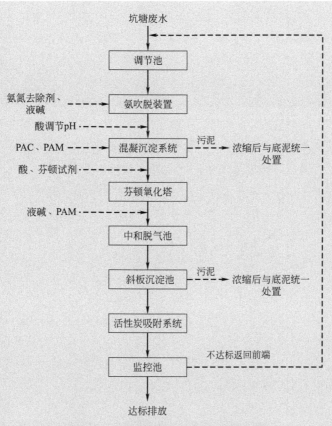

图 3-18 工业污水混合坑塘工艺路线图

（1）消减底泥，增强底泥活络性菌质

通过投加有益微生物、酶和必要的营养物质的底泥原位活化修复菌剂，刺激污泥中微生物的活性，进而通过微生物作用降解污泥中的污染物，实现底泥的减量。该菌剂环境友好、不会产生二次污染；可直接沉到污泥层，方便进行大面积投放及针对污泥较多的"重点区域"投放。

底泥有机质和氮化物通过长时间、持续降解后，变成细胞体，游离于水体中，被原生和后生动物、滤食性鱼类捕食，最终达到污泥减量化的目标。

（2）机械清淤

现行主要河道清淤方式有：耙吸式挖泥船、抓斗式挖泥船、绞吸式挖泥船、吸扬式挖泥船、水力泥浆泵机组以及陆地机械开挖、人工清淤等。

本项目根据现场实际情况，选取适合的机械清淤方式。

4.6 纳污坑塘治理方案比选

由于本项目共含有纳污坑塘 18 个，主要分为以生活污水为主和以工业污水为主的混合坑塘两类，项目技术工艺复杂，工程量大，因此针对纳污坑塘治理方案特征对治理方案进行比选与确定。

4.6.1 方案一 针对每个坑塘选取适宜技术进行逐一净化处理

该方案中根据每个坑塘的污染特点采用针对性的污水处理技术与设备对坑塘污染

水体进行单独处理。可根据各坑塘污染水体的体积，设计相应处理量的污水处理设备进行循环处理，每个坑塘各设置一套处理设备，对水质类似的坑塘设计也可轮流使用设备逐一治理，治理后水体各项指标达到目标要求。由于坑塘内污水不移除，因此坑塘底泥采取原位治理方案，坑塘垃圾单独清运，建设符合条件要求的暂存场暂存处理。

该方案针对每个坑塘设置处理设施，因此投入成本相对高，如对同类水质坑塘轮流使用一套治理设施，设置拆装、运输将导致净化周期长，运行成本相对较高，后期坑塘维护成本高，在底泥不清淤的情况下，容易导致水质反复。

4.6.2　方案二　通过对坑塘分类将同类坑塘进行协同处理

该方案中首先对污染源进行清理与处置，对生活垃圾进行清理，为了减少应急设备投资及缩短设备安装拆卸工期，设置一个垃圾暂存场，对垃圾进行暂存处理。污水集中收集处理，设置一个污水集中收集点。利用污水处理设备处理收集的污水，待处理达标后排放至坑塘内；通过立地条件改变、水生态系统构建、植物物种优化配置等手段，促进水体的自我净化，维持水体的自我净化，以使被破坏的环境尽快发展为成熟稳定的生态系统。底泥采取原位生态治理与生态清淤技术相结合的措施，通过采取机械清淤，清理的污泥经脱水后，可直接回填用于绿化种植，能有效控制水体污染。治理底泥的同时治理水体，达到"泥水共治"。

该方案中可以全面地解决水体黑臭问题，提高水体的自净能力，该方案中工程量少，建设成本相对较低，各处理设施维护简单，运行费用低。

4.6.3　治理方案选定

通过以上比选发现：方案一建设成本和运行成本高，且净化周期长，难以满足工期要求。而方案二建设成本相对较低，且极大缩短治理周期，处理设施维护简单，运行费用低，适宜作为该类型坑塘的治理方案。

5　治理思路、措施、分项实施工程

5.1　整治思路（略）

5.2　整治措施

5.2.1　坑塘污水分区治理措施（略）

5.2.2　底泥处置措施（略）

5.2.3　固废暂存处置措施（略）

6　思考问题

① 简述一区、二区污水处理的工艺流程。
② 分析纳污坑塘污染治理技术的优缺点。
③ 试对纳污坑塘的生态修复工作给出建议。

第 4 章

人畜粪污及市政污泥处理处置工程实践

4.1 人畜粪污处理处置工程案例

4.1.1 有机废物堆肥处理项目

随着生活质量的提高，人畜粪污数量也呈现出逐年上升的趋势，对有机废物的处理也成了社会一大焦点。为积极响应国家的号召，有机废物堆肥处理更是大为推广，其旨在通过收集人类排泄物和畜禽粪便，构建堆肥体系，采用堆肥和微生物降解发酵的方法，对各种人畜粪便进行集中处理，制作有机肥料和沼气，并将自制的有机肥推广给各农田和菜园，将沼气集中收集用作燃料。有机废物的堆肥处理变废为宝，不仅使废物得到了高效的利用，还减少面源污染、改善土地情况，使环境得到了一定的保护。

U 公司年产 8×10^4 t 有机肥项目工程设计案例

根据作物谷草比、畜禽排泄量等系数和 2011 年公布的国家统计数据估算出的年度有机废物产量和养分资源量潜势结果显示，人畜禽粪肥和作物残渣是有机废物的主要来源，其中粪肥占到了有机废物的 50%（以干重计算），总重为 6.96×10^8 t。作物残留物占到总有机废物的 45%，其总重为 7.68×10^8 t。有机废物碳（C）、氮（N）、磷（P）、钾（K）养分量分别为 5.55×10^8 t、0.20×10^8 t、0.04×10^8 t 和 0.22×10^8 t。然而，仅有 26% 的作物残渣、25% 的人畜禽粪便、2% 的城市有机垃圾和 48% 城市生活污泥被可作为再利用有机堆肥原料，这相当于为作物生产贡献了 1.35×10^8 t C，0.05×10^8 t N，0.01×10^8 t P，0.05×10^8 t K。考虑到中国当前的堆肥市场，特别是有必要加强高负荷区域的堆肥生产，以促进有机废物的循环使用。

1 项目背景

1.1 项目概述

1.1.1 项目基本情况

项目名称：年产 8×10^4 t 有机肥项目；

　　建设性质：新建；

　　拟建地址：某村；

　　承办单位：某公司；

　　生产规模：年产 8×10^4 t 有机肥（含粉状及颗粒状）；

　　产品标准：产品标准符合国家和地方相关行业标准。

1.1.2　公司概况

　　该公司是在国家及地方各级政府积极落实"三农"政策，大力推进农业经济结构战略性调整和农村环境建设的大背景下，在地方政府主管机构和金融机构看好的前提下成立的。公司属于农业产业结构调整的龙头企业，是国家和地方政府积极倡导的环保型企业。

1.2　建设指导思想

　　以国家和地方有关行业的总体要求为依据，适应新型农业发展和绿色产品的市场需求，依托科研院所技术支持，立足长期可持续发展和生产适度扩张，强化企业内部管理，不断增强企业竞争能力，追求经济、社会、环境和生态效益的最大化，以优质的产品为环境保护、生态发展和人群健康做出积极贡献。充分发挥本项目自身优势，运用高新技术手段和先进生产工艺与设备，建设高标准、低能耗、环境友好型的绿色生产、科研、示范区，积极为公司发展开拓新领域。

2　项目选址与社会条件

2.1　项目选址

2.1.1　概述

　　(1) 地理位置

　　项目区所在城镇位于华北某省中部，总面积 863km²，人口 61 万，农业特色资源丰富，是国家优质小麦基地和花生出口基地县，盛产西瓜、草莓、梨、葡萄、苗木、麻山药、银白条等，同时是有名的禽蛋生产基地，为典型的城郊农业县。

　　(2) 气候条件

　　项目区属于暖温带大陆性半干旱季风气候，春季干旱多风，夏季炎热多雨，秋季气候凉爽，冬季寒冷少雪，四季分明。U 市年均降雨量 575.4mm，年均径流量 2.45×10^9 m³，年总平均风速 1.8m/s。U 市年日照 2447～2871h。无霜期为 165～210 天。

　　(3) 水文条件

　　项目区境内河流分为南北两支，长 10km 以上的河道有 99 条，呈扇形分布全市。市区东部有一较大天然积水区。

　　(4) 地质条件

　　项目区西部为低山丘陵，东部为平原区，总地势由西北向东南倾斜，呈山区、丘陵、平原阶梯状分布。项目区地形开阔平坦，地面平均海拔 18.5m，坡度为 1.0‰。地基承载力为每平方米 18~20t。土地以沙壤质脱沼泽潮褐土和壤质脱沼泽潮土两种土壤为主，土壤环境质量较好。

2.1.2 选址

项目所在地距离某高速铁路站 3km，有公路可达，交通便利。项目计划占地 50 亩。

2.2 社会条件

项目区所在地经济社会及农业的持续发展，为项目顺利实施奠定了坚实基础并提供了广阔的原材料与产品市场。

2.2.1 经济社会情况

近年来，项目区所在地经济和社会各项事业取得了长足发展，人民生活水平、社会文明程度不断提高。目前，已形成以汽车制造、新能源、纺织、食品、建筑建材和信息产品制造等行业为主的工业生产体系。

2.2.2 农业发展情况

近年来，项目区所在地全年粮食、棉花、蔬菜、瓜果、肉类、水产品产量均有上升，农业产业化经营率达到 61.5%。

3 项目建设内容

3.1 概述

该公司成立于 2009 年，主要产品为绿色食用猪。公司计划以养殖基地为依托，将作物残渣、城镇污泥及人畜粪肥为原料生产有机肥，该肥料是有机农业链中的一个重要环节，属国家和地方政府积极倡导的环保产品。

该有机肥项目计划建设期 12 个月，竣工后进入肥料生产阶段，企业员工人数达到 200 人；生产适合大田、蔬菜、花卉等不同需求的系列有机肥，规模达到年产 8×10^4 t。同时，建设集生物床养猪、科研示范、垫料制肥等为一体的科研示范园区。

为提高有机肥制造技术水平，公司积极与科研院所联合，加强科研成果向生产力的转化，实现产、学、研、用一体化，不断更新改造肥料生产技术、工艺，增强企业发展后劲。

3.2 实施年限（略）

3.3 考核指标

3.3.1 项目建设

项目总投资 5000 万元。其中：建设投资 4500 万元，铺底流动资金 500 万元，项目建设期 1 年。

3.3.2 生产、处理能力

项目建成后可生产有机肥，年产量可达 8×10^4 t，年消化畜禽粪便 8 万多立方米，作物秸秆 4 万多吨，城镇污泥 8×10^4 m³ 等。

3.3.3 产品标准

产品质量指标执行有关国家标准。氮（N）、磷（P_2O_5）、钾（K_2O）的总含量25％，单个养分含量≥4％；湿度≤10％；有机质含量≥20％；粒度范围：圆形颗粒 $\phi1\sim$ 4.75mm，含量≥80％；柱状颗粒 $\phi4\sim6$mm，含量≥80％，强度≥6.0N。

3.3.4 效益

正常年份实现销售收入8000万元，年均利润679.5余万元，年上缴税金569.7万元。

3.4 生产规模

根据周边原料供应及市场需求情况，计划年产 8×10^4t 有机肥，以后根据原料供应及市场拓展情况，再适当扩大生产规模。

3.5 工程建设

3.5.1 建设内容

项目总用地33300m^2（50亩），总建筑面积25000m^2（其中：办公科研大楼3300m^2，生产车间7000m^2，成品库房13000m^2，配套职工宿舍、食堂等附属用房1700m^2），道路、广场、停车场面积2333m^2，绿化面积6000m^2，绿化率18％。主要技术经济指标见表4-1。

表4-1 主要技术经济指标

序号	项目	单位	指标	备注
1	项目总用地	m^2	33300	50亩
2	建筑物占地面积	m^2	20000	
3	总建筑面积	m^2	25000	
	办公楼	m^2	3300	两层框架
	成品库房	m^2	13000	单层钢架厂房
	生产车间	m^2	7000	单层钢架厂房
	附属用房	m^2	1700	
4	绿地面积	m^2	6000	绿化率18％
5	道路广场面积	m^2	2333	

3.5.2 厂区布置原则

距离适当，减少占地；生产方便，流程顺畅；生产生活合理分区，方便管理，维护人员健康；与周边适当间隔，积极消除生产污染的环境影响。

3.5.3 厂区功能

根据生产工艺特点及人员管理、生活要求，减少生产过程中的相互影响和干扰，将厂区划分为：原料存放区、主生产区、成品存放区、办公区、生活区、变电配电室、锅炉房。

3.5.4　厂区附属设施

（1）供水

该项目用水量详见表 4-2。

表 4-2　项目用水量表

办公用水量/(m³/d)	2.5	锅炉补给水用水量/(m³/d)	1
职工用水量/(m³/d)	12.5	肥料喷洒用水量/(m³/d)	9
道路、广场、绿化用水量/(m³/d)	35	洗浴、生活用水量/(m³/d)	110
设备喷洗系统用水量/(m³/d)	10	未预计水量/(m³/d)	20
用水总量/(m³/d)	200		

根据厂址周边公共设施的条件，本项目水源采用自备水井，水质水量能满足本项目生产、生活需求。

（2）供电

项目用电引自清苑区闫庄乡供电站 10kV 电力线。

（3）通信

固定电话有市话网引入，厂内设生产指挥调度电话系统，总机一部，终端设在办公室及成品库。同时采用移动通信设备。

（4）供暖

厂区采暖面积 5000m²，采暖热源采用自备锅炉，其型号为 CHHB0.58MW，燃料耗量：一个采暖期 85t 煤。

4　工程作用

在有机肥生产过程中，进一步加强节能工作是深入贯彻科学发展观、落实节约资源基本国策、建设节约型社会的一项重要措施，也是公司可持续发展的必由之路。

该项目拟采用的所有生产原料均为农业生产废弃物或城镇污水处理副产物，将其进行资源化利用造肥，本身就是节能降耗做法。

在生产过程中，充分利用自然能源，如太阳能、地热、风能和工厂余热等，进行生产中间产品的晾晒、发酵等。重点控制石油、煤炭、天然气及电能等常规能源的使用。

5　案例总结

本项目建设符合国家和地方关于产业发展的指导思想，符合保定市"十二五"规划纲要的有关精神和市域发展规划，是一个利国利民利环境的项目。

本项目利用城市污泥-养殖垫料-无机营养物堆肥发酵具有成熟技术，能够无害化、资源化、规模化处理畜禽粪便及养殖垫料，处理技术达国内领先水平，具有经济、社会、环境和生态的多重效益。

本项目经计算总投资 5000 万元，其中建设投资 4500 万元，铺底流动资金 500 万元。预计正常年销售收入 8000 万元，财务内部收益率 17.2%（税后），投资回收期 5.7 年（税后）。由此表明，该项目具有显著的盈利能力、抗风险能力，财务上可行。

本项目属规模化养殖废弃物与城市污泥综合利用及生态环境污染防治示范项目，具有生产零排放和有效处置城市污染物的特征，属于清洁生产项目，符合区域总量控制要求，是典型的环保项目。

本项目产品为企业创造利润的同时，可促进项目所在地的生态环境保护和面源污染治理，对发展当地经济起到很好的推动作用，产品市场前景广阔。

6 思考问题

① 有机固体废弃物是否有最佳处置途径和去向。

② 本项目有机固体废弃物的处理处置工艺和特点。

③ 城乡有机固体废弃物与生活垃圾协同管理的思路。

4.1.2 农村厕所改造

农村厕所的改造是农村环境卫生设施改善的重要内容，未经处理的粪便是寄生虫以及相关传染病传播的重要媒介，严重影响了农民的身体健康。与此同时，粪便以及污水垃圾也是污染农村水源以及环境的重要因素，因此推进农村无害化卫生厕所改造工作，实际上也在很大程度上降低了疾病的传播，提高了农民的身体健康，改善了农村环境。

V 村厕所改造工程设计案例

农民是我国一大重要的社会群体，农村卫生是当前一大重要问题，十九届中央全面深化改革领导小组第一次会议上，审议通过了《农村人居环境整治三年行动方案》，把农村改厕列入其中，因此通过农村无害化卫生厕所改造工作的推动，能够不断地提高卫生厕所的普及率，从而推动小康社会的建成，振兴农村的经济发展。

1 工程背景介绍

1.1 农村厕所分类的调查结论

1.1.1 农村厕所按使用对象分类

农村户厕（家庭厕所）：农村户厕有明确的使用维护主体，基本能够自主维护，是农村卫生生态厕所建造的主要方面。本指南侧重规范、指导农村卫生生态户厕的建造与使用。

农村公厕（公共厕所）：农村公厕的使用人群不确定，难于管理，在人流量少或规模小的村庄不建议设置；在需要设置公厕的村庄，宜比照村庄公共设施或基础设施，如村民活动中心、给排水设施、环卫设施等进行维护管理。农村公厕可参照《城市公共厕所设计标准》（CJJ 14—2016）进行选建，并宜依附于村民中心、村委会或人流密集场所建造，以便于使用、管理。

1.1.2 农村厕所按厕屋位置分类

室内式厕所：室内厕所使用环境好、便于保温，但是若使用不当易产生异味；室内厕所适用于农村新建住宅，并宜与主体建筑统一设计建造；推荐采用半水冲式室内厕所，并采用机械通风和防异味措施，不提倡大量使用水冲式室内厕所。室内厕所卫生间可参考《住宅卫生间》（01SJ914）选建，粪池可参考本指南推荐的类型选建。

室外式厕所：室外厕所对居室环境影响小，但使用环境较室内厕所差，且不便于保温；室外厕所是农村厕所的主要形态，是农村厕所改造的重点；推荐采用半水冲式或非水冲式的室外厕所，宜采用自然通风或适当的防异味措施。室外厕所厕屋及粪池可参考本指南推荐的类型选建。

1.1.3 农村厕所按粪池类型分类

（1）双瓮漏斗式厕所

多采用预制成套产品现场安装，推荐采用半水冲的冲洗方式。

（2）三格化粪池厕所

多采用现场砌筑方式建造，推荐采用半水冲的冲洗方式。

（3）双坑交替式厕所

多用于寒冷地区，非水冲；室内厕所不宜选用此种方式；厕屋可建造为一间，但便器宜对应粪坑数量配置；需要配备粪便干化物料，如煤灰、草木灰、干细土等。

（4）粪尿分集式生态卫生厕所

多用于习惯使用尿肥的农村地区，非水冲；宜配备粪便干化物料，如煤灰、草木灰、干细土等。

（5）沼气池式厕所

在已经建设并能够熟练管理沼气池的农村地区，可建造沼气池式厕所，借助沼气池完成粪便无害化。但应特别注意沼气池的维护、管理和沼气的安全使用。

（6）完整上下水道水冲式厕所

在已经建设了完整上下水道、能够保证污水处理、水资源较丰富、居住环境要求较高的村庄可选建；不提倡大量建造此类厕所；宜建造为室内式厕所，以便保温。

1.1.4 农村厕所按进粪管角度分类

（1）粪液直落式厕所（A类）

进粪管与地坪垂直，粪液垂直落入粪池；粪池的一部分或全部可建在厕屋正下方，排粪顺畅并可节约粪池占地；宜将粪池全部清渣口、出渣口等设置在厕屋外，降低清渣时对厕屋的影响。

（2）粪液斜排式厕所（B类）

进粪管与地坪斜交，粪液顺管道滑入粪池；粪池全部建在厕屋正下方以外，清渣方便且厕屋建造难度低；有进粪管堵塞风险，粪池占地较大；宜合理设置进粪管角度，以免进粪管堵塞。

1.1.5 农村厕所按冲洗方式分类

（1）水冲式厕所

系统配套完善，用水量、排水量大，粪便难以资源化或资源化效果较差；不提倡采用该种冲洗方式。

（2）半水冲式厕所

不需要配套建设给排水系统，用水量少，粪便能够实现无害化和资源化；可选用"水桶＋水舀"或专用冲洗装置；冲洗用水可以是饮用水，也可以是杂排水。双瓮漏斗式、三格化粪池、沼气池式厕所可建造为半水冲式厕所。

（3）非水冲式厕所（旱厕）

易产生异味，应注意通风和管理；双坑交替式、粪尿分集式厕所可建造为半水冲式厕所。针对此村落的不同形式的厕所，你会提出哪些不同的改造工程措施呢？

2 项目建设内容

2.1 选址

室内厕所的布局宜与主体建筑物协调安排；室外户厕的选址、朝向，宜遵从民俗习惯且便于使用，宜根据当地夏季主导风向建在居室、厨房的下风侧；村庄公共厕所选址，应本着方便公众的原则，并结合村庄流动人员集中场所或公共场所进行设置。

厕所选址应确保人员安全和环境友好，不宜在水体周边、行洪通道、泥石流易发场所建造厕所；不宜将粪液直接排入水体。

厕屋可建在室内或庭院内，无庭院的不宜远离居室，以方便使用和管理；室外厕屋可与宅院共用围墙，也可建造为独立厕屋样式。

2.2 选材

农村厕所使用的产品与材料应坚固耐用，有利于卫生清洁和环境保护，且应为正规生产厂家的合格产品，具有质量鉴定报告，并保留其原件或复印件。

卫生器具选用以白色陶瓷制品为佳，符合的要求有：表面光滑、易于清洁；结实耐用、故障率低；厕所的卫生器具宜优先选用无接触式洁具。

水泥强度等级宜在 32.5 级以上，并宜从附近购置。

砌体强度等级宜在 MU7.5 以上，并宜从附近购置。

砂浆强度等级宜在 M10 以上，并宜从附近购置。

2.3 粪池

农村厕所粪池的建造宜符合表 4-3 的要求。

表 4-3　农村厕所粪池建造要求

编号	项目	建造要求
1	密闭性	密闭、防雨、不渗漏
2	孔、口设置	预设清渣口、出粪口、清掏口等
3	粪便处理要求	符合卫生无害化要求
4	连接管	进粪管、过粪管、排水支管（普通化粪池）等,需要控制位置、角度、高度等

粪池清渣口、出粪口、清掏口等宜高出室外地坪 100mm,并应密闭加盖。

2.4　器具与附件

农村厕所配套的器具与附件宜符合表 4-4 的要求。

表 4-4　农村厕所器具与附件选用要求

编号	项目	选用要求		
		水冲式	半水冲式	非水冲式
1	给、排水设施	需配套	需部分配套	不需配套
2	冲洗设施	专用水箱	节水冲洗装置、"水桶＋水舀"	不需配套
3	便器	节水便器	专用便器	专用便器
4	卫生设施	手纸桶、专用清扫工具		
5	通风设施	自然、机械通风	自然、机械通风	自然通风
6	照明/lx	≥40		

注:lx 是照度的单位。

农村厕所应设置通气管及防雨风帽。

3　农村厕所设计与建造

3.1　双瓮漏斗式厕所

双瓮漏斗式厕所的基本结构由厕屋、漏斗型便器、冲洗设施、前后两个瓮形粪池、过粪管、麻刷锥和后瓮盖组成。

双瓮漏斗式厕所宜按下列要求进行建造:

① 根据使用人口数和粪便排泄量、冲洗漏斗用水量 [按 $3.5L/(人·d)$] 确定瓮的有效容积,要求粪便应在前瓮贮存 30 日以上,后瓮体积依据清粪周期建造,且双瓮总容积不应小于 $1m^3$;

② 前瓮瓮体中间横截面圆的内半径不应小于 400mm;后瓮瓮体中间横截面圆的内半径不应小于 450mm;

③ 前后瓮体上口圆的内半径不应小于 180mm;前后瓮体底部圆的内半径不应小于 225mm;

④ 前瓮的深不应小于 1500mm,瓮体最大横截面至瓮底的高不应小于 570mm;后瓮的埋深不应小于 1650mm,瓮体最大横截面至瓮底的高不应小于 645mm;

⑤ 漏斗便器安装：漏斗便器可安放在前瓮的上口，要求密闭，但不应与瓮体固定死，以便清除前瓮的粪便和粪渣；

⑥ 进粪管：可采用塑料、陶瓷、铸铁等管材，内壁应光滑，管内径为150mm；

⑦ 进粪管安装：进粪管上端与便器下口相接、固定，下端通向前瓮；

⑧ 过粪管：可采用塑料、水泥等管材，要求内壁光滑，管内径为120mm，长为550～600mm；

⑨ 过粪管安装：过粪管的作用主要是令前瓮中经厌氧、腐败的粪便及时流入后瓮。要求过粪管在前瓮安装于距瓮底550mm处，向后瓮上部距后瓮顶110mm处30°斜插；

⑩ 非水封漏斗便器应配套便器盖或麻刷锥，主要作用是防蝇、防蛆、防臭，也有利于前瓮粪液厌氧发酵；

⑪ 后瓮的上口应高出地坪100mm以上，并密闭加盖；

⑫ 前瓮应安装直径100mm的通气管，其长度高于厕屋顶500mm。

双瓮漏斗式厕所的冲洗装置可按下列要求设计和使用：

① 双瓮漏斗式厕所的冲洗方式可采用："水桶＋水舀"或"节水冲洗装置"两种方式，但均应有保温或防冻措施；

② 若采用"水桶＋水舀"方式，冲洗水宜为饮用水；若采用"节水冲洗装置"方式，冲洗水可为杂排水、优质杂排水或饮用水；

③ 节水冲洗装置的设计宜满足以下要求：不采暖厕屋的蓄水窖水位应在冻土线以下；水深满足抽水机要求；水窖口径为200mm×300mm；蓄水窖内壁与粪池及厕屋内壁的间距不应小于400mm；抽水机上的过滤器与缸底间距为10mm；

④ 节水冲洗装置使用前先踩踏板一次，用少量水润湿便器，冲厕时踩踏一次即可；

⑤ 节水冲洗装置上水不正常时，可检查抽水机是否扭曲、抽水喷嘴有无堵塞、皮碗有无损坏，针对问题，排除故障；

⑥ 厕屋内需设长杆厕刷，视情形清刷污迹。

3.2 三格化粪池厕所

三格化粪池厕所的基本结构由厕屋、蹲（坐）便器、冲洗设施、进粪管、过粪管、三格化粪池等部分组成。

室内户厕的厕屋宜与主体建筑物统一安排，可参照《住宅卫生间》（01SJ914）建造；公厕的厕屋可参照《城市公共厕所设计标准》（CJJ 14—2016）建造；

三格化粪池厕所宜按下列要求进行建造：

① 根据使用人口数和粪便排泄量、冲洗漏斗用水量［按3.5L/（人·d）］确定每格容积；

② 第一池贮留粪便的有效时间不少于20日；第二池贮留粪便的有效时间不少于10日；第三池贮留粪便的有效时间应根据当地用肥习惯而定，一般为一、二池有效时间之和；

③ 若三格化粪池的总容积小于1.5m³，按1.5m³设计；在不减少第一池规定容积的前提下，当第二池容积不足0.5m³时，可按0.5m³设计；

④ 三格化粪池的深度不应小于 1200mm，上部应留有空间；

⑤ 进粪管：可采用塑料、陶瓷、铸铁等管材，内壁应光滑，管内径为 150mm；

⑥ 进粪管安装：进粪管上端与便器下口相接、固定，下端通向第一池；

⑦ 过粪管：可采用塑料、水泥等管材，内壁应光滑，管内径为 150mm；一池至二池的过粪管长为 500～550mm，二池至三池的过粪管长为 400～450mm，过粪管向后上 55°～60°斜插，也可倒 L 形安装；

⑧ 过粪管安装：一池进入二池的过粪管入口应在第一池与第二池池壁的下 1/3 处，出口应在第二池距上池盖的 100mm 处；二池进入三池的过粪管入口应在第二池与第三池池壁的下 1/2 处，出口应在第三池距上池盖的 100mm 处；

⑨ 进粪管、过粪管的安装位置应错开，以免新鲜粪便直接进入第二池或第三池；

⑩ 三个格室的盖板应分别开口，并用盖板密封；二池、三池的出渣口和出粪口应留在过粪管的正上方，以便过粪管疏通方便；若地下水位较高，则应采取抗浮措施；

⑪ 以便器下口中心为基础，距后墙 350mm、距边墙 400mm 安装大便器；

⑫ 可根据需要在第一池安装直径 100mm 的通气管，其高度应超出厕屋顶 500mm。

3.3　双坑交替式厕所

双坑交替式厕所的基本结构由两套相同的便器、贮粪坑、厕位组成。

公厕的厕屋可参照《城市公共厕所设计标准》（CJJ 14—2016）建造。

双坑交替式厕所宜按下列要求进行建造：

① 贮粪构筑物：厕坑由两个不相通，但结构完全相同的坑池组成，其功能则分为使用坑与封存坑，两坑周期性轮换交替使用。厕坑高度：600～800mm。每个厕坑后墙各有一个宽 300mm、高 300mm 的方形出粪口，厕坑容积不小于 0.6m³；

② 两个便器，各一个蹲坑。厕坑踏板可用钢筋、水泥预制，高度 50～60mm。

3.4　粪尿分集式生态卫生厕所

粪尿分集式生态卫生厕所的基本结构由厕屋、粪尿分集式便器、贮粪结构和贮尿结构组成。

公厕的厕屋可参照《城市公共厕所设计标准》（CJJ 14—2016）建造。

粪尿分集式生态卫生厕所宜按下列要求进行建造：

① 便器蹲位：粪尿分集式便器。该便器分别有粪、尿两个收集口：尿收集口，内径不小于 50mm；粪收集口，内径 160～180mm；

② 尿收集管：可用直径 100mm 的陶土管或塑料管，作用为连接便器与尿收集器；

③ 尿收集器（贮尿池）：应在冻层下建造贮尿池，其容积为 0.5m³；

④ 粪收集器（贮粪池）：单贮粪池，其长度为 1200mm，宽 1000mm，高 800mm；双贮粪池，其长度应为 1500mm 以上，宽 1000mm，高 800mm，每格容积为 0.6m³；

⑤ 通气管：直径 100mm 的硬质塑料管，其长度要高于厕屋顶 500mm；

⑥ 晒板：用沥青等防腐材料正反涂黑的金属板及水泥板，应严密；

⑦ 户厕宜建于室外，贮尿池、贮粪池建为地下式或半地下式。

3.5 沼气池式厕所

沼气池式厕所的基本结构由厕屋、蹲（坐）便器、冲洗设施、进粪管、进料口、发酵间、水压间等部分组成。

室内户厕的厕屋宜与主体建筑物统一安排，可参照《住宅卫生间》（01SJ914）建造；公厕的厕屋可参照《城市公共厕所设计标准》（CJJ 14—2016）建造；

3.6 完整上下水道水冲式厕所

完整上下水道水冲式厕所的基本结构由厕屋、蹲（坐）便器、上下水管道设施以及与其配套的化粪池组成。

室内户厕的厕屋宜与主体建筑物统一安排，可参照《住宅卫生间》（01SJ914）建造；公厕的厕屋可参照《城市公共厕所设计标准》（CJJ 14—2016）建造；

完整上下水道水冲式厕所的化粪池宜按《镇（乡）村排水工程技术规程》（CJJ 124—2008）实施并参考下列要点进行建造：

① 为防止污染地下水，化粪池应进行防水、防渗设计；

② 化粪池的设计应与村庄污水收集与处理系统统一规划，同时设计施工，以便充分发挥化粪池的功能；

③ 化粪池选址应充分考虑当地水文地质情况，采用适当的基底处理方法，以免出现基坑护坡塌方、地下水入渗等问题；

④ 化粪池距地下给水排水构筑物距离不宜小于30m，距其他建筑物距离不宜小于5m，化粪池的位置应便于池内污泥清掏；

⑤ 当化粪池污水量小于或等于10m³/d时，化粪池可分两格，第一格容积占总容积的65%~80%，第二格容积占总容积的20%~35%；若污水量大于10m³/d，化粪池可分三格，第一格容积占总容积的50%~60%，第二格容积占总容积的20%~30%，第三格容积占总容积的20%~30%；若污水量超过50m³/d，宜设两组并联的化粪池；

⑥ 化粪池水面到池底深度不宜小于1.3m，池长不宜小于1m，宽度不宜小于0.75m。

根据气候和工期要求，可购买成品化粪池，或现场砌筑化粪池。成品化粪池有效容积从2m³至100m³不等，宜根据处理水量、地下水位、地质条件等具体情况，参考《砖砌化粪池》（02S701）或《钢筋混凝土化粪池》（03S702）中的类型选用。

化粪池宜建成地埋式，并采取密封防臭措施。若周围环境容许溢出，且地质条件较好，土壤渗滤系数很小，可采取砖砌化粪池，其内外墙采用1:3水泥砂浆打底，1:2水泥砂浆粉面，厚度20mm；若当地地质条件较差，比如山区、丘陵地带，临近河流、湖泊或道路，则应采取钢筋混凝土化粪池，并对池底、池壁进行混凝土抹面以避免化粪池污水污染周边土壤和地下水，同时安装硬聚氯乙烯（PVC-U）管道或混凝土管道。

4 思考问题

① 农村厕所改造应当遵循哪些原则？

② 农村厕所改造需要协同考虑哪些问题？

③ 农村厕所改造与农村人居环境提升的关系。

4.2　市政污泥处理处置工程案例

4.2.1　污泥低温干化焚烧处理工程

污泥是在污水处理过程中产生的半固态或固态物质，是一种由有机残片、细菌菌体、无机颗粒、胶体等组成的复杂的非均质体。本案例中，W 公司利用城镇污泥低温干化焚烧循环利用技术处理日产量 100t 的污泥，此技术可破坏污泥的泡体结构，将污泥转变成有机碳。该工艺技术具有节能环保、清洁生产、不生成污染物、成本低廉等特点。案例详细介绍了该污泥处理技术的工艺流程，并对项目投资情况、运营成本和建设周期进行了介绍。

W 公司污泥低温干化焚烧处理工程

1　污泥产量

本案例需要处置的污泥日产量约 100t。

2　城镇污泥低温干化焚烧循环利用技术

2.1　技术简介

城镇污泥低温干化焚烧循环利用技术是在低温（≤250℃）环境下破坏污泥的泡体结构，使污泥中的水由化学结合水及生物态结合水转变成水蒸气释放出来，再将污泥气化、炭化转变成有机碳，经过成型工艺制成细块状有机碳的技术。有机碳是一种新能源，可替代一次性能源（煤、油、气）返回至本工艺锅炉中燃烧供热，热量用于污泥处理生产中，达到污泥循环利用处置的目的。污泥处理过程中产生的废气、水蒸气经喷淋、洗涤、除臭处理符合《生活垃圾焚烧污染物控制标准》排放。喷淋、洗涤、除臭产生的废水经污水管道进入污水处理厂处理；有机碳高温（≥1000℃）燃烧产生的炉渣经检测无重金属浸出毒性危害，有活性，可作为水泥、砖的生产原料，实现污泥资源化利用。

2.2　工艺技术特征

2.2.1　节能环保

利用城镇污泥低温干化焚烧循环利用技术处理污泥，每吨标准污泥生产 200～250kg 有机碳，其热值可达 3800kcal/kg（1kcal＝4.1868kJ），是一种可替代一次性能源使用的新型能源，有机碳燃烧产生的热量用于污泥处理，可节省污泥处理过程中一次性能源的使用并减少污染物的排放，节能环保。

2.2.2　清洁生产

城镇污泥低温干化焚烧循环利用技术的成套设备安装在污泥处置场所，无需中转、运输、储存，从而可避免这些环节的二次污染；处置过程中产生的废水进污水处理池处理，废气经喷淋、洗涤、臭气消化处理符合《生活垃圾焚烧污染物控制标准》排放，整个处置过程属清洁生产。

2.2.3 资源化利用

每吨标准污泥产生的 200～250kg 有机碳，燃烧产生 60～70kg 炉渣，炉渣中的重金属在高温焚烧过程中转变稳定的氧化态，炉渣经检测无重金属浸出危害，有活性，可作为建材原材料，污泥最终可实现资源化利用。

2.2.4 避免二噁英生成

二噁英的生成条件是：①温度，300～850℃；②有氧参与反应；③存在有机碳或残炭；④存在有机氯或无机氯。

城镇污泥低温干化焚烧循环利用技术工艺中汽化、胶化及炭化反应温度低于250℃，并在无氧条件下反应，可避免二噁英生成；并且有机碳燃耗温度≥1000℃，高于二噁英分解温度，也无二噁英生成。

2.2.5 单位设备采购成本和直接运营成本低

城镇污泥低温干化焚烧循环利用技术单位设备采购成本为22.6万元/t脱水污泥（含水率以80%计），直接运营成本低于100元/t脱水污泥（含水率以80%计，不包含固定资产折旧），均低于国家环境保护部技术文件《城镇污水处理厂污泥处理处置污染防治最佳可行技术指南》8.6.4条款中的相关指标。

《城镇污水处理厂污泥处理处置污染防治最佳可行技术指南》8.6.4条款："若干化和焚烧系统均采用国产设备，干化焚烧项目的投资成本为30～35万元/吨脱水污泥（含水率以80%计）；若全部采用进口设备，干化焚烧项目的投资成本为40～50万元/吨脱水污泥（含水率以80%计）。污泥干化焚烧的直接运营成本约为100～150元/吨脱水污泥（含水率以80%计，不包括固定资产折旧）。"

2.2.6 适应范围广

城镇污泥低温干化焚烧循环利用技术适应于污泥分散处理和污泥集中处置，其设备分九种型号，可根据污水处理厂污泥产量或污泥集中处置场处置规模选型、设计、制造、安装，污泥处置过程不受温度、气候等外界环境影响。

3 项目工艺设计

3.1 工艺流程图

污泥干化焚烧处理工程共设计1条污泥处理生产线，此生产线的平均处理能力为100t/d，最大处理能力能达到130t/d。污泥处理工艺如图4-1所示。

3.2 工艺流程说明

污水处理厂的脱水污泥（含水率80%），通过车载的方式运至本工程所在地，经地磅

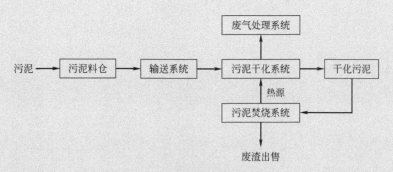

图 4-1　污泥处理工艺流程图

计量后倒入地埋式料仓中，地埋式料仓底部设置有电动闸阀及水平轴螺旋输送机，通过水平无轴螺旋机输送，污泥进入螺杆泵中，然后经管道进入气化反应器中，污泥与气化反应器内的叶片和夹套中的导热介质间接发生热交换，污泥泡体结构破坏，污泥中的水变成水蒸气从污泥中分离出来，气化反应后的污泥跌落进入炭化反应器内继续反应，污泥的含水率进一步降低，污泥转变成有机碳颗粒，经双轴搅拌出料装置进入大倾角皮带输送机中，经大倾角皮带输送机提升，有机碳进入烘干设备中，烘干设备是利用尾气余热间接烘干有机碳，经过烘干的有机碳含水率降低至 10%～15%，然后经刮板输送机输送至挤压成型设备中制成均匀颗粒，然后跌入锅炉提升料斗中，经提升料斗提升后倒入锅炉料斗中，补充的煤炭经皮带输送进入料斗中与有机碳颗粒混合进入炉膛内高温燃烧，燃烧产生的炉渣经刮板输送机输送进入炉渣堆棚中堆存，然后外运制砖。

污泥有机碳和煤炭在锅炉中高温焚烧产生的热量加热锅炉炉管内的导热介质经循环泵输送进入气化反应器、炭化反应器中利用，温度降低后的导热介质再进入锅炉中升温，如此循环实现热量的利用。

锅炉、气化反应器、炭化反应器、炭烘干设备、刮板输送机等均为密闭负压设备，锅炉燃烧产生温度为 210～250℃的余热气体，该气体先后经过四次余热再利用：

① 空预器Ⅰ，主要作用为将经吸收塔过来的干燥气体升温后作为锅炉的进气，这样能提高锅炉的热利用效率。

② 空预器Ⅱ，主要作用是将冷空气加热作为气化反应器、炭化反应器的进气，这样能提高气化反应器、炭化反应器的热转化效率。

③ 有机碳烘干设备，主要作用是将含水率 20%～25%的有机碳间接烘干至 10%～15%；降低有机碳带入锅炉的水分含量，提高锅炉的热效率。

④ 水蒸气吸收液浓缩塔，主要作用是水蒸气吸收液在吸收塔吸收水蒸气后浓度会稀释，工作效率将降低，因此吸收液要浓缩，主要方法是利用热量蒸发的方法；浓缩塔就是将尾气余热作为能源浓缩。

锅炉尾气经过四次余热利用后，其温度降低至 60～80℃，含有各类污染因子和水蒸气，首先进入水膜脱硫除尘塔处理，然后进入除臭池除臭处理再经烟囱达标排放。

尾气喷淋、洗涤、冷凝、除臭过程采用污水处理厂中水，产生的废水循环利用后周期性排入污水处理厂处理。

4 项目投资

4.1 项目总投资

日处理 100t 污泥项目总投资：3500 万元。

设备总投资：3000 万元。

土建投资：约 500 万元。

4.2 主要设备组成

主要设备组成见表 4-5。

表 4-5 主要设备清单表

序号	设备名称	数量	设备参数	设备功能
污泥储存及输送设备				
1	地磅	1	3m×7m,最大称重量 50t	污泥计量
2	地埋式料仓	4	单格储存量 25m³	污泥中转储存
3	电动闸板阀	4	400mm×400mm	控制料仓下料
4	水平无轴螺旋	2	Φ320m×8.3m,输送量 5m³/h,电机功率 2.2kW	污泥输送
5	螺杆泵	1	输送量 5m³/h,电机功率 5.5kW	污泥输送
污泥气化、炭化反应设备				
1	密闭进料设备	1	输送量 4.2t/h,输送距离 4m,电机功率 2.2kW	设备密闭进料
2	气化反应器	1	处理量 4.2t/h,电机功率 45kW,电机使用频率 30～50Hz。进料要求污泥含水率≤80%,无杂物	污泥气化反应
3	炭化反应器	1	处理量 4.2/h,电机功率 37kW,电机使用频率 30～50Hz。物料进料要求含水率为 40%～50%	污泥炭化反应
4	密闭出料设备	1	处理量 2.0t/h,电机功率 2.2Hz,处理距离 2m,使用频率 40Hz	设备密闭出料
污泥烘干输送成型设备				
1	大倾角皮带输送机	1	输送量 1.5t/h,提升高度 7m,输送角度 60°	物料提升输送
2	有机碳烘干设备	1	烘干能力 1.5t/h	有机碳烘干
3	有机碳刮板输送机	1	长度 19m,密闭设计,输送能力 1.5t/h	有机碳输送
4	炭成型机	1	成型能力 1.5t/h	有机碳成型
有机碳焚烧系统				
1	锅炉	1	由以下设备组成:①锅炉本体;②循环油泵,2 台,功率 55kW;③空气预热器;④提升料斗,电机功率 2.2kW;⑤注油泵,1 台,0.55kW;⑥除渣机,1 台,电机功率 1.5kW;⑦调速炉排,1 台,0.55kW;⑧调速鼓风机,1 台,5.5kW,使用频率 25～30Hz;⑨调速引风机 1 台,30kW 使用频率 25～30Hz;⑩油管连接管道 160m;⑪管道保温	燃烧有机碳,供热

续表

序号	设备名称	数量	设备参数	设备功能
有机碳焚烧系统				
2	进煤皮带输送机	1	输送距离12m，安装角度18°，电机功率2.2kW	补充煤进料输送
3	煤渣刮板输送机	1	输送长度12m，电机功率5.5kW，输送量0.5t/h	将煤渣输送至渣棚
烟气处理设备				
1	烟气输送管道		$\Phi600$管道，外包8cm后的保温材料，外包不锈钢防护壳，长度160m	烟气输送
2	水膜脱硫除尘塔	1	处理风量12000m³/h	烟气脱硫除尘
3	引风机	1	引风量12000m³/h，功率37kW	引风设备
4	除臭装置	1	4m×8m×5m，处理风量12000m³/h，用水量50m³/h	尾气除臭设备
5	烟囱	1	$\Phi800\times25m$	尾气排放
6	喷淋泵	2	水输送量80m³/h，一用一备	喷淋水输送
7	清水泵	2	水输送量80m³/h，一用一备	喷淋塔和除臭池清水输送
8	碱性水加药系统	1		调价废水pH值
气化炭化反应器产生气体二次焚烧系统				
1	空气预热器	1		气体换热
2	冷凝塔	1		水蒸气冷凝
3	吸收塔	1		水蒸气吸收
4	空气冷却器	1		吸收液降温
5	吸收液循环泵	4		吸收液循环
6	引风机	1		气体输送
7	风管	1		气体输送
8	吸收液循环管	1		吸收液循环
电器及控制系统				
1	配电柜	2		设备电器部分
2	中控室PLC控制系统	1		系统控制信息记录及集中控制
3	锅炉PLC控制系统	1		锅炉控制及信号传输
4	监控系统	1		各车间、工况点视频记录
辅助设备				
1	行车	1	10t	设备检修
2	装载机	1		物料装载（不包含在报价范围内）

5　项目运营成本分析

　　根据国家《城镇污水处理厂污泥处理处置污染防治最佳可行技术指南》8.6.4条款："污泥干化焚烧的直接运营成本约为100~150元/吨脱水污泥（含水率以80%计，不包含固定资产折旧）。"

　　城镇污泥低温炭化处理循环利用技术直接运营成本主要包括：人员工资、电能消耗、能量消耗、设备维护及设备折旧。以下为100t/d污泥处理生产线进行运营成本核算。

5.1 人员工资

该套工艺24h连续运行,三班,3人/班,工人总数9人,工资福利水平5.5万元/(人·年),月工资总额为41250元,每月处理污泥量3000t,处理每吨污泥单位人工成本为13.75元/t。

5.2 电能消耗

该套工艺单位电能消耗为29.37kW·h/t污泥,环保用电电费为0.75元/(kW·h),处理每吨污泥单位电耗成本为22.03元/t污泥。

5.3 能量消耗

煤炭采购价格以750元/t计算,根据工艺能量衡算,生产过程中每天需补充6.67t标准煤。日消耗能源成本为5003元,单位处理成本为50.03元/t。

5.4 污泥单位处理直接运营总成本

污泥单位处理直接运营总成本见表4-6(成本不含设备折旧、污泥运输费、土地使用费)。

表4-6 污泥单位处理成本汇总表 单位:元

项目名称	人工成本	电力消耗	能源消耗	设备维护	成本合计
金额(每吨)	13.75	22.03	50.03	5.56	91.37

5.5 设备维护

生产线设备维护每年预算经费20万元,每年处理污泥36000t,单位维护成本5.56元/t。

6 项目建设周期(略)

7 思考问题

① 城镇污泥低温干化焚烧循环利用技术的特征是什么?
② 城镇污泥低温干化焚烧循环利用技术的工艺流程。

4.2.2 污泥固化/稳定化处理

污泥是在污水处理过程中产生的半固态或固态的复杂非均质体。通过某污泥处置项目,介绍了污泥固化/稳定化技术的原理、技术的优势、工艺流程等。

S 市污水处理厂污泥处置工程

　　某污水处理厂产泥量约为 400t/d，其中含有大量的有机物与悬浮物，若处置不当，很有可能造成二次污染。经研究，决定采用固化/稳定化处理技术处置污泥，这一技术可以减少污染，并具有良好的经济效益。

1　工程总论

1.1　工程类型

　　本工程的类型为市政公用工程，属于污水处理厂副产物"剩余污泥"的处置工程，充分利用先进技术，最大限度降低污染物对环境的影响，通过采用低能耗、少排放的工艺流程，实现污泥的稳定化和资源化，为污泥处置部门创造效益。

1.2　城市概况

　　项目区所在地位于东北大平原腹地。其气候总的特点是冬季严寒漫长，春季干旱多风，夏季温暖短促，秋季晴朗温差大。冬季，受强蒙古高压系统影响，冷气流经常自北及西北侵入，盛行偏西风，气候寒冷、干燥。

1.3　工程位置（略）

1.4　工程占地面积

　　该工程设计规模为日污泥处理能力 400t（含水率约 80%），占地 11.34hm²。

1.5　工程总投资

　　根据污水处理厂规模 $8.1 \times 10^5 \mathrm{m}^3/\mathrm{d}$，估算该工程设计规模为处理污泥 400t/d，计划投资 17843 万元。

2　污泥固化/稳定化技术简介

2.1　固化/稳定化技术的来源及原理

　　固化/稳定化技术的定义实际包含着两层含义：固化和稳定化，在习惯中因为叙述方便往往统称为固化。US EPX 对固化/稳定化的概念解释如下：固化（solidification）是指添加固化剂于废弃物中，使其变为不可流动性或形成固体的过程，而不管废弃物与固化剂之间是否产生化学结合；稳定化是指将有害污染物转变成低溶解性、低毒性及低移动性的物质，以减少有害物污染潜力的技术。

　　固化/稳定化技术最早在 20 世纪 50 年代用于放射性废物的处理，例如美国在处理低水平放射性液体废物时，先用硅石等矿物进行吸附，或者先用大量的普通水泥将其固化/稳定化，然后再运送至指定填埋处置圈。进入 70 年代后，固体废物污染环境的问题日益严重，作为废物最终处置的预处理技术，固化/稳定化技术在一些工业发达国家首先得到研究和应用，从 1990 年到现在是固化/稳定化技术发展成熟的阶段。

目前污泥固化/稳定化常用的技术主要包括石灰固化/稳定化、大型包胶、专用药剂固化/稳定化以及水泥固化/稳定化等。从经济性和技术可行性来说，以水泥作为固化/稳定化材料对污泥进行固化/稳定化处理更具有应用前景，美国 EPX 将水泥基材料固化/稳定化称为处理有毒有害废物的最佳技术，水泥的固化/稳定化过程主要是水泥的水化形成的结晶体将污泥微粒进行包裹，使得污泥中的有害物质被封闭在固化体内，从而达到无害化、稳定化的目的。在固化/稳定化过程中，由于水泥具有较高 pH 值，使得污泥中的重金属离子在碱性条件下，生成难溶于水的氢氧化物或碳酸盐等；另外，某些重金属离子也可以固定在水泥基体的晶格中，从而可以有效地防止重金属离子的浸出。

污泥固化指标主要体现在力学方面。通常指标有无侧限抗压强度、浸泡强度损失、崩解性、浸泡强度、可压缩性、增容比等。

污泥稳定化主要体现在环境方面，特别是长期稳定性。一般要测定 TN、TP、COD_{Cr}、氨氮、重金属、臭气、渗透系数等。测定对象主要包括：固化污泥浸出液、固化污泥降雨冲刷液、固化污泥渗透液。

2.2　污泥固化/稳定化技术的优势

2.2.1　对物理力学性质的改善

污泥与添加的固化/稳定化材料发生水合、水化等一系列化学反应，所形成的水化产物产生胶结、包裹、架桥等作用，从微观角度改善了污泥自身的结构，从宏观角度来说，污泥经过固化/稳定化处理后，强度增加、含水率降低、可压实性提高，适合于作为土材料进行处置和利用，比如作为垃圾填埋场覆盖土等。

2.2.2　对重金属的稳定作用

固化/稳定化技术并不是去除污泥中的重金属，而是通过改变污泥原有的化学条件，将重金属转化为不溶或难溶状态，降低其迁移特性，最大限度隔绝其与外界环境的联系，防止其再次进入生物圈。处理后污泥的 pH 值得到了一定的提高，则重金属可能同 OH^- 或硅酸盐结合成含钙的盐类，污泥中原有的重金属能够以稳定的不溶态或络合态存在，减少了对环境的污染。另外污泥经过固化/稳定化处理后氧化还原条件也被改变，对于一部分多价态的重金属也转化为不溶或难溶态。

2.2.3　对有机污染物的稳定作用

城市污泥主要的有机污染物包括：氯酚（CPs）、氯苯（CBs）、硝基苯（NBs）、多氯联苯（PCBs）、多氯代二苯并对二噁英/多氯代二苯并呋喃（PCDD/Fs）、邻苯二甲酸酯（PEs）、多环芳烃（PXHs）和有机农药等。美国 EPX 的报告指出在以固化/稳定化方法修复污染场地中，处理含有有机污染物的工程已经占到工程总数量的 30％左右。有机污染物对固化材料效用发挥的副作用是影响固化/稳定化方法在实际中应用的一种重要因素。

目前固化/稳定化处理有机污染物所涉及的有机污染物种类主要有：三氯乙烯、苯、二氯甲烷、五氯苯酚、多环芳香烃、农药（狄氏剂、异狄氏剂、艾氏剂、异艾氏剂）和多氯联苯。

2.2.4　对病原菌的灭活及抑制作用

污泥中的病原物以沙门氏菌、蛔虫、绦虫、肠道病毒最常见。美国国家环境保护局（USEPX）及其他组织的一些学者对污泥中存在的病原物进行过统计，发现污泥中已确认的病原物中，至少有24种细菌、7种病毒、5种原生动物和6种寄生虫。

固化/稳定化处理主要通过改变环境的pH值，并在水化反应过程中释放出大量的水化热，对污泥中的病原菌具有抑制和灭活作用。固化/稳定化过程中添加的碱性物质具有许多优点，如有利于污泥脱水、降低恶臭、使重金属钝化、杀死和降低病原物的活性等。碱性物料稳定技术始于20世纪50年代，在投加碱性物料的条件下，保持一定pH值及一定时间，可以杀灭传染病菌，并防腐与抑制臭气的产生。当添加20%碱性物料时，病原物在稳定处理样品中均未检测到。添加碱性物料可以显著提高污泥pH值，有效抑制污泥中病原物活性，当pH>11.5持续6个月时，能够有效杀死病原微生物。添加石灰引起的温度升高也是有效抑制病原物活性的重要原因，当污泥处理温度高于45℃时，可以去除大部分病原微生物。另外，污泥与碱性物料反应持续的时间也影响灭菌效果。

根据国家颁布的《城镇污水处理厂污泥泥质》（CJ 247—2007）以及《城镇污水处理厂污泥处置　土地改良用泥质》（CJ/T 291—2008）、《城镇污水处理厂污泥处置　混合填埋泥质》（CJ/T 249—2007）可以发现，出厂的污泥如果能够满足相关出厂标准，其中的绝大多数指标均可以满足土地改良的标准。对于不能满足相关要求的指标，在固化/稳定化处理过程中通过调整材料的配比以及添加相应的材料，使之满足标准的要求。

2.2.5　降雨冲刷固化/稳定化污泥对环境的影响

污泥处理后在养护和填埋中不可避免会遭受降雨的影响，固化/稳定化污泥中的污染物存在着随降雨进入周围水体的可能。因此明确固化/稳定化污泥中的污染物由于降雨冲刷造成的污染程度就十分重要。本项目研究采用室内试验，采用人工降雨方法模拟深圳实际的降雨条件，定时收集冲刷的淋滤液，并测定淋滤液中的TN、TP、COD以及重金属指标。

TN的测定采用过硫酸钾氧化，紫外分光光度法；TP的测定采用过硫酸钾消解，钼锑抗分光光度法；COD的测定采用重铬酸盐法；重金属的测定采用原子吸收分光光度法。

2.2.6　固化/稳定化技术的适用性

目前对污泥处理、处置的常用方法有转为农用、焚烧、填埋。污泥的农用的主要限制性因素之一就是污水处理过程中浓缩于污泥中的重金属问题。污泥焚烧处理的关键问题是设备投资运行成本高。污泥填埋处置往往会引起滑坡等填埋场的工程灾害。因此寻求适合我国国情的污泥处理、处置方法已成为我国城市环境问题的迫切需要。

针对我国污泥的现状，在短期内对量多面广的污泥进行安全处置，长期上寻求多途径、因地制宜的资源化利用的思路，是解决我国污泥处理处置问题的出路所在。从经济可行的角度出发，通过固化/稳定化技术将污泥进行不同程度的处理，使之能够进入卫生填埋场填埋或直接堆放处置以及进行垃圾覆盖土等不同形式的再生资源利用，是符合我国国情的污泥处理及资源化途径之一。固化/稳定化后的产物具有较高的强度以及较低的透水性，能够满足卫生填埋的要求，也可以直接安全填埋在低洼地方，同时也可以作为不同资源化利用的预处理手段。固化/稳定化后能够对诸如重金属类、有机污染物以及病原菌形成封闭效应并对生物化学条件进行控制，而且较诸如焚烧、堆肥等处理手段具有显著的经济优势，与我国的经济发展水平相适应。

因此这一技术不但解决了污泥堆放、抛填占用土地和引发填埋场工程事故和二次污染的问题，而且可以达到污泥处置和资源化利用的目的，从技术性和经济性两个方面都是非常适合我国国情的新型技术。

3 污泥固化/稳定化技术的工艺流程

污泥固化/稳定化的工艺流程（图4-2）是：含水率80％的污泥进入污泥储仓，通过底部的螺旋输送装置将污泥输送至双轴搅拌装置前端，同时将固化材料通过定量输送装置送至自动搅拌装置，经搅拌均匀后的固化材料通过输送装置一并输送至双轴搅拌装置前端，含水污泥与固化材料在双轴搅拌机内按时定量搅拌压榨后排出，由皮带输送装置送至出泥斗装车运出。

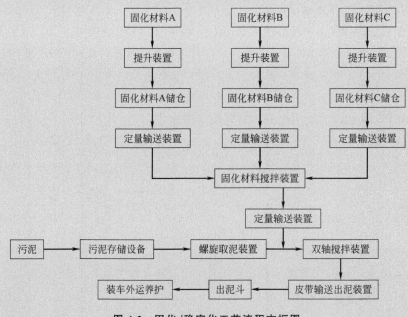

图4-2 固化/稳定化工艺流程方框图

3.1 材料混合

污泥固化/稳定化处理需要用到硅酸盐类材料、水化材料以及固化剂三种材料。起初，为了防止三种材料与污泥发生一定的反应，三种材料放置于不同的储料仓内。后来又为了保证三种材料与污泥迅速、均匀地发生反应，在与污泥混合之前，三种材料要进入混合搅拌系统内，搅拌均匀。工作方式为连续进料、连续搅拌。

三种材料的混合比例由电脑控制，通过料位计、称重螺旋及时反馈到控制系统，由控制系统根据处理的效果实时监控和调整混合比例。

3.2　固化/稳定化反应

三种材料混合均匀后，进入固化污泥搅拌设备内与污泥混合均匀，在混合搅拌过程中材料与污泥发生剧烈反应，同时释放出热量和气体。三种混合材料的进料与污泥的进料都为连续进料方式，其进料速度通过各自的电机控制，污泥通过感应皮带与电脑连接，保证材料添加量在工程设计范围内。固化污泥搅拌设备的搅拌也为连续搅拌方式，保证材料与污泥迅速混合均匀后进入皮带输送系统。

3.3　施工过程

处理后的固化/稳定化污泥运送至用土区域，可以分为降雨条件下的修复和非降雨条件下两种工况开展。

3.3.1　非降雨工况

① 将处理后的固化/稳定化污泥运送至用土区；

② 将固化/稳定化污泥进行摊铺，厚度约 40cm，自然条件堆放 3d 后再倾倒下一批固化/稳定化污泥；

③ 固化/稳定化污泥松散堆积高度为 50～80cm 左右时进行碾压；

④ 重复上述过程，至碾压后的固化/稳定化污泥达到设计标高。

3.3.2　降雨工况

污泥刚刚经过固化/稳定化处理后，污泥自身的水分尚未能够与材料充分反应，如果此时遭受降雨，将会导致雨水与所添加的材料产生水化反应，从而造成污泥难以与材料产生反应，最终的强度难以提高。因此在降雨期间要避免刚处理后的污泥遭受雨淋，将处理后的固化/稳定化污泥覆膜进行防雨，待达到一定的稳定期后再进行碾压。

① 将处理后的固化/稳定化污泥运送至用土区，厚度约 30cm 进行覆膜防雨；

② 待膜内的固化/稳定化污泥达到 3d 稳定期后揭去防雨膜；

③ 倾倒下一批固化/稳定化污泥并覆膜防雨；

④ 固化/稳定化污泥松散堆积高度为 50～80cm 左右时进行碾压；

⑤ 重复上述过程，碾压后的固化/稳定化污泥达到设计标高。

4　污泥固化/稳定化工程设计

4.1　设计依据（略）

4.2　设计原则

① 严格执行国家有关规定，确保固化处理后污泥达到相关要求与标准。

② 选择稳定可靠、经济实用及高效节能的处理工艺，减少工程投资和日常运行费用。

③ 因地制宜，采用先进的新材料、新设备。

④ 采用现代化技术，逐步实现科学自动化管理。

4.3 污泥处理能力设计

污泥来源为经过污泥脱水机处理后含水率约为80%的泥饼，处理量按400t/d（80t/h）进行设计。

4.4 工艺控制指标

4.4.1 控制系统

控制系统采用电脑PLC控制、模拟屏显示，变频调速，实现全过程监控，智能化管理。操作系统采用人机对话操作模式，能够根据进泥的性质快速对材料配比、添加量以及处理量等参数进行调整。

4.4.2 运行方式

设备的运行方式为连续型，各个处理环节中的响应时间如下：

① 系统启动时间<40s；

② 储泥仓污泥进入双轴搅拌设备的响应时间<60s；

③ 固化材料储料仓中的固化材料进入混合搅拌装置的响应时间<30s；

④ 搅拌装置中的固化材料进入固化污泥搅拌反应设备的响应时间<15s；

⑤ 污泥与固化材料混合均匀并从固化搅拌反应设备输出的响应时间<50s。

4.4.3 运行能力

污泥固化/稳定化处理设备设计为一条生产线，生产线的污泥处理能力不小于80t/h，整套设备处理污泥的能力不小于400t/d。

4.4.4 控制精度

设备的控制精度主要包括以下3个方面：

① 原泥输送量精度。由于原泥性质差异较大，其原泥输送量每小时误差允许范围为±2%。

② 固化材料输送量精度。固化材料的性质相对均匀，其输送量每小时误差允许范围为±1%。

③ 材料添加比例精度。固化材料添加比例精度受控于输送量的精度，每小时误差允许范围也为±1%。

4.4.5 搅拌强度

污泥由于搅拌作用导致结构破坏，从而使其流动性发生变化，采用落入深度指标来判定其搅拌强度。相当于未搅拌的原泥，经反应器搅拌后的试样其落入深度变化率不超过20%。

4.4.6 均匀性

均匀性指材料添加、混合的均匀性。控制指标为：相对于同一性质的污泥，在设备运行期间，每间隔10min取样测定固化/稳定化污泥密度，每次取样密度的相对误差不超过10%。

4.4.7　暴露程度

整套设备均为封闭结构,防止粉尘及臭气逸出。其中储泥仓顶盖板门为电动开启式;固化材料料仓顶部、固化搅拌反应装置、固化材料混合装置部分留有检修口,工作状态检修口处于关闭状态;固化污泥皮带输送机及接泥斗均由密封罩密封。

4.4.8　噪声控制

处理设备区域内的噪声标准执行《工业企业厂界环境噪声排放标准》(GB 12348—2008)中的Ⅱ类标准和《珠海市噪声控制标准》(DB 44/67—94)中的Ⅱ类标准,按两标准严格执行。

4.4.9　粉尘控制

处理设备区域粉尘控制标准执行《工业企业设计卫生标准》(TJ 36—79)关于车间中有害物质最高容许浓度中关于"生产性粉尘"规定。

4.4.10　臭气控制

臭气恶臭排放执行《恶臭污染物排放标准》(GB 14554—93)的二级标准和《城镇污水处理厂污染物排放标准》(GB 18918—2002),按两标准严格执行。

4.4.11　污水控制

处理过程中不产生污水污染,所指污水主要指养护及填埋期间所产生的渗滤液,所产生的渗滤液应当满足《城镇污水处理厂污染物排放标准》(GB 18918—2002)。

4.4.12　泥质标准

经固化/稳定化处理后污泥达到《城镇污水处理厂污泥处置　混合填埋泥质》(CJ/T 249—2007)标准,作为垃圾填埋场覆土相关要求。

5　主要设备清单及功率表(略)

6　设备投资一览表(略)

7　污泥固化/稳定化处理运行成本(略)

8　思考问题

① 简述污泥固化/稳定化技术的工艺流程。
② 列举污泥固化/稳定化技术的优势。

第 5 章

城乡水循环社会实践

5.1 人居环境调查与保护

人居环境即人们生产、生活、工作、学习、休息、娱乐的地表空间，是人们利用自然、改造自然的空间场所。它不仅包括居住系统和自然系统，还包括人类系统、社会系统以及支撑系统。以下内容是有关城镇和乡村人居环境的调查和研究。

5.1.1 城镇居住环境调查与保护

作为国家现代化程度的重要标志，城镇是工业化发展的产物，是非农产业在城镇集聚、农村人口向城镇集中的自然历史过程，表明了人类社会发展的客观趋势。

我国的城镇化相比于世界各国具有较快的发展历程。城镇化的快速发展对于拉动我国城乡经济发展起到了巨大的作用。但与此同时，也伴随着城镇生态环境不断恶化的危机，这将对城镇居民居住环境造成极大的影响。

城镇居住环境调查专题

1 调查结果与分析

1.1 水污染严重，影响城镇生产生活用水

水是维系人类生存不可或缺的重要资源，也是保障城镇化进程和社会发展的重要因素。然而随着城镇化速度的加快，城市群和大城市人口与产业规模的膨胀发展、城镇水污染情况愈加严重，城镇生产、生活用水出现严重短缺。当前城镇存在的水污染问题主要由两个原因导致，一是城镇企业超标排放废水，二是城镇生活废水未经处理即排放。据环保部 2015 年数据统计，我国 2014 年城镇污染物排放中废水排放总量约为 6.86×10^9 t，其中工业源废水和生活源废水占到百分之二的比例。我国本就是一个水资源分布极不均衡的国家，城镇化过程带来的水污染更加剧了这一情况，导致我国万分之二以上的城镇普遍面临水质性缺水，成为严重制约着当前新型城镇化可持续发展的刚性约束。

1.2　城镇空气污染严峻，影响居民健康

2013 年，我国遭遇了有史以来最为严重的雾霾天气，这一年总共出现的雾霾天气创造了近五十多年以来的最多天数记录，再次唤醒了人们对大气污染的高度关注，空气环境污染成为城镇化进程中最大的环境问题之一，大气污染正从单一的空气污染类型，向新型复合大气污染类型转变。据环保部统计，2014 年，我国废气排放总量约 4.0524×10^7 t，以最易污染大气质量的二氧化硫和氮氧化物为主，且主要来源于工业排放，全国多数城镇的空气中总是充斥着工业废气和汽车尾气，颗粒物和粉尘也在漫天飞舞。医学研究表明，清洁的空气环境对人体健康尤为重要。若人们长期呼吸着被污染的空气，严重影响身体健康，轻者出现咳嗽、胸闷等症状，重者将患上严重疾病甚至死亡。弥漫在城镇上空的污染气体正一步步侵蚀居民健康。

1.3　固体废弃物激增，影响人居环境

当前，在我国各地城镇中固体废弃物激增，出现了"垃圾围城"现象。城镇发展中固体废弃物的主要来源包括工业固体废弃物和城镇生活垃圾。城镇中工业固体废弃物主要由城镇企业的粗放生产导致，且逐年呈上升趋势。据环保部统计，2014 年，全国工业固体废弃物产量达 3.2562×10^9 t，综合利用量不到一半。与此同时，城镇生活垃圾排放量也在增加。城镇化的快速发展带来了城镇人口的不断聚集，经济的发展带来了人们对生活品质要求的提高，由此而产生的日常生活垃圾、商业垃圾、医疗卫生垃圾不断出现在城镇各处。而当前我国对这类固体废弃物多采用有害化焚烧、不合理掩埋甚至原始的露天堆积的处理方式，导致"垃圾围城"现象愈演愈烈，严重影响城镇人居环境。

2　保护及防范措施

面对我国城镇化进程中出现的国土空间问题、资源能源问题及人居环境问题日益严峻的形势，必须发展维护城镇生态环境和保障社会健康发展的新型城镇化道路。近年来，党和政府越来越重视城镇化进程中的生态文明建设，在多次重要会议中均提到加强"城镇化生态文明建设"的主题思想。

2.1　普及生态城镇的理念和文化，创新城镇生态文明的治理方式

任何一场重大变革来临之前，总是要首先进行意识形态领域的变革，而一定的社会意识形态又以一定的社会文化积淀为基础。新型城镇化作为我国未来社会的发展方向，其生态文明建设需要以生态城镇的文化理念作为意识基础，通过提升政府、企业、公众三大行为主体的生态文明意识实现城镇化进程中社会价值观和发展观的转变，从制度建设、监管方式等方面创新城镇生态文明的治理方式。

（1）不断增强生态宣传的覆盖面和传播力

生态城镇的宣传工作，不仅仅是把"保护环境、节约资源"的口号喊响，而应当让城镇居民充分认识到生态文明对于生态城镇乃至整个新型城镇化建设的重要性，增加人们对环境的主体意识、忧患意识和责任意识。一方面，要保障宣传对象的全面覆盖，将公

众、企业、政府均纳入对象范围，增加环保教育投入，建立免费环保教育课程，普及全民的生态城镇知识。另一方面，扩大生态城镇的传播力度，充分利用当前发达的新媒体力量，利用各类媒体宣传报道生态城镇的理念和文化，将新闻舆论效果和城镇环保事业有机结合，采用活动与竞赛的形式，推动形成一种能够明确定位、功能上可以互相补充、覆盖面相对广泛的舆论引导和传播格局。

（2）广泛动员社会力量参与生态城镇建设

城镇生态文明建设不仅仅是政府和国家的事情，也不仅仅是学术界进行理论探讨就可以完成的，而应该是在国家和政府的指导下进行的社会行为，需要全社会的支持和参与。居民生态城镇意识的培养要充分发挥意识对行为的支配作用，让城镇居民在切实的行动中体会生态文明，提高对城镇生态文化的认知能力和认同度。在新型城镇化中，生态企业、生态学校、生态社区、生态家庭是构成生态城镇的重要部分，通过对企业、学校、社区、家庭的渗透，动员全社会共同为之努力。

2.2 提升科技水平，加强人居环境污染治理

（1）推进城镇空气治理

针对当前我国的现实国情，必须加大科技投入，从以下三方面推进城镇空气治理。一是加强对机动车尾气排放的综合治理。通过实行公共交通优先发展战略，投资发展新型节能、无污染公交车辆，减少民众对小汽车的依赖，提倡绿色出行方式。二是加强工业企业废气排放的综合治理。积极引导企业向清洁生产过渡，严厉惩处乱排乱放企业，重点治理大型污染源企业。三是建立监测预警体系，加强城镇空气治理的综合管理，具体包括：发展监控技术，建立大气监测网；建立专口的管理、咨询机构；制订完善应急预案和联动体系等。

（2）推进城镇水污染治理

针对城镇污水问题，一是建立天然污染净化系统。利用自然环境的自净能力，恢复城镇水系的自然流动性，保障基本生态径流。二是完善城镇污水的集中处理设施。目前我国污水处理厂主要处理工业废水和生活污水的点源污染，要通过城镇污水处理设备建设与技术改造，强化城镇污水处理的硬件设施，城镇中的工业生产、车辆冲洗、非引用生活用水、绿化用水等用水方面要优先使用处理水，提高污水净化后二次利用的概率。三是重点处理城镇化中出现的黑臭水体。对城中村、老旧城区和城乡结合部的污水进行截流与收集，防止污染饮用水，保障城镇饮用水源的安全性。

（3）推进城镇垃圾综合治理

第一，实施贴近居民的回收方式。细化城镇垃圾分类，建立一套合理的垃圾分类回收系统，如日本在多个城市采用"垃圾回收日历"的方式完成垃圾的回收分类。第二，建立垃圾收运的企业和市场。企业化管理，使垃圾回收规范化，完成垃圾清运和再生资源回收的市场对接。第三，加强城镇环境的清洁工作。定期定时完成垃圾清理，并对垃圾的存放定点规划，解决垃圾围城问题。第四，加大垃圾处理设施的技术和财力投入。加强垃圾处理设施建设，利用新技术、新设备对不可再次利用的垃圾进行无害处理。

5.1.2 乡村人居环境调查与保护

乡村人居环境是指乡村居民在乡村地域范围内进行生产生活活动，在利用和改造自然过程中创造的自然环境和社会环境的总和。乡村局势的稳定和如何搞好农业环境保护工作，如何防治农业环境污染，如何提高农民的环境意识，在转变农业增长方式，使农业生态环境由恶性循环走向良性循环，实现发展高产，优质高效的农业方面起着至关重要的作用。乡村人居环境建设的好坏，是关系到农民切身利益的重大问题，也是关系到农业能否持续发展和国计民生的一件大事。

乡村人居环境调查专题

1 调查结果与分析

调研发现农村基础设施薄弱、公共设施严重短缺，环境脏、乱、差等问题仍然突出。有些地方只注重外在而忽视内涵，"室外现代化，室内脏乱差"等问题却没得到根本解决。具体有以下几个方面。

1.1 环境卫生方面

（1）固体废弃物治理存在缺失

与农村经济的快速发展相伴而生的便是生活垃圾的"飞速壮大"。部分农村地区的生活垃圾仍处于无人管理的状态。调查数据显示，71.4%的农村地区没有垃圾分类设施；对生活垃圾处理方式的选择方面，48.1%的人选择直接倒在路边或其他空地，只有25.5%的人倒进垃圾箱，有人统一收运。

（2）生活污水统一处理显薄弱

调查显示，大部分村民家中缺少污水处理设施，生活污水排放随意。40.17%的村民直接排到街上，35.90%的村民排入附近沟渠，而排入管网统一处理后排放的仅占12.82%。与此同时，52.37%的村民希望尽快建设排水沟渠和下水管，实现污水集中处理。

1.2 基础设施方面

（1）道路建设有待加强

通过实地考察，仍有部分地理位置偏僻的村庄只有狭窄的土路通往村外。即使在实行了"村村通工程"建设的农村地区，农村道路规划也不尽合理。经调查发现，村民对于道路建设方面的需求主要存在以下几个方面：希望村道进行道路硬底化工程的占19.37%；希望理顺杂乱无序道路结构的占31.9%；认为急需改善道路照明，增设路灯的占34.76%。

（2）饮用水安全仍需关注

调查数据显示，认为居住地饮用水不安全的农村居民占49.82%。与此同时，有25.93%

的村民没有使用统一供应的自来水，仍然采用自打井水或者其他方式获得饮用水。而当被问及日常生活中最希望解决的问题时，55.67%的村民选择了"改善村民饮水问题，建设自来水设施"这一选项。由此可以看出，我省农村饮用水安全问题仍需不断加大改善力度。

1.3 公共服务方面

1.3.1 文体建设亟待改善

农村文化体育活动内容虽日趋丰富，但仍存在公共文化设施落后、文化产品不足等问题，村活动室、图书室以及休闲娱乐相结合的文化设施缺乏。经调查发现，在"您认为村庄需要增加的公共设施"这一问题中，村民的需求多种多样，有87.36%的村民选择了体育活动站，56.84%的村民选择了村民服务中心。

1.3.2 医疗卫生事业突显不足

近年来我省农村医疗卫生事业虽然有所改善，但仍存在村级医疗卫生服务水平低、农村公共卫生服务滞后等问题。调查发现，8.73%的村民希望本村增设卫生站等医疗卫生服务机构，91.20%的农民认为目前医疗费用太高。要实现我省农村居民人人享有初级卫生保健服务的目标，任重道远。

2 研究对策与建议

2.1 完善基础设施建设

加快农村道路硬化，完善乡村道路结构。实现道路硬化仍然是农村基础设施建设的重点项目，同时也应强化农村交通路网建设。乡村公路网要与已有国道、省道、县道等主干道路网点规划协调统筹打破县、乡、村的界限，此外，做好乡村客运站的规划，加快城乡客运一体化的实现。

建立农村垃圾处理设施，健全长效管理机制。首先，完善垃圾处理设施的建设，构建一个覆盖乡镇、村社的污水处理和垃圾处理系统。其次，通过各种途径让农村居民了解垃圾分类知识，引导农民参与垃圾处理。最后，要建立农村环境卫生监督和管理的长效机制，达到垃圾"户集、村收、镇转、市处理"的要求，使农村真正实现人与生态环境和谐共处。

2.2 科学制定改善农村人居环境的总体规划

(1) 因村制宜，确立不同整治重点

首先，规划编制时，规划设计人员要实地踏勘、入户调查，广泛征求村民意见和建议。其次，确定重点，分类整治。基本生活设施尚未完善的村庄，要以水、电、路、气、房等基础设施建设为重点；基本生活条件比较完善的村庄则要以环境整治为重点，全面提升人居环境质量。

(2) 立足现有条件，切勿急功近利

改善我省农村人居环境，要立足于村庄已有设施和自然条件，结合村庄发展水平，采取综合整治、局部改造等方式，尊重农民意愿、保护农民权益，不能为了整治而整治，不能为了追求整齐划一而丧失了村庄特色。

2.3 依靠当地政府，充分发挥政府职能

创新管理模式，规范环境考核评价体系。建立"政府主导、农民主体、部门协同、联合推进"的工作机制，指导县、乡（镇）开展环境质量考核，将考核结果作为干部政绩评定、选拔任用的依据之一，用考核这根杠杆推动农村环境保护。同时，积极推进在乡镇普遍设置专门的环保行政管理机构，配备专职环保行政管理人员，确保农村环保工作落实。

加大扶持力度，健全资金引入机制，长效的资金来源在农村人居环境改善中不可或缺，除了需要县以上政府加大投入外，还要建立完善"政府引导、市场推进"的投入机制，鼓励各类社会资本进入农村环境基础设施建设和经营领域。

◤ 5.2 水处理厂运行管理与创新

5.2.1 给水处理厂运行管理与创新

当今经济迅速发展，自动化管理迅猛发展，给水处理厂运行管理与创新是推动给水厂未来发展的强劲动力。加强对水厂运行管理主要影响因素的研究分析，要对应地做好安全运行管理措施，防止供水水质下降，以及突发性事件的发生，对于其取得良好的实践效果有很重要的意义。加强各方面的管理，采取有效的措施解决存在的问题，不断加强设备的技术研究，不断创新，对于水厂安全运行管理有重大意义。

给水处理厂运行管理与创新分析专题

1 给水处理厂现状

给水处理厂由泵房、化学剂投加设备、水处理构筑物、储存成品水的清水池以及化验室等建筑物所组成。

采用的处理过程和构造形式是由原水和供水水质以及当地工程状况和经济条件决定的。以去除悬浮杂质为主的水厂，一般采用混凝、沉淀、过滤和消毒的处理工艺。为了保证生产安全，控制运行指标和经济调度，水厂和给水站开始采用自动化装置和电脑控制。给水处理厂的位置，一般选在工程地质条件较好，周围卫生条件符合防护规定和靠近电源的地方。

2 传统给水处理模式

通常给水处理方法有常规处理方法：混凝、沉淀（澄清）、过滤、消毒和特殊处理方法：除臭、除味、降铁、软化和淡化除盐等。

① 地表水为水源时，饮用水常规处理的主要去除对象是水中的悬浮物质、胶体物质和病原微生物，采用的技术包括：混凝、沉淀、过滤、消毒。

典型处理工艺详见图 5-1。

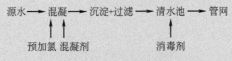

图 5-1　地表水典型处理工艺

② 地下水为水源时，饮用水常规处理的主要去除对象是水中可能存在的病原微生物。对于不含有特殊有害物质（如过量的铁、锰等）的地下水，应用水处理只需要进行消毒处理就可以达到饮用水水质要求，处理工艺见图 5-2。

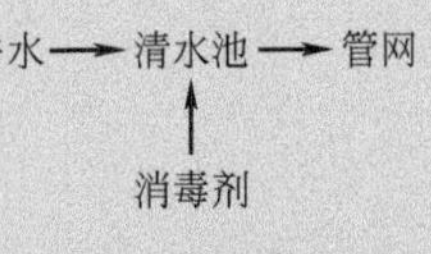

井水 ⟶ 清水池 ⟶ 管网
　　　　　↑
　　　　消毒剂

图 5-2　地下水消毒处理工艺

3　传统给水处理方案的缺陷

现阶段，我国逐渐强化水处理监测力度，定期观察废水区域的污染问题，及时采取可行的处理方案。但是污水监测项目按照行业类型有不同要求，废水处理中也出现了一些不可预测的问题，导致废水污染治理达不到预期效果。传统的混凝、沉淀过滤工艺虽然能有效去除细颗粒悬浮物、憎水胶体，但对有机污染物几乎无效。传统给水处理方案存在诸多缺陷，具体如下。

3.1　污染问题

工厂是一个生产作业的集中区域，其涉及多种工业化产品，因而最终产生的废弃物类别也是多种多样。从水处理结果分析，工厂废水可导致大面积水域污染，水质恶化、污染物超标、水生植物无法生长等，这些都是工厂周边区域普遍存在的问题。水资源是人类社会活动不可缺少的元素，水资源污染将对社会环境、人居生活、产业发展等造成诸多不利影响。

3.2　标准问题

为了整顿工业经济发展秩序，国家对各类生产区域实施项目规划，要求工厂建立科学的水处理体系，帮助企业解决现实生产中遇到的污染问题。实际监测发现，废水水处理缺少明确的标准参数，对工厂监测内容达不到预定标准，影响了环境治理决策的有效性。目前部分国家重点源监测项目与行业标准污染物项目不一致，如制糖、造纸、城镇污水处理厂等。

3.3　治理问题

监测是为了更好地治理环境，对水处理中发现的质量问题，工厂并没有及时采取措施处理，导致废水污染面积逐渐扩大化，对新水域产生了更多的危害性。总结原因，多数工厂从运营成本角度考虑，对环境治理未投入足够的出污费用，废水问题无法从根本上得到解决。另一方面，水处理机构职能不健全，现阶段难以达到预定的监测指标，这些都阻碍了废水监测与治理工作。

水污染不仅破坏了生态系统的均衡性，也导致各类水资源发生污染问题。其中，给水过程中水源污染率持续上升，增加了污水治理成本投入及技术难度，不利于区域供输水作业的一体化建设。

4　给水处理新技术及应用方法

"水处理新技术"就是通过物理、化学、生物手段，去除水中一些对生产、生活无用的有害物质的过程，是为了适用于特定的用途而对水进行的沉降、过滤、混凝、絮凝，以及缓蚀、阻垢等水质调理的过程。

考虑到工业经济的重要性，以及工业化发展带来的环境污染问题，必须强化工厂给水处理力度，为工厂建立更加全面的给水处理方案。当前，给水处理技术包括：物理法、化学法、生物法等，从不同角度进行划分，也可采取多样性的技术方案，满足不同类型给水系统的净化目标。

4.1　按技术划分

物理法。废水处理方法的选择取决于废水中污染物的性质、组成、状态及对水质的要求。一般废水的处理方法大致可分为物理法、化学法及生物法三大类，利用物理作用处理、分离和回收废水中的污染物，这是物理法应用的基本原理，对工业废水过滤起到了基本净化作用。工厂可设计相对规模的生态绿化池，按照工厂生产规模定期回收废水，通过净化池处理后完成净化作用。

化学法。利用化学反应或物理化学作用回收可溶性废物或胶体物质，利用化学反应原理执行有效的净化处理方案，这样可以避免废水处理中出现的异常问题。例如，中和法用于中和酸性或碱性废水；萃取法利用可溶性废物在两相中溶解度不同的"分配"，回收酚类、重金属等；氧化还原法用来除去废水中还原性或氧化性污染物，杀灭天然水体中的病原菌等。

生物法。利用微生物的生化作用处理废水中的有机物，要求在废水池中设置生物过滤系统，及时清除水中有害物质，避免废水排放后对周围水域产生污染作用。例如，生物过滤法和活性污泥法用来处理生活污水或有机生产废水，使有机物转化降解成无机盐而得到净化。生物法处理要注意考察工厂类型，不同工厂所用方法存在差异性，选择合适方式进行处理以保证净化效果。

4.2　按工艺划分

一级处理。"废水"是工厂现代化生产必然的产物，对工厂废水实施综合治理是降低污染的有效方式。一级处理技术主要去除污水中呈悬浮状态的固体污染物质，物理处理法大部分只能完成一级处理的要求。经过一级处理的污水，BOD 一般可去除 30% 左右，达不到排放标准。一级处理属于二级处理的预处理。

二级处理。供水公司要充分发挥供水调度作用，及时调整给水处理管理工作，促进水能资源供用一体化建设模式。二级处理阶段，主要去除污水中呈胶体和溶解状态的有机污染物质（BOD、COD物质），去除率可达90%以上，使有机污染物达到排放标准，悬浮物去除率达95%，出水效果好。

三级处理。为了摆脱传统给水方案存在的不足，给水三级处理中要综合考虑分布模式，从管网布局、工艺流程等方面进行研究。三级处理是进一步处理难降解的有机物、氮和磷等能够导致水体富营养化的可溶性无机物等。主要方法有生物脱氮除磷法、混凝沉淀法、砂滤法、活性炭吸附法、离子交换法和电渗析法等。

5　超滤膜装置的操作运行条件在给水处理中的应用

随着生物预处理和臭氧活性炭深度处理工艺技术的采用，有机污染负荷得到缓和，但水的生物安全性问题如贾第虫、隐孢子虫等原生动物的出现，加上氯消毒的副产物，使饮用水处理技术仍然未摆脱技术被动的尴尬。

进入新世纪后，以超滤技术为核心的组合工艺作为针对微污染水源水处理的一项新技术，以其对细小悬浮物、大分子有机物、细菌、病毒、原生动物的高效分离性能引起越来越多的重视，在世界范围内呈加速发展态势。如今，超滤技术已经应用于世界各地。

目前，给水处理界已形成基本共识：以超滤膜为核心的给水组合工艺是新世纪饮用水水质安全保障的关键技术，是自来水行业技术改造的首选工艺。超滤膜工艺技术过滤通量大，清水通量可达 $100L/(m^2 \cdot h)$，相当于每 $1m^2$ 滤池面积每小时产水量 $15\sim20m^3$，比常规工艺高50%以上，过滤压差小，耗能低。

试验简洁而实用的膜污染清洗方式对膜的生产应用具有重要意义：

物理冲洗时间间隔以膜组件污染物自然积累导致出现阻力上升、通量下降后才进行，是极其不利的，其通量恢复加速递减，物理清洗效率降低，化学清洗频繁，膜损耗增加，使用寿命缩短。

采取滤后水反冲洗方式，反冲时间间隔在1h左右是合适的，工作周期可提高2倍；采用气水联合反冲洗方式相比相同时间间隔的水反冲洗至少延长时间2倍以上，并且出水水质不变。

自动控制的气水联合反冲洗方式，技术可靠，运行简单，能有效延长膜组件的过滤周期，降低化学清洗频率，在实际应用中具有推广价值。

5.2.2　污水处理厂运行管理与创新

现如今，环保意识已经深入人心，世界上的工业科技发展强国大都已具备成熟的污水处理经验。相对而言，我国在污水处理方面起步较晚，能力稍有欠缺，不能很好地满足社会发展所带来的需要与解决人们日常生活中所产生的污水问题。造成这些问题的原因，除了技术工艺手段欠缺以外，也包含着管理方面的不足。因此，加强污水处理厂运行管理与创新研究具有重大意义。下面针对城镇污水处理厂生产运行与管理创新进行详细分析和探讨。

污水处理厂运行管理与创新分析专题

1　污水处理的现状

污水处理是一个能源消耗密集的过程，污水处理所消耗的能量包括直接能耗和间接能耗。直接能耗主要为电能，间接能耗主要是运行使用的药剂。污水处理厂电耗主要发生在污水提升系统，二级生化处理的供氧系统和污泥处理系统三部分，分别占总能耗的25%、55%、13%，三者占总能耗的70%以上。药剂消耗主要发生在除磷、污泥处理阶段，能耗占10%～15%。

污水处理是高能耗行业之一，高能耗造成污水处理厂运营成本高，在一定程度上加剧了我国现阶段的能源危机。污水处理厂须在保证出水水质稳定达标排放的前提下，降低其处理成本，实现企业的可持续发展，因此实现节能降耗是污水处理厂迫切需要解决的问题。

2　传统污水处理模式

传统污水处理模式由污水到格栅井，然后依次到达提升井、调节池、初沉池、集水井、水解酸化池、上流式厌氧污泥床（UASB）、接触氧化池，最后到达二沉池，如水质量达标则排放。剩余污泥进入污泥浓缩池，压缩机进行定期外运处置。

3　污水处理能源消耗的现状

3.1　能源消耗

3.1.1　电力资源消耗

数据显示，在全国用电总量中污水处理厂的电力资源消耗量就占了3%；研究表示，根据目前的发展状况，在未来15年内，我国污水处理厂所消耗的电力资源将占全国用电总量的20%，这也就意味着我国的污水处理在节能方面仍然有着一定的进步空间。我国的污水处理厂大多都选择污泥提升系统和生化处理供氧系统等这类系统作为污水处理系统，这些系统都需要极大的电力资源来维持运转。

3.1.2　药剂资源消耗

令泥沙聚沉是污水处理方法之一，而絮凝剂这种药剂是我国污水处理厂经常会用到的药剂。絮凝剂中的主要成分是聚合氯化铝和一些其他人工合成物。在污水处理的过程中需要使用大量的絮凝剂，并且药剂成本较高，高成本令污水处理厂的成本也有了很大的提升。絮凝剂的使用除了会增加污水处理厂的成本，还面临着一定的环境污染问题。

3.1.3　自然水资源消耗

因为我国污水处理行业起步晚，多数污水处理的技术相比很多发达国家都较为落后，所以处理之后的水源在大多数情况下都不能达到污水处理的排放标准。再加上一些污水处理厂到现在还没有建立水资源的回用装置，所以那些没有进行过分类的污水就会直接排入自然水域之中，造成严重污染。将新鲜水资源作为污水处理的水源，除了会消耗大量的自然水资源之外，同时也与进行污水处理的目的相矛盾，亦损害了污水处理厂的利益。

3.2 高能源消耗产生的原因

虽然我国对于污水处理的每个环节都很重视，但是对于处理环节中所需要的节能技术却缺乏重视，所以污水处理厂中的节能应用效果一直都不怎么明显，高耗能的问题一直也没能够解决。

3.2.1 缺乏完善的污水处理设备

因为我国很多的污水处理厂缺少设备更新的意识，所以污水处理厂的处理能力偏低。这只是设备和技术没有及时更新而造成的能源消耗较高，再加上相关管理人员缺少相关设备维护知识，污水处理设备的使用效率偏高，也是需要更多的能源来支持其工作和运转。

3.2.2 缺乏充足的资金投入

虽然我国的污水处理厂已经取得了一定的发展，但这种程度依然不能够满足对所有污水的处理，其主要原因就是资金不到位。我国对污水处理的资金投入是有限的，这在很大程度上制约了我国污水处理厂的发展，很多关于污水处理设备的研发也难以有进一步的发展。

另外，目前我国所使用的污水处理设备大多是从国外进口的，因为污水处理设备工作量大，所以经常需要维护，维护污水处理设备又是一笔巨大的开支，如果我国要自主研发污水处理设备，所需资金是一个问题，或不足以支撑研发和测试，所以我国的污水处理设备想要步入正轨，仍有一段很长的路要走。

3.2.3 缺乏专业的人才

污水处理厂进行污水处理是需要达到一定标准的，但是因为我国情况复杂，很多地区的水污染处理都没有起到真实的效果。因为我国能够拥有污水处理技术的高素质人才并不多，所以对污水处理的认识和作用都没达到一定的深度，对于污水处理方式的选择上也不够成熟，造成了更多能源的消耗。

4 污水处理技术创新

4.1 改善节能技术

想要经过处理的污水符合国家相关标准，就要在如何能够降低电能上下功夫，这样可以减少电力能源的消耗，将支出成本进一步降低。想要节省能源的使用，首先就需要从生产技术上面进行考虑。

① 把功率大的机电设备换掉或者进行改造，使用功率小的机电设备。比如说可以建立起全新的一体化泵站，通过污水耗量来减少泵工作当中的实损，从而减少耗电量，节约资源，同时一体化泵站还能够减少人工的投入。

② 还可以引进精确的曝气技术，这项技术可以有效减少因为人为控制曝气而带来的

风机过耗等这类问题的发生。污泥回流泵的主要作用就是令沉淀池中的污泥可以回流到厌氧池中，这样的好处是不仅可以保证活性与污泥量，还确保了污泥和好氧菌以及厌氧菌可以进行的融合，以达到降低污泥中有害物质这一效果，有效去污。

4.2　运用生物膜法

生物膜主要是对那些附着在水层中的有机物进行吸附，并把这些有机物分解为 H_2O 和 CO_2，同时还可以把氨氮转化为硝态氮和亚硝态氮。发挥完作用的老化的生物膜被冲掉，新的生物膜又长出来，这样可以有效净化污水。生物膜法的使用大大提高了去除那些有机污染物的工作效率；并且生物膜法还能够很好地适应水温的波动，运行中所产生的费用也比较少，所产生的污泥量也很少，生物膜的这些优点能够有效避免污泥膨胀现象的产生，同时可以更好地对污水进行处理。

4.3　培养新型污水处理人才

为了提升污水处理厂的整体素质，管理人员可以招聘一些年轻的技术型人才，新型人才的加入可以为污水处理厂带来鲜活的发展动力。而且，管理者在选择污水处理厂厂址的时候需要将国家地理位置的因素考虑清楚，选择的时候需要充分了解当地的水资源的分布和水量等情况，对其进行全面了解和调查才可能保证企业的可持续发展。关于专业人才，他们对于污水处理方面不应该只停留在污水处理设备上面，还要帮助污水处理厂减少能源消耗，根据实际情况制订相关的节能措施。

5　运营管理新模式

2013 年 3 月以来，焦作瑞丰纸业动力车间水处理工段积极响应公司节能降耗、向生产要效益的号召，以创新运行管理模式为抓手，秉承"源头削减、过程控制、末端治理"的原则，加强过程控制，收到显著效益，双酸铝铁阳离子当月消耗较计划下降 9% 以上，电耗下降 7% 以上，吨水综合成本下降 0.66 元。

主要措施有：一是针对 2 号厌氧正常运行后，探索新的工艺降耗途径，加大生物处理阶段去除率，二沉出水 COD 控制在 600mg/L 左右，减轻后续深度处理阶段加药量，降低污泥量，减少压泥化学品消耗；二是针对来水 COD 逐渐降低的实际情况，探索深度处理运行的最佳工艺操作办法，进而减少化学品加入量；三是在曝气池适量加入盐酸，增加进入深度处理工序污水酸度，进而减少化学品消耗；四是根据来水量合理调整水处理量和控制表曝机、清水泵、离心机等电机运转功率，以及开停机时间，采用避峰运行方式降低吨水电耗和化学品阳离子消耗；五是加大内部管理力度，建立化学药品登记簿，控制化学药品的领用，做到领料有计划、有登记、有用量，化学药品使用考核到班组、岗位，加大奖罚力度；六是在保障厌氧生产一定量沼气的基础上，改变以往流水式工艺运行方式为间歇式大流量运行，提高整个系统运行效率。

每位成员应依照岗位安全职责、安全操作规程和其他有关规定。公司也制定了各岗位人员安全生产行为准则，即生产管理、设备检修、危险作业、输配电运行和检修、调度运行、应急响应等岗位人员的安全生产行为准则。把应该遵守的安全要求，作为规范员工作业行为的重要内容，力求抓好全过程的控制。

科学的管理方法是安全生产的基础，在太阳纸业安全管理工作中突出"标准化""体系化""全员化""人性化""制度化"五个方面。标准化是安全管理的基础要求，体系化是安全管理的保障，全员化是安全管理的目的，人性化是安全管理的中心，制度化是安全管理的依据。将管理模式与安全管理相结合，提高安全生产督监察的质量，减少事故的发生，保护职工的人身安全，从而减少人身和财产损失，增强企业抵抗风险的能力，为安全发展提供动力。

◥ 5.3 水处理厂节能评估

节能评估是根据国家有关法律、法规、标准及规定的要求，针对工程项目的具体情况，对工程项目工艺、技术、设备、综合能耗、材料的下一级资源的综合利用情况等进行评估，避免盲目投资和低水平重复建设，并针对存在的问题提出相应的整改措施。

水处理厂节能评估分析专题

1 评估意义

节能是一项长期的战略任务，也是我国"十二五"期间的紧迫任务，为此国家制定了《节能减排"十二五"规划》。固定资产投资项目节能评估和审查工作作为一项节能管理制度，对深入贯彻落实节约资源基本国策，严把能耗增长源头关，全面推进资源节约型、环境友好型社会建设具有重要的现实意义。通过节能评估和审查的前置性条件，可以有效控制能源的增量消耗，进一步促进产业结构和资源消耗结构的优化。从企业方面看，通过节能评估和审查预诊断功能，可以从源头为拟建项目奠定一个节能的基础，避免项目边建设边搞节能改造等投资浪费和能源浪费现象。

2 评估依据（略）

3 评估内容

依据法律和法规、政策和规划等规定和要求，评估项目用能的法律和政策的符合性。根据国家、地方行业标准和设计规范，评估该项目工艺和设备配置与选型、能源供应设施等方面是否达到合理用能和节约能源的要求。

依据相关标准和规范，评估项目主要生产工艺系统、辅助生产系统工艺选择和设备选型用能的合理性。

依据相关能耗限额标准和相关行业统计指标评估项目单位污水处理能耗指标先进性和真实性。

计算和核定项目主要能耗和经济指标，并分析评估项目主要能耗指标对单县能耗指标的影响。

◣ 5.4　城乡供水突发事件应急预案

随着国民经济的发展和人民生活水平的不断提高，城市供水安全问题已成为社会经济发展和人民生活稳定的重要制约因素。以某市供水突发事件应急预案为例，介绍了该应急机构及职能、突发应急预案及响应、应急供应及社会稳定与演练等应急内容。

Y 县供水突发事件应急预案

1　气候特征

该市属温带大陆性季风气候，四季分明。年平均气温 11.6℃，一月（最冷月）平均气温 −5.4℃，极端最低气温 −24.7℃。七月（最热月）平均气温 26.1℃，极端最高气温 41.9℃。降雨主要集中在七、八月份，多年平均降雨量 617mm，年最大降雨量 1145mm，年最小降雨量 248mm。年均日照时数 2596h，全年无霜期 178 天。主导风向为东北风和西南风。最大冻土深度 75cm。

2　县城供水概况

2.1　供水现状

该县现供水以地下水为水源，分为自来水公司集中供水和各单位自备水源分散供水两部分，其中自来水公司供水 $1.014 \times 10^7 \mathrm{m}^3/\mathrm{a}$，自备水源供水 $1.906 \times 10^7 \mathrm{m}^3/\mathrm{a}$，分别占县区总供水量的 34.7% 和 65.3%。

2.1.1　自备井水源供水

2016 年分散于县区各企事业单位的自备井共计 95 眼，均为直接供给方式，日供水量 $5.2 \times 10^4 \mathrm{m}^3/\mathrm{d}$，主要供各企业生产用水和生活用水及部分事业单位用水。现状年总供水 $1.906 \times 10^7 \mathrm{m}^3$。

2.1.2 自来水公司供水

自来水公司城区共有水源井 36 眼，供水一厂 12 眼，供水二厂 24 眼，单井出水量 $50 \sim 80 m^3/h$，最大供水能力 $4.3 \times 10^4 m^3/d$，最高日供水量 $3.3 \times 10^4 m^3/d$，出水直接送入配水管网供用户使用。年总供水 $1.014 \times 10^7 m^3$。

城区集中配水方式采取水源井分片配水方式，供水时间 24h；配水管网已初具规模，配水干管 $DN100 \sim DN1200$ 的管道长度已达 138km，目前京广铁路以西 12 眼水井已联网，最大管径为 1200mm；京广铁路以东 24 眼水井已联网，供水主干管为 1200mm。市区配水干管为 $DN100 \sim DN1200$，2003 年以前管网年久失修，漏失率较大。

2.2 城市供水概况

中线输水总干渠沿京广铁路以西浅山丘陵区通过，境内全长 169.7km。境内有 11 个分水口和 3 条跨地市输水干渠。

2015 年后每年供水量为 $5 \times 10^7 m^3$，平均日供水量为 $1.37 \times 10^5 m^3/d$。2015 年需水量是 $1.5 \times 10^5 m^3/d$，规划利用现状备用水源供水 $5.0 \times 10^4 m^3/d$，建设供水规模为 $1.0 \times 10^5 m^3/d$ 的地表水取水工程、输水工程、净水厂工程及 $1.5 \times 10^5 m^3/d$ 的配水工程。

2020 年需水量预测为 $2.2 \times 10^5 m^3/d$，南水北调地表水源可供水资源量为 $1.14 \times 10^5 \sim 1.5 \times 10^5 m^3/d$，根据地矿部水文地质工程地质技术方法研究所《供水水源地水文地质详查报告》（1998 年 4 月），该市地下水源地可开采量为 $1.0 \times 10^5 m^3/d$。采取南水北调地表水与地下水联合供水。规划建设供水规模为 $1.5 \times 10^5 m^3/d$ 的地表水取水工程、输水工程、净水厂工程，$7.0 \times 10^4 m^3/d$ 的地下水取水工程、输水工程及 $2.2 \times 10^5 m^3/d$ 的配水工程，可在原有工程的基础上进行扩建。

水厂的基本工艺流程采用的是预处理＋强化常规处理＋（预留）深度处理。预处理工艺采用的是高锰酸盐预氧化，同时考虑粉末活性炭的投加。常规处理的工艺是网格混凝反应池、平流式沉淀池、V 型滤池和次氯酸钠溶液消毒。目前的原水水质经过常规处理工艺是可以满足水质要求的，暂时不考虑建设深度处理设施，但预留用地。

2.3 应急备用水源

县区应急水源是指当城市为应对突发事件而造成的日常供水水源不能使用或不够使用的情况时，作为补救措施启用的应急水源。供水量应能满足县区的应急需要。

应急供水包括综合生活用水和工业用水两种。应急供水期间应对生活用水和工业用水进行压缩。应急供水标准的确定，应结合原有水源地供水范围的城市面积、人口、可利用的备用水源、应急时间、事件风险等级及城镇重要性等因素综合考虑确定。

县区现状水源井供水规模为 $1.57 \times 10^5 m^3/d$，根据《城乡总体规划》，规划保留现状水源井，将其作为县区发展和事故、消防时的应急备用水源；根据《南水北调配套工程规划》，此水源作为南水北调水源的调蓄水源。

2.4 城市供水问题分析（略）

2.5　应急供水原则

　　应急供水行动应遵循优先与强制相结合、政府指导与企业调控相结合、实际需求与科学调度相结合的原则，努力做到"先居民、再生产；先调节、再强制"，实现资源共享，科学调度，优化配置，最大限度地满足用户生活、生产用水需求。

　　① 优先原则：先居民、后生产、再其他。首先应优先保证居民用水，同时保证党、政、军、警机关和大型公共场所用水；其次是保证重点工商企业生产用水；最后是在供水能力满足以上用水需求后，再考虑其他用水。

　　② 强制原则：定时限量供水。特殊时期，为保证居民生活用水需求采取强制供水措施，仅在 7 时～9 时、18 时～20 时两个区间，力求管网平均压力达到一定标准。其间的供水压力和开停时段要视具体情况调整。

　　发生或即将发生供水缺口状况，经自来水公司报请上级主管部门，并由市政府下达指令，发挥政府职能，制订并指导企业落实避峰用水方案，通过调控、压缩、或关停生产性用水，保障"优先原则"顺利实施创造条件，逐步关停经营服务用水和特种行业用水。当上述措施仍不能满足居民生活用水基本需求时，应采取"强制原则"进行调控。通过人工送水，或组织机关、企业、群众自提，不遗余力，最大限度地缓解用水矛盾。

　　水资源联合调度优化配置要求，南水北调中线工程建成后，受水区城市和重点工业区主要由引江水供给，一般年份禁止开采地下水，当地地表水尽量还供农业。遇南水北调枯水年份和枯水时段，部分城市启用原地下水供水措施，有计划开采地下水，以保证供水目标的用水需求。

3　组织机构与职责（略）

3.1　应急领导机构（略）

3.2　应急组织机构职责

3.2.1　供水事件应急指挥部（略）
3.2.2　供水事件应急指挥部办公室（略）

3.3　应急工作组（略）

3.4　专家组（略）

4　供水突发事件应急预案

　　根据原水水质特点、水厂工艺流程及管网状况，结合突发事件的分类与分级，在本应急预案中，将突发事件分为五类：突发性原水水质污染事件、供水生产设施及设备损坏（毁）事件、氯泄漏（次氯酸钠泄漏）事件、自来水"黄水"事件以及供水管网爆管突发事件。

4.1 原水水质污染突发事件应急预案

4.1.1 水质事件分类

根据供水现状，供水水源有两个，一个是南水北调供水水源，一个是地下水供水水源。因此，水质污染分为南水北调水源污染和地下水源污染两类。

4.1.2 责任主体及职责（略）

4.1.3 南水北调水质污染程度的判断

① 当出现下列任何一种情况且对制水生产和水质监控有一定影响时，判断为一般性水质污染：

a. 水体感官指标（包括色度、浊度、嗅和味等）异常；

b. 单位制水加氯量达到 1.8~3.0mg/L；

c. 滤后水氨氮含量达到 0.5~1.5mg/L；

d. 浊度达到 6000~10000NTU。

② 当出现下述任何一种情况时，判定为严重性水质污染：

a. 进水、澄清水或出厂水生物监测池内鱼类突然大量失活并确认是由于原水污染所造成的；

b. 水体感官指标严重恶化，对制水生产控制或出厂水水质造成较大影响；

c. 单位制水加氯量达到 3.0mg/L 以上，并且滤后水或出厂水余氯含量低于公司规定值或出厂水的总氯浓度大于 2.0mg/L；

d. 氨氮含量大于 1.5mg/L；

e. 水中任何一项毒理学、放射性指标或挥发酚类等污染物质含量异常，检测数据超过国标规定值；

f. 由于水质变化导致出厂水出现异常现象（如异味、异色和肉眼可见物等）；

g. 浊度达到 10000~17000NTU。

③ 当出现下述任何一种情况时，判定为特别严重性水质污染：

a. 水体感官指标严重恶化，现有净水工艺无法解决，对出厂水水质造成严重影响；

b. 出厂水水质中毒理学指标超过国家生活饮用水卫生标准；

c. 浊度达到 17000NTU 以上。

4.1.4 南水北调水质污染的应急处理

值班人员（或其他人员）发现水体感官指标异常变化时应及时通知水厂化验人员采集水样检测判断，关闭进水，并通知用户暂停供水。

当检测结果为一般性水质污染时，化验室工作人员立即通知值班人员并上报水厂领导，水厂领导通知南水北调中线 Y 市管理处，组织人员检查污染原因并进行相应处理。

当检测结果为严重性水质污染或特别严重性水质污染时，应及时通知水质检测中心，由水质检测中心工作人员现场采样检测进行确认。确认无误后通知水厂领导，水厂领导通知南水北调中线 Y 市管理处核查原因并及时上报给市应急指挥部，指挥部组织专家组进行事件处理。

（1）微生物污染应急措施

按照技术要求，采用强化消毒及适量投加高锰酸钾强氧化剂的方式，去除水中微生物。当水中的污染物处理效果仍是不好时，应及时上报市应急办公室，由市指挥部组织专家进行污染问题的讨论研究，寻求应对措施。

（2）有机物污染应急措施

当出现突发有机物污染情况时，根据地表水厂、地下水厂、应急水厂的工艺特点，按照技术要求，采用在前端（取水口）投加粉末活性炭的处理手段，吸附去除水中有机物。

（3）藻类污染应急措施

当南水北调水质受到藻类污染、有毒物质及其他造成水质恶化的情况，经水厂常规处理达不到饮用水标准时，立即根据具体情况采取调整加药量、加助凝剂、进水预氯化等措施，或者采取加粉末活性炭、高锰酸钾等深度处理措施，待达到要求后恢复供水。如仍达不到水质标准，需及时将情况报告市应急办公室，启用城市和企业地下备用水源。

（4）化学污染应急措施

根据地表水厂的工艺特点，按照技术要求，采用化学氧化处理、化学沉淀处理等方法。

化学氧化处理即投加高锰酸钾法；化学沉淀处理主要为氢氧化物沉淀法和碳酸盐沉淀法。碱性化学沉淀法需要与混凝沉淀、过滤工艺相结合，通过预先调整 pH 值，降低所要去除的污染物的溶解度，形成沉淀析出物，再投加铁盐或铝盐混凝剂，形成矾花并进行沉淀。调整 pH 值的碱性药剂可采用石灰或者碳酸钠。

（5）高浊度污染应急措施

根据地表水厂的工艺特点，按照技术要求，采用加大絮凝剂聚合氯化铝投加量，投加高效絮凝剂聚丙烯酰胺助凝剂（PAM），增大沉淀池排泥频率等措施。

原水浊度突然升高，参照化验室提供的《浊度-加药量》对应表来加大药剂投量。根据原水浊度变化情况，当其大于 100NTU 时，地表水厂吸泥机的运行时间间隔缩短一倍。当原水浊度超过处理能力时，通知地表水厂各部门及自来水公司领导，等候领导指示，做好以下准备：调整地表水厂运行工况，开启全部吸泥机；若滤后水浊度超标或滤池过滤周期大幅下降不能正常生产，停止滤池运行，并加大化验室对水质指标的检测频率；启动热备水源，保证供水正常进行。

4.1.5　地下水污染应急处理

通过对地下水源的水质监测指标数据分析，地下水水质发生自身变化的概率较低，发生地下水源污染事件，通常为雨水冲灌水源井泵房所致。地下水源被污染时，立即根据污染范围关闭相应地点及周边机井，加大地表水送水量，对被污染的地下水做相应技术处理。以自来水公司为主要责任主体，市住房和城乡建设局、Y 市地表水厂协助工作。对地下水厂或城区水源井不同情况下水质污染事件应对措施如下：

① 在六月汛期前，先期采取水源井泵房防汛措施，存放一定数量的沙袋，并着重对地势较低的泵房以及地势较低洼地区的泵房门口用沙袋封堵，防止水流入泵房倒灌水源井内。

② 发生洪水造成大量的洪水灌井事故后应对措施：

a. 水退后在电源没有恢复供电时，供水生产抢险队要利用防汛用汽油泵对被淹泵房内的积水进行先期排水，同时协调电力部门，借用大功率发电组，利用大功率泵，对水源进行排水。在电源没有恢复或临时电源不足的情况下，应合理安排发电组，使重点水源井或进水较严重的水源井优先排水；

b. 合理安排人员，通过不间断向泵房外排水，化验室人员定时检测水源井出水的感官指标（无异臭、异味、不含肉眼可见物、色度小于5度、浊度小于1NTU）；

c. 化验室人员现场对水源井出水实施采样，根据实际情况，利用不同方法对其他指标进行检测，待水样各项指标均达标后，停止排水，并入供水管网供水。发生洪水后，水质未经化验室检测合格，严禁向管道供水，以确保安全。

③ 日常水质污染应对措施：

a. 加强对各井的日常监测，防止水质污染事件发生。日常发生水源井水质问题，应立即停井，向水厂领导汇报，及时与化验室联系，使化验室工作人员第一时间对受污染井进行取样、化验，并确定水质污染情况。在检测化验未完成或水样未确定达标前，严禁向管网供水；

b. 在确定水质污染后，要待水厂化验室通知。在确认污染源已治理的情况下，对水源井进行不间断的排水，直至水质达标（经检验合格）方可并入管网供水。

4.1.6　水质监控

水厂化验室工作人员接到通知后应立即携带浊度仪、余氯监测仪等现场设备赶到水质事件地点，对污染源、污染种类、污染等级展开调查采样化验，初步确认是否属于供水重特大事件，并确定主要监测项目。首先监测感官性指标，感官性指标一般指浊度、嗅和味等；生活污染物监测氨氮、亚硝酸盐等；化学污染根据不同特性确定监测项目。

化验室应对污染水源从事件发生开始进行连续不断监测，项目涉及《生活饮用水卫生标准》（GB 5749—2006）106项（短时间内监测全部106项不切实际，检验相关项目即可）。当化验室检测能力达不到要求时，应迅速委托北京、天津等城市供水水质监测站监测，确保污染指标监测的准确性、及时性。

4.2　供水生产运行突发事件应急预案

4.2.1　供水生产运行事件分类

供水生产运行中突发事件一般分为两类：

① 供电突然中断。

② 机电设备损坏。

4.2.2　责任主体及职责

供水生产运行突发事件时，责任主体为Y市地表水厂。市住房和城乡建设局辅助其工作。

职责：负责供水生产运行事件应急处理工作的组织、指挥、协调，负责通报事件情况和危害程度，部署和指导有关工作，并负责按规定向上级主管部门报告。

4.2.3 供水生产运行事件的应急处理

供电突然中断：

① 水厂在生产运行中如遇突然停电，水厂调度室（或者厂中控室、厂生产办公室）值班人员应立即报告水厂供水调度中心和本部门负责人，通知本部门专业人员巡查停电原因，并启动应急电源。

② 水厂供水调度中心负责立即与所属辖区电力局联系，了解停电原因及预计停电时间。经证实：

a. 若是电力局原因停电，应立即向水厂领导和部门负责人报告，并进行相应的调度处理；

b. 若是水厂供配电设备故障原因停电，应立即向水厂领导和部门负责人报告，并及时了解现场恢复情况。

③ 水厂各生产岗位值班人员在遇突然停电时，应按岗位安全操作规程及时做出应急处理。

a. 若是电力局原因停电，应做好重新启动前的各项准备工作；

b. 若是水厂供配电设备故障原因停电，应积极协助专业维修人员进行恢复性抢修。

④ 对水厂供配电设备故障原因停电的情况，部门负责人应立即赶到现场，保留事件现场，等待水厂领导及相关专业技术人员赶到现场分析、查找事件原因。

a. 对一般性供水生产安全事件，部门负责人立即组织专业技术人员进行抢修，相关部门应予以配合；

b. 对较重性供水生产安全事件，部门负责人及时向水厂领导报告，由水厂领导组织调配公司专业技术人员进行抢修，必要时可请求外部支援。

机电设备故障或设施受损：

① 机电维修人员、设备操作人员必须严格执行《机电设备安全操作规程》，遵守安全管理制度。如因操作失误或自然原因引发机电设备严重事件、泵房管道爆管、构筑物严重损坏、人员伤害等情况，现场监护人员或操作人员应立即断电停机，以防事态扩大，同时报告水厂调度中心和部门负责人。

② 调度中心应根据事态程度，立即向水厂领导报告，并进行调度处理。水厂领导接到消息后应立即赶到事发现场了解情况。

a. 对一般性供水生产安全事件，部门负责人应及时组织人员对机电设备故障及安全隐患进行排查和抢修，相关部门应予以配合；

b. 对较重性供水生产安全事件，部门负责人应及时向水厂领导报告，由水厂领导组织调配公司专业技术人员进行抢修。

4.3 次氯酸钠泄漏突发事件应急预案

4.3.1 泄漏事件危害

含 10% 有效氯的次氯酸钠液体为淡黄色，清澈透明，易溶于水，有少量刺激性气味，相对密度为 1.18，pH 为 9～10，具有强碱性；次氯酸钠溶液中的有效氯受日光、温度影响而分解，稳定性差，温度越高，次氯酸钠溶液浓度越低，有效氯浓度越低。故不宜曝晒和久藏，要贮藏在密闭容器中。次氯酸钠溶液和氯气一样，有强氧化性，与人体皮肤接触有轻微腐蚀性，可用清水冲洗。经常用手接触本品的工人，手掌大量出汗，指甲变薄，毛发脱落。

水厂生产加氯系统是公司安全生产中的事件易发点和危险源。次氯酸钠一旦泄漏，可能会危害到人的身体健康甚至生命安全，产生安全事件。厂区应做好次氯酸钠泄漏应急处理的各项工作，最大限度地减少因泄漏而造成的人身伤害及社会影响，尽快恢复生产。

4.3.2 责任主体及职责

次氯酸钠发生泄漏事件时，责任主体为地表水厂。市住房和城乡建设局辅助其开展工作。

职责：负责次氯酸钠泄漏事件应急处理工作的组织、指挥、协调，负责通报事件情况和危害程度，部署和指导有关工作，并负责按规定向上级主管部门报告。

4.3.3 次氯酸钠泄漏事件应急处理

① 地表水厂值班人员（或现场人员）在消毒间发现次氯酸钠泄漏情况时，应及时检查吸收装置是否已经自动启动，如未启动，应立即手动启动，然后迅速撤离现场，并通知检修班班长。

② 检修班班长在接到报警信息后，立即组织专管人员查明情况，并上报水厂领导。专管人员进入现场要戴自给正压式呼吸器，穿防酸碱工作服。不要直接接触泄漏物，尽可能切断泄漏源。

③ 在专管人员查明现场情况的同时，检修班班长组织应对遇险人员（如果有人员遇险）根据其中毒症状采取相应的急救措施。必要时立即拨打120急救电话，请求医院医护人员到场救护或送医院抢救。

④ 专管人员在快速查明核实现场信息后，立即将信息报告水厂供水调度中心和部门负责人，现场视泄漏程度分别做出如下处理：

a. 发生少量泄漏时，水厂领导通知各部门无关人员进行撤离，迅速撤离泄漏污染区人员至安全区。组织技术人员用砂土、蛭石或其他惰性材料吸收次氯酸钠液体，进行泄漏处理；

b. 发生大量泄漏时，水厂领导将该信息上报市应急指挥部，由指挥部统一调度，并发稿通知周围居民进行撤离，迅速撤离泄漏污染区人员至安全区，并进行隔离，严格限制出入。组织人员构筑围堤或挖坑收容，注意保持现场通风，用泡沫覆盖，降低蒸汽灾害。用泵转移至槽车或专用收集器内，回收或运至废物处理场所处置。必要时可用醋酸钠中和。

4.3.4 急救防护

（1）急救措施

食入：不要催吐，饮足量温水，就医。

眼睛接触：除去隐形眼镜，提起眼睑，立即用流动清水或生理盐水冲洗至少15min，就医。

皮肤接触：脱去污染的衣物，立即用大量的水冲洗至少 15min，就医。

吸入：迅速脱离现场至空气新鲜处，保持呼吸道的畅通。如呼吸困难，给输氧；如呼吸停止，立即进行人工呼吸，就医。

（2）防护措施

工程控制：生产过程密闭，全面通风。

呼吸系统防护：高浓度环境中，应该佩戴直接式防毒具（半面罩）。

眼睛防护：戴化学安全防护眼镜。

手防护：戴保温手套。

其他：工作现场严禁吸烟，不得进食和饮水。工作完毕，淋浴更衣。注意个人清洁卫生。

4.3.5　注意事项

运输：严禁与碱类、食用化学品等混装混运。搬运时要轻装轻卸，装载应稳妥。应使用危险品运输车辆运输。运输时运输车辆手续证件齐全，符合国家标准或法律法规对安全的要求。运输和押送人员应进行相应的专业技术、安全知识和应急救援的培训，要了解所运载危险品的性质、危害性和发生意外时的应急措施，配备必要的应急处理器材和防护用品。运输时防止碰撞，注意密封，防止包装及容器损坏。运输过程中要确保容器不泄漏、不倒塌、不坠落、不损坏。运输途中应防暴晒、雨淋，防高温。公路运输时要按规定路线行驶，勿在居民区和人口稠密区停留。

储存：储存于阴暗、通风的库房。远离火种、热源。库房温度不宜超过 30℃。应与酸、食品和不兼容性物料分开存放，切忌混储，注意密封，储备区应备有泄漏应急处理设备和合适的收容材料。

使用：次氯酸钠消毒剂属于含氯消毒剂。消毒过程中应注意防护身体：

① 避免吸入、食入，要戴口罩和护目镜，要戴橡胶手套，以免损伤皮肤，穿防护衣；

② 消毒所用的衣物要单独清洗；

③ 工作过程中不准吸烟、进食、饮水。消毒完成后注意通风或局部排风，工作完毕用肥皂和清水洗手。

4.4　自来水"黄水"突发事件应急预案

4.4.1　自来水"黄水"发生的原因

水对金属管道的腐蚀。金属管道（主要指给水常用的灰口铸铁管、球墨铸铁管、焊接钢管、镀锌钢管）本身会有不少的杂质，金属与杂质之间存在电极电位，在水的作用下，形成无数微腐蚀原电池，其阳极的铁，被氧化成 Fe^{3+}。

管道内流速、流向、水压发生突然变化或流速过缓。当水流速、流向发生突然变化时，对结垢产生冲刷，冲起松软结垢并加速坚硬结垢溶解。水压发生突然变化，易使坚硬结垢部分破碎溶解。水流过缓，水在管道中滞留时间过长，溶解的 Fe^{3+} 相对较多。

原水中 Fe^{3+} 含量过高，产生"黄水"现象。

从以上分析可以看出，发生"黄水"的根本原因是金属管道腐蚀结垢及结垢溶解，

水中含 Fe^{3+} 过多。直接原因是管道中水流速度、方向、水压发生突然变化或水流速度过慢或原水中含 Fe^{3+} 过量。只要给水管网中有金属管道（钢管、铸铁管），发生"黄水"现象是不可避免的。但是采取适当的治理对策，可减少"黄水"现象发生的次数和程度。

4.4.2 责任主体及职责

自来水发生"黄水"现象时，责任主体为 Y 市自来水公司。市住房和城乡建设局和 Y 市地表水厂辅助其工作。

职责：负责自来水"黄水"事件应急处理工作的组织、指挥、协调，负责通报事件情况和危害程度，部署和指导有关工作，并负责按规定向上级主管部门报告。

4.4.3 出现"黄水"时的应急处理

当用户发现水管流出的水为黄色时，应立即拨打自来水公司电话热线。自来水公司的通信成员立即将情况报告给公司领导，公司领导通知相关部门检查，确定产生"黄水"的原因。

若"黄水"产生的原因是之前突然断电，可以通知用户多放水一段时间。

若检查人员确定产生"黄水"现象的原因是原水中含 Fe^{3+} 过量，应立即上报公司领导停止供水。公司领导上报市应急指挥办，请求协助放空城市管网中的"黄水"，对受污染的管道进行冲洗，并且启用应急备用水源。同时，工作人员按照水处理规程对原水中的 Fe^{3+} 进行处理。确定管道冲洗干净且原水 Fe^{3+} 含量达标后恢复供水。

4.5 输配水管网突发事件应急预案

4.5.1 供水管网事件分类

供水管网突发事件分为三类：
① 输水管线发生爆管事件。
② 城区供水主干管线发生爆管事件。
③ 城区供水次管线发生爆管事件。

4.5.2 责任主体及职责

当输水管网发生事件时，责任主体为南水北调中线管理处；当城区配水管网发生爆管事件时，责任主体为自来水公司。市住房和城乡建设局和市地表水厂起辅助作用。

职责：负责管网爆管事件应急处理工作的组织、指挥、协调，负责通报事件情况和危害程度，部署和指导有关工作，并负责按规定向上级主管部门报告。

4.5.3 爆管事件信息报送

事件信息按照供水应急抢修队、南水北调中线管理处和市自来水公司、市供水事件应急指挥部顺序逐级上报。

接到报警，应问清报警人姓名、地址、联系方式和警报信息等相关内容，并做好接警记录。警报信息包括供水事件的类别、起始时间、可能影响的范围、警示事项、应采取的措施等。

应设置24h接警信息平台，负责供水安全事件的接警、处警和预警工作。

4.5.4　爆管事件的处理

地表水厂输水管线爆管：

①　当接到输水管网爆管事件热线时，接线人员应立即通知南水北调中线管理处，管理处上报市应急指挥部，并暂停南水北调供水。南水北调中线管理处下发命令，成立临时的现场指挥部，进行人员调动。现场指挥以最快速度到达现场，同时由现场副指挥组织 10 名抢修队员和 10 名辅工，在 1h 内带发电机等设备和工具到达现场。

②　应急抢险救援队根据运行参数判断原水管线故障，抢修热线告知现场指挥，现场指挥马上组织管网巡线人员分段巡查管线。巡线人员在巡查到漏点后，要说清爆管位置，判断是哪段管线，并立即向现场指挥报告，现场指挥将情况通知调度中心。

③　南水北调中线管理处调整好运行状态，下达操作阀门指令，由现场指挥通知阀门操作人员，开关相应阀门，同时进行排水。要求接警后阀门操作人员 40min 内到达现场。

a. 如影响到城区供水，立即通知供水事件应急指挥部办公室，并由宣传部门安排电视等新闻媒体，政府及时下达相关基层单位及时通知用户的命令；

b. 如有必要，现场指挥部负责人通知派出所维持抢修秩序，处理相关事宜。如人员、设备不足，指挥体系负责人联系人员和设备到场。

④　现场指挥调度挖掘机进场开挖，吊车准备；抢修队电工负责联系电源接电；物资供应人员准备好抢修材料；驾驶员准备好运输车辆、装载机械；电焊工做好准备；现场开挖后，根据现场实际情况，采取不同抢修方案，并通知材料负责人将材料运至现场，吊车随材料进场，电焊工进场。

⑤　根据爆管情况确定抢修方案：

a. 承口损坏不严重，用承口包箍抢修；

b. 承口损坏程度较大，连接管身部分损坏，用承口加管身包箍抢修；

c. 管身损坏，用管身包箍抢修。

以最快速度完成抢修，不得迟于社会服务承诺 36h 恢复供水的时间。现场指挥随时向南水北调中线管理处汇报进展情况。抢修完工后，通知南水北调中线管理处，并上报供水事件应急指挥部，达到要求后，按程序安排回填，通知地表水厂恢复进水和供水。

县区供水主干管线爆管：

①　巡线人员在日常巡查中查到漏点或值班人员接到漏水信息后，第一时间电话通知自来水公司领导和抢险救援队热线，并上报市应急指挥部。

②　自来水公司根据运行参数判断城区供水管网可能爆管时，立即通知公司应急抢险救援队，马上组织管网巡线人员查找漏点。查到漏点后，立即向公司领导报告。

③　自来水公司要成立临时现场指挥部。现场指挥以最快速度到达现场，同时由现场副指挥组织抢修队员在 60min 内带发电机和水泵等工具设备到达现场，设置安全围栏并开始降水。

④　自来水公司调整好管网运行状态，下达操作阀门指令，由现场指挥通知阀门操作人员，开关相应阀门。要求接警后阀门操作人员 60min 内到达现场。

如有必要，现场指挥部负责人通知派出所维持抢修秩序，处理相关事宜。如人员、设备不足，现场指挥部负责人联系人员设备到场。对受影响范围内面积较大的居民区和重要单位送水。

⑤ 现场指挥调度挖掘机或人工进场开挖；抢修队电工负责联系电源接电；驾驶员准备好运输车辆、装载机械；现场开挖后，根据现场实际情况，采取不同抢修方案，并通知材料负责人将材料运至现场，吊车随材料进场，电焊工进场。

⑥ 铸铁管爆管：根据损坏部位和严重程度以及现场地形地质条件采取以下措施：

a. 尽量带水作业，采用承插"补漏器"，不关闭阀门和不影响正常供水；

b. 阀门开关严密，所修管材质量较差时，采用换管加柔口；

c. 条件不允许断管时，采用包箍维修。

以最快速度完成抢修，不得迟于社会服务承诺 48h 恢复供水的时间。现场指挥随时向自来水公司汇报进展情况，抢修完工后，上报供水事件应急指挥部，达到要求后，按程序安排回填，通知地表水厂恢复供水。

县区供水次管线爆管：

县区供水次管线爆管时的应急处理与主干线爆管的处理一致，只是上报到市应急指挥部办公室即可，由应急办进行监督管理、提供技术支持等。

重要企业保水：

停水可能造成重大事件的企业列为重要保水企业。

① 水源不足导致企业供水不足，则由自来水公司下达操作阀门指令，调整管网运行状态，由现场指挥通知阀门操作人员，通过调整城区管网阀门确保企业水量、水压。

② 对于单管线供水的企业，发生管线爆管事件，应立即进行管线的修复；对于双管线供水的企业，发生管线爆管事件，则应由现场指挥通知阀门操作人员，自来水公司批准操作阀门指令，采用第二条管线恢复供水。

③ 由于突发事件导致短时间不能恢复供水，供水事件应急指挥部办公室及时通知企业，启动企业内部自建蓄水池应急供水。企业内部自建蓄水池应有足够的事件应急水量。

5 突发供水应急响应

5.1 预防和预警机制（略）

5.2 分级响应机制（略）

5.3 分级应急处置指挥部的组成（略）

5.4 应急响应程序（略）

5.5 事件报告

5.5.1 报告程序（略）

5.5.2 快报内容（略）

6　突发事件时期的应急供应与社会稳定

6.1　应急供应及维稳（略）

6.2　应急终止（略）

6.3　善后处置（略）

6.4　调查与评估（略）

7　应急培训与演练

7.1　宣传与培训（略）

7.2　应急演练（略）

参考文献

［1］ 吕广. 给水排水工程专业生产实习. 北京：化学工业出版社，2019.

［2］ Stephen Merrett. Introduction the economics of water re-sources [M]. University College London Press，1997.

［3］ 陈庆秋，陈晓宏. 基于社会水循环概念的水资源管理理论探讨，地域研究与开发，2004，23（3）：109-113.

［4］ 王浩，王成明，王建华，等. 二元年径流演化模式及其在无定河流域的应用 [J]. 中国科学（E 辑），2004，34（A01）：42-48.

［5］ 雷晓辉，白薇. 基于二元演化模式的流域水文模型 [J]. 黑龙江水专学报，2001，28（4）：13-17.

［6］ 王浩，龙爱华，于福亮. 社会水循环理论基础探析 I：定义内涵与动力机制 [J]. 水利学报，2011，42（4）：379-388.

［7］ 龙爱华，王浩，于福亮，等. 社会水循环理论基础探析 II：科学问题与学科前沿 [J]. 水利学报，2011，42（5）：505-513.

［8］ 钱春健. 从社会水循环概念看苏州水资源的开发利用现状 [J]. 水利科技与经济，2008，14（5）：376-378.

［9］ 曹相生，孟雪征，张杰. 实现健康社会水循环是解决水问题的正确出路 [A]. 发展循环经济，落实科学发展观——中国环境科学学会 2004 年学术年会论文集，2004.

［10］ 褚俊英，王浩，王建华，等. 我国生活水循环系统的分析与调控策略 [J]. 水利学报，2009，40（5）：614-621.